土建类高职高专创新型规划教材

建筑 CAD 工程绘图实训指导书

（第 2 版）

主编　马　贻
参编　徐士云　夏正兵　杜　洁
　　　张　琴　马自翔　解静静

东南大学出版社
·南京·

内 容 提 要

本书分为十四个实训章节，每一章节包括：实训目的要求、实训项目、实训步骤、课后练习、实训报告要求及成绩评定以及课内实训成绩记录和学生学习情况信息反馈。

书中含有实训周绘制的建筑施工图及任务书。学生对于学习过程中不明白或未掌握的知识点可以在课后及时反馈给教师，便于教师调整下一次授课内容。

完整的建筑施工图实训项目，内容由浅入深，符合学生的认知过程和学习要求。通过实现项目，学生可以完整地应用和掌握这门课的实用知识。本书有配套课件，为教师备课及软件学习者提供了便利。

本书可作为高等职业院校及各类CAD培训班的教材，也可作为广大工程设计人员参考用书。

图书在版编目(CIP)数据

建筑CAD工程绘图实训指导书/ 马贻主编. —2版.
—南京：东南大学出版社，2013.6(2016.9重印)
ISBN 978-7-5641-4260-5

Ⅰ.①建… Ⅱ.①马… Ⅲ.①建筑设计–计算机辅助设计–AutoCAD软件–高等学校–教学参考资料
Ⅳ.①TU201.4

中国版本图书馆CIP数据核字(2013)第107022号

建筑CAD工程绘图实训指导书(第2版)

出版发行：东南大学出版社
社　　址：南京市四牌楼2号　邮编：210096
出 版 人：江建中
责任编辑：史建农　戴坚敏
网　　址：http://www.seupress.com
电子邮件：press@seupress.com
经　　销：全国各地新华书店
印　　刷：常州市武进第三印刷有限公司
开　　本：787mm×1092mm　1/16
印　　张：13.5
字　　数：342千字
版　　次：2013年6月第2版
印　　次：2016年9月第4次印刷
书　　号：ISBN 978-7-5641-4260-5
印　　数：9 001—11 500册
定　　价：35.00元(含光盘)

序

东南大学出版社以国家2010年要制定、颁布和启动实施教育规划纲要为契机，联合国内部分高职高专院校于2009年5月在东南大学召开了高职高专土建类系列规划教材编写会议，并推荐产生教材编写委员会成员。会上，大家达成共识，认为高职高专教育最核心的使命是提高人才培养质量，而提高人才培养质量要从教师的质量和教材的质量两个角度着手。在教材建设上，大会认为高职高专的教材要与实际相结合，要把实践做好，把握好过程，不能通用性太强，专业性不够；要对人才的培养有清晰的认识；要弄清高职院校服务经济社会发展的特色类型与标准。这是我们这次会议讨论教材建设的逻辑起点。同时，对于高职高专院校而言，教材建设的目标定位就是要凸显技能，摒弃纯理论化，使高职高专培养的学生更加符合社会的需要。紧接着在10月份，编写委员会召开第二次会议，并规划出第一套突出实践性和技能性的实用型优质教材；在这次会议上大家对要编写的高职高专教材的要求达成了如下共识：

一、教材编写应突出“高职、高专”特色

高职高专培养的学生是应用型人才，因而教材的编写一定要注重培养学生的实践能力，对基础理论贯彻“实用为主，必需和够用为度”的教学原则，对基本知识采用广而不深、点到为止的教学方法，将基本技能贯穿教学的始终。在教材的编写中，文字叙述要力求简明扼要、通俗易懂，形式和文字等方面要符合高职教育教和学的需要。要针对高职高专学生抽象思维能力弱的特点，突出表现形式上的直观性和多样性，做到图文并茂，以激发学生的学习兴趣。

二、教材应具有前瞻性

教材中要以介绍成熟稳定的、在实践中广泛应用的技术和以国家标准为主，同时介绍新技术、新设备，并适当介绍科技发展的趋势，使学生能够适应未来技术进步的需要。要经常与对口企业保持联系，了解生产一线的第一手资料，随时更新教材中已经过时的内容，增加市场迫切需求的新知识，使学生在毕业时能够适合企业的要求。坚决防止出现脱离实际和知识陈旧的问题。在内容安排上，要考虑高职教育的特点。理论的阐述要限于学生掌握技能的需要，不要囿于理论上的推导，要运用形象化的语言使抽象的理论易于为学生认识和掌握。对于实践性内容，要突出操作步骤，要满足学生自学和参考的需要。在内容的选择上，要注意反映生产与社会实践中的实际问题，做到有前瞻性、针对性和科学性。

三、理论讲解要简单实用

将理论讲解简单化，注重讲解理论的来源、出处以及用处，以最通俗的语言告诉学生所学的理论从哪里来用到哪里去，而不是采用烦琐的推导。参与教材编写的人员都具有丰富的课堂教学经验和一定的现场实践经验，能够开展广泛的社会调查，能够做到理论联系实

际，并且强化案例教学。

四、教材重视实践与职业挂钩

教材的编写紧密结合职业要求，且站在专业的最前沿，紧密地与生产实际相连，与相关专业的市场接轨，同时，渗透职业素质的培养。在内容上注意与专业理论课衔接和照应，把握两者之间的内在联系，突出各自的侧重点。学完理论课后，辅助一定的实习实训，训练学生实践技能，并且教材的编写内容与职业技能证书考试所要求的有关知识配套，与劳动部门颁发的技能鉴定标准衔接。这样，在学校通过课程教学的同时，可以通过职业技能考试拿到相应专业的技能证书，为就业做准备，使学生的课程学习与技能证书的获得紧密相连，相互融合，学习更具目的性。

在教材编写过程中，由于编著者的水平和知识局限，可能存在一些缺陷，恳请各位读者给予批评斧正，以便我们教材编写委员会重新审定，再版的时候进一步提升教材质量。

本套教材适用于高职高专院校土建类专业，以及各院校成人教育和网络教育，也可作为行业自学的系列教材及相关专业用书。

高职高专土建系列规划教材编审委员会

2010 年 1 月于南京

前　言

本书是《AutoCAD 工程制图》的配套教材。主要针对建筑类专业人员在绘制工程图时进行上机指导。在内容编排上充分考虑到读者的学习特点，由浅入深地介绍建筑工程绘图的步骤和命令的使用方法。

本教材分十四个章节，具体内容如下：

实训一，图形文件的操作和样板图的建立，主要介绍图形文件的操作和样板图的建立，熟悉绘图环境。

实训二，绘制基本图元（一），简单建筑平面及家具的绘制，主要掌握二维基本绘图命令及编辑命令。

实训三，绘制基本图元（二），楼梯口立面和柱形配筋图元绘制，主要掌握二维基本绘图命令及编辑命令。

实训四，尺寸文本标注，掌握编辑尺寸标注，创建尺寸标注的基本步骤和文字标注的方法。

实训五，建筑楼梯间详图的绘制，主要掌握绘制建筑楼梯间的基本方法和步骤。

实训六，建筑平面图的绘制，主要掌握绘制建筑平面图的基本方法和步骤。

实训七，建筑立面图的绘制，主要掌握绘制建筑立面图的基本方法和步骤。

实训八，建筑剖视图的绘制，主要掌握绘制建筑剖面图的基本方法和步骤。

实训九，建筑详图的绘制，主要掌握绘制建筑墙身详图的基本方法和步骤。

实训十，基础平面图的绘制，主要掌握绘制基础平面及基础剖面详图的基本方法和步骤。

实训十一，建筑结构平面施工图的绘制，主要掌握绘制建筑结构平面图和钢筋断面配筋详图。

实训十二，室内平面布局图的绘制，主要掌握绘制室内布局图的基本方法和步骤。

实训十三，打印与输出，主要掌握建筑图打印与输出的基本方法和步骤。

实训十四，天正建筑平面图的绘制，主要掌握使用天正软件绘制建筑平面图的基本方法和步骤。

本书具有以下特点：

(1) 除了介绍建筑 CAD 软件，还介绍了与 CAD 配套的插件天正软件，注重拓宽学生的知识面，激发他们的学习热情和创新欲望。

(2) 够用的基础知识，列举了大量实例并安排上机实训。

(3) 及时对学生的作业进行评价，并且反馈信息，以便教师及时调整进度和知识点。

每个实训章节都有操作实例和配套的课后练习，通过本书的学习，可以提高读者的综合应用能力和动手能力。由于 AutoCAD 软件功能强大，同一个图形往往可以通过多种途径来实现，本书介绍的方法不一定是唯一或最佳的，希望给读者提供一个解决问题的思路和方法。

本书制作了配套课件，实现了教材的立体化，在方便了教师教学的同时，更为学生的自学带来了便利。

参加本书编写的有紫琅职业技术学院、南通广播电视大学、南京钟山职业技术学院、安徽新华学院、黄河科技学院、常州建设高等职业技术学校、无锡南洋职业技术学院等学校的老师。

本书由马贻主编，徐士云、夏正兵、杜洁、张琴、马自翔、解静静参加了部分章节的编写工作。

由于作者水平所限，加之时间仓促，书中难免有疏漏之处，恳请广大读者和同行批评指正。

编　者

2013 年 5 月

目　　录

实训一　图形文件的操作和样板图的建立

一、实训目的要求

目的：熟悉绘图环境设置和样板图的建立。

要求：图形单位设置、打开栅格(F7)、捕捉(F9)，极坐标模式(F6)。

二、实训项目

1. 启动 AutoCAD2008，设置绘图环境。
2. 绘制 A3 图纸，并将绘制完成的图纸作为样板保存。（如图 1-1）

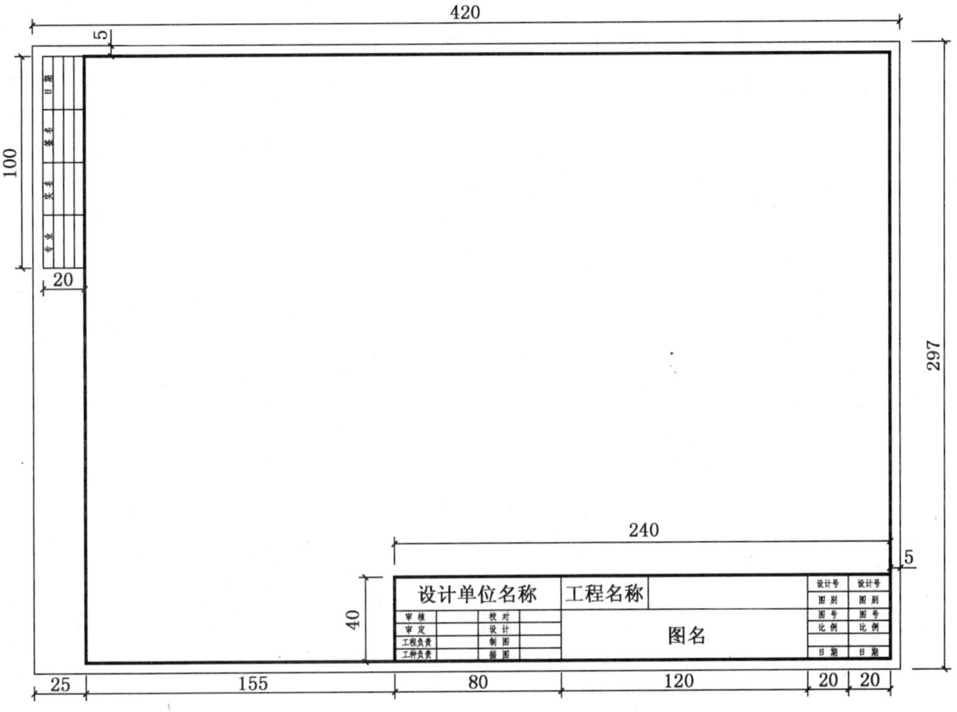

图 1-1

三、实训步骤

Step01

命令：limits

重新设置模型空间界限：

指定左下角点或[开(ON)/关(OFF)]<0.0000，0.0000>：

指定右上角点<420.0000，297.0000>：

Step02

命令：zoom

指定窗口角点，输入比例因子(nX 或 nXP)，或

[全部(A)/中心点(C)/动态(D)/范围(E)/上一个(P)/比例(S)/窗口(W)]<实时>：a

正在重生成模型

Step03 图层设置(如图 1-2)

命令：layer

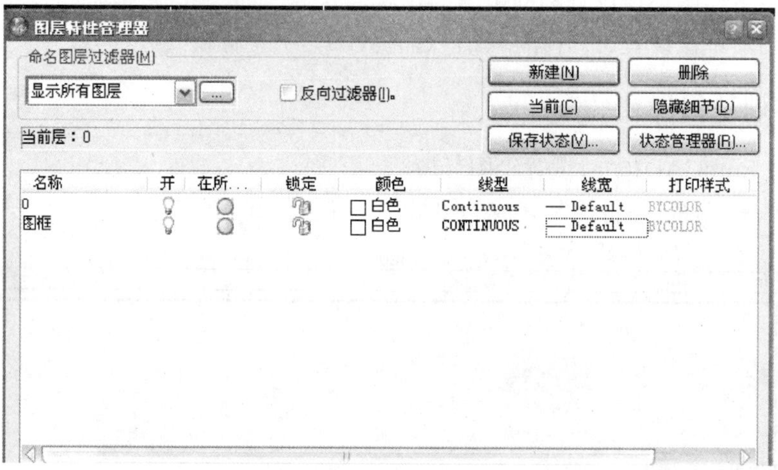

图 1-2

命令：line

指定第一点：0，0(绘制图框线)

指定下一点或[放弃(U)]：<正交开>420

指定下一点或[放弃(U)]：297

指定下一点或[闭合(C)/放弃(U)]：420

指定下一点或[闭合(C)/放弃(U)]：c

Step04 偏移图框线

命令：offset

指定偏移距离或[通过(T)]<通过>：25

选择要偏移的对象或<退出>：

指定点以确定偏移所在一侧：

选择要偏移的对象或<退出>：

Step05 偏移图框线

命令：offset

指定偏移距离或[通过(T)]<25.00>：5

选择要偏移的对象或<退出>：

指定点以确定偏移所在一侧：

选择要偏移的对象或<退出>：

指定点以确定偏移所在一侧：
选择要偏移的对象或＜退出＞：
指定点以确定偏移所在一侧：
选择要偏移的对象或＜退出＞：

Step06 修剪图框线

命令：_trim
选取切割对象作修剪＜回车全选＞：
另一角点：
选择集当中的对象：
选取切割对象作修剪＜回车全选＞：

选择要修剪的实体，或按住 Shift 键选择要延伸的实体，或[边缘模式(E)/围栏(F)/窗交(C)/投影(P)]：

选择要修剪的实体，或按住 Shift 键选择要延伸的实体，或[边缘模式(E)/围栏(F)/窗交(C)/投影(P)/撤销(U)]：

选择要修剪的实体，或按住 Shift 键选择要延伸的实体，或[边缘模式(E)/围栏(F)/窗交(C)/投影(P)/撤销(U)]：

选择要修剪的实体，或按住 Shift 键选择要延伸的实体，或[边缘模式(E)/围栏(F)/窗交(C)/投影(P)/撤销(U)]：

Step07 绘制标题栏

命令：line
指定第一点：＜对象捕捉关＞＜对象捕捉开＞
正在恢复执行 LINE 命令。
指定第一点：40
指定下一点或[放弃(U)]：240
指定下一点或[放弃(U)]：
指定下一点或[闭合(C)/放弃(U)]：

Step08 运用显示图形范围观察标题栏

命令：zoom
指定窗口角点，输入比例因子(nX 或 nXP)，或
[全部(A)/中心点(C)/动态(D)/范围(E)/上一个(P)/比例(S)/窗口(W)]＜实时＞：w
指定第一个角点：
指定对角点：

Step09 运用偏移、修剪命令绘制标题栏

命令：offset
偏移出标题栏线框
命令：trim
针对标题栏多余的线进行剪切

Step10 文字样式设置 及文字书写(如图 1-3)

命令：style(字体样式设置，字体名、字体高度、字体宽度)

图 1-3

命令：mtext(多行文字)

当前文字样式："Standard"　当前文字高度：4.50

指定文字的起点或[对正(J)/样式(S)]：<对象捕捉关><对象捕捉追踪关>

指定文字的旋转角度<0.0>：

输入文字：制图

输入文字：审核

输入文字：

Step11　创建块(如图 1-4)，插入块(如图 1-5)

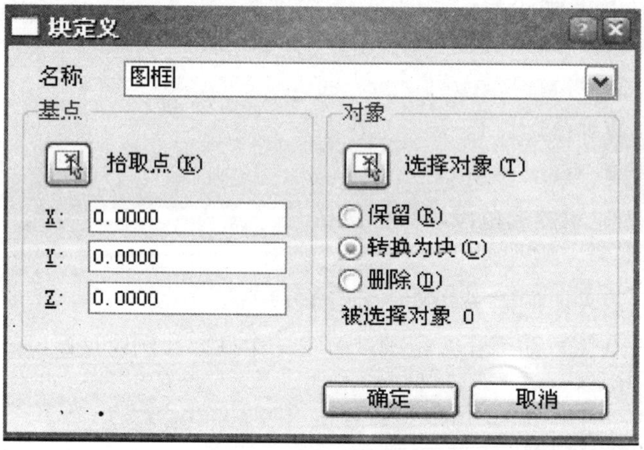

图 1-4

命令：attdef(定义图块属性)

起点：

依次定义带括号名称的属性，这样在下次调用 A4 图框时可根据实际需要编辑属性将整个图创建成块，将来使用时插入。

命令：_insert(插入块)(如图 1-5)

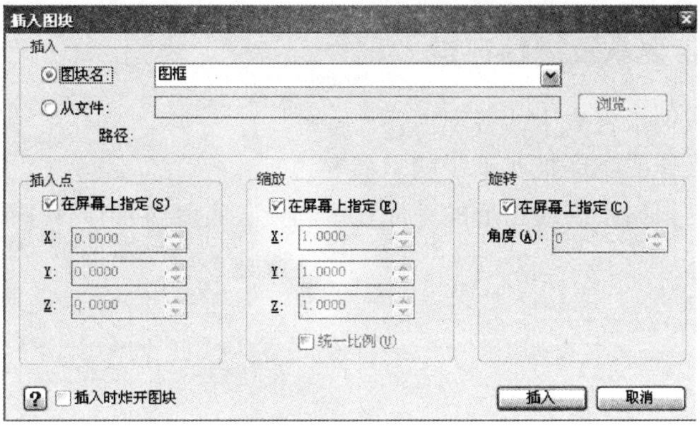

图 1-5

命令：

另一角点：

命令：_insert

块的插入点或[多个块(M)/比例因子(S)/X/Y/Z/旋转角度(R)]：

X 比例因子<1.000000>：

Y 比例因子：<等于 X 比例(1.000000)>：

块的旋转角度<0>：

四、课后练习

绘制 A3 图纸幅面，完成后作为块保存。

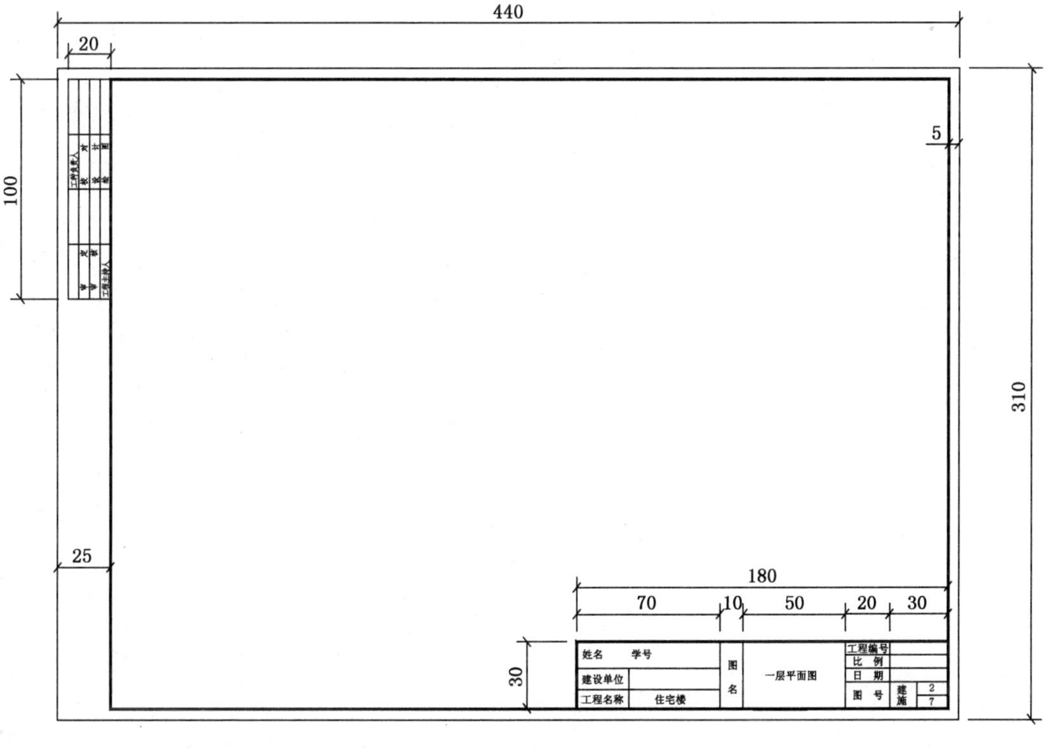

五、实训报告要求及成绩评定

1. 认真填写实训报告表中的各项内容。
2. 按照实际操作的顺序把实训步骤掌握好。
3. 实训成绩是根据绘制的图形的完成程度与效果及熟练程度评定的。

附表一 课内实训成绩记录

成绩：

项次	项 目	要 求	配 分	得 分
1	对该软件的工作界面和各种绘图工具进行操作	完成程度与效果	20	
		熟练程度	5	
2	图框标题栏绘制的步骤	完成程度与效果	20	
		熟练程度	5	
3	工具栏的打开及布置选择对象的常用方法	完成程度与效果	10	
		熟练程度	5	
4	创建及插入块	完成程度与效果	15	
		熟练程度	5	
5	文件的新建、打开及保存，AutoCAD 的退出	完成程度与效果	10	
		熟练程度	5	

附表二 学生学习情况信息反馈

在掌握、基本掌握、未掌握处对应打“√”。

项次	项 目	掌 握	基本掌握	未掌握
1	对该软件的工作界面和各种绘图工具进行操作			
2	图框标题栏绘制的步骤			
3	工具栏的打开及布置选择对象的常用方法			
4	创建及插入块			
5	文件的新建、打开及保存，AutoCAD 的退出			

实训二　绘制基本图元(一)

一、目的要求

目的:1. 掌握平面墙体绘制。
　　2. 掌握平面门窗绘制。
　　3. 掌握平面家具图案的绘制。

要求:熟练使用绘图命令,培养绘图思路和良好的绘图习惯。

二、实训项目

1. 平面墙体绘制。
2. 平面门窗绘制。
3. 平面家具图案的绘制。

三、实训步骤

1. 墙体绘制

Step01　新建文件:单击打开 AutoCAD2008 应用程序,新建一个名为"drawing1.dwg"的文件。单击"标准"工具栏中的"保存"按钮,给出一个具体的文件名,将文件保存到指定的文件夹中。不妨将它取名为"建筑基本图元.dwg"。(如图 2-1)

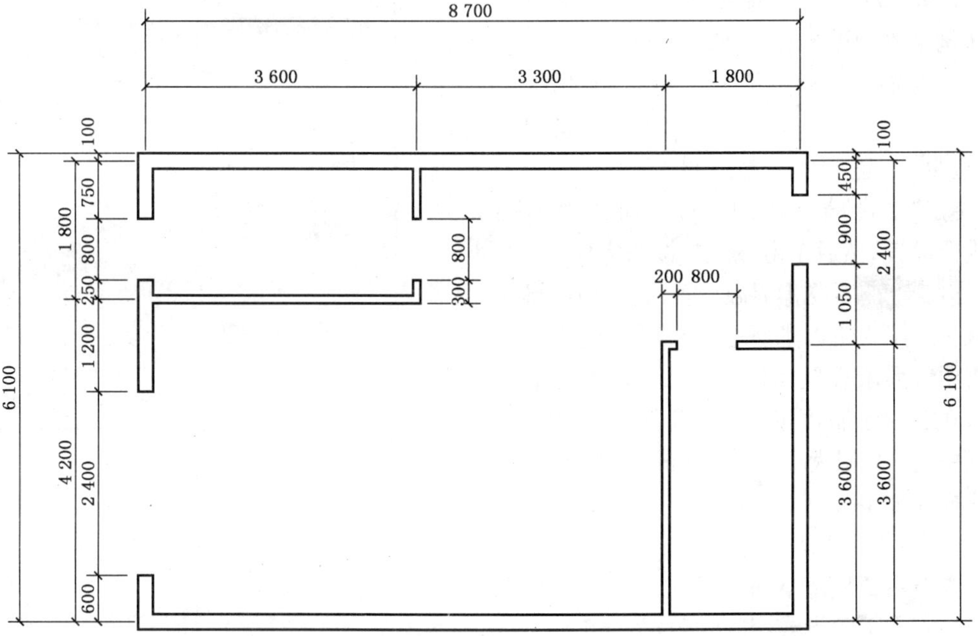

图 2-1

Step02 屏幕工具栏调整：打开程序时，界面上自动加载了许多诸如“图纸集管理器”、“选项工具板”、“工作空间”等菜单或工具栏，这些功能目前用不着，可以把它关闭。留下“标准”、“图层”、“对象特性”、“绘图”、“修改”、“绘图次序”这 6 个工具栏，并将它们移动到绘图窗口中的适当位置，形成一个整洁的绘图界面，如图 2-2 所示。

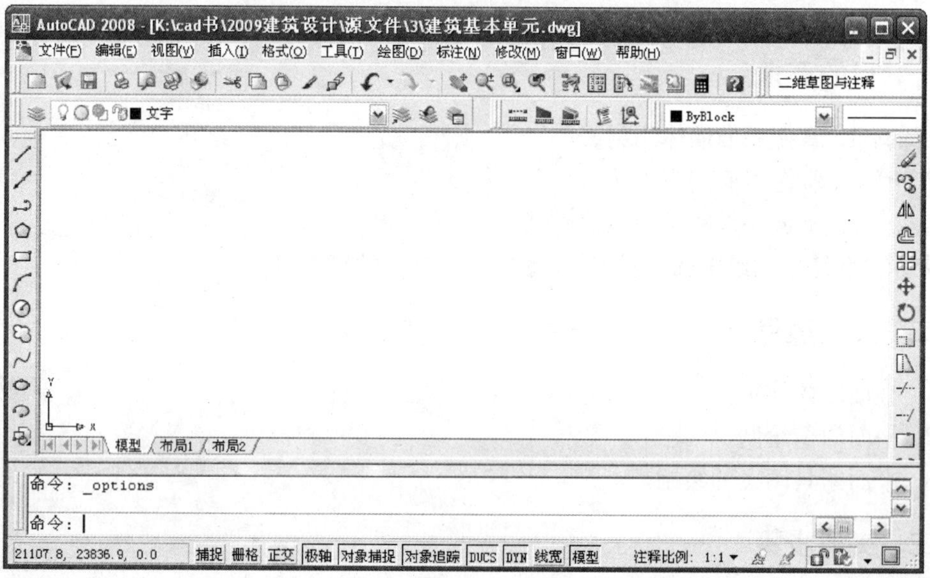

图 2-2

Step03 单位设置：建筑制图中主要以毫米(mm)为单位，只有在总图中采用米(m)作为单位。在 AutoCAD 中，为了便于后续操作，习惯以 1∶1 的比例来绘制图形。例如，建筑实际尺寸为1.8 m，在绘图时输入的距离值为 1 800。因此，将其长度单位设置为毫米(mm)、精度为“0”。至于角度单位，选取“十进制度”，精度设为“0.0”。具体操作是，单击“格式”菜单中的“单位”命令，按图 2-3 所示进行设置，然后单击“确定”按钮完成设置。

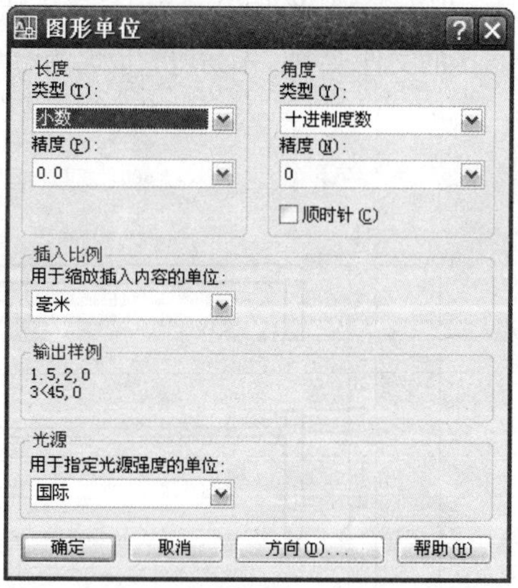

图 2-3

Step04 图形界限设置：为了便于操作，图形界限一般需要略大于所绘图形所占据空间的大小。现将图形界限设置为横式 A2 图幅的大小，鉴于以 1∶1 的比例绘制，而图面比例暂取 1∶100，于是 A2 图幅相应的界限大小为 59 400 mm×42 000 mm。命令行操作如下。

命令：LIMITS↙

重新设置模型空间界限：

指定左下角点或[开(ON)/关(OFF)]<0, 0>：↙

指定右上角点<420, 297>：59400, 42000↙

Step05 单击“设置”命令，弹出“草图设置”对话框，在“对象捕捉”选项卡下按如图 2-4 所示设置捕捉模式，然后单击“确定”按钮。(如图 2-4)

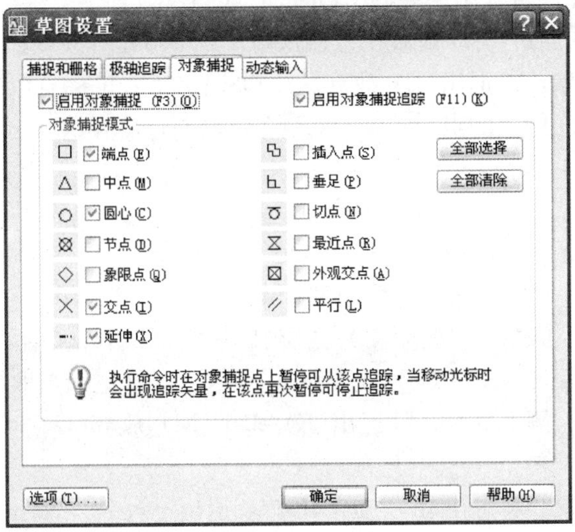

图 2-4

Step06 建立如下表图层：

层　　名	颜色(颜色号)	线 型 及 用 途
0	白　色	一般不用
1	红色(2)	轴线单点划线
2	白色、黄色(1)	实线 CONTINUOUS(粗实线，墙体用)
3	绿色(2)	实线 CONTINUOUS(细实线，尺寸标注及文字用)
4	深蓝色(4)	实线 CONTINUOUS(门窗线用)
5	青色(6)	室内陈设，或其他
6	8 号灰色(3)	填充层用

Step07 绘制定位轴线：水平轴线：在“轴线”图层为当前层状态下绘制。单击“绘图”工具栏“直线”按钮，在绘图区左下角的适当位置选取直线的初始点，然后输入第二点的相对坐标“@8700，0”，按“Enter”键后画出第一条 8 700 mm 长的轴线。进行“实时缩放”。

Step08 应用“修改”工具栏中的“偏移”命令，向上复制其他 3 条水平轴线，偏移量依次为 3 600 mm、600 mm、1 800 mm，结果如图 2-5 所示。命令行操作如下：

命令：OFFSET ↙

当前设置：删除源＝否　图层＝源　OFFSETGAPTYPE＝0

指定偏移距离或[通过(T)/删除(E)/图层(L)]<通过>：3600 ↙

选择要偏移的对象，或[退出(E)/放弃(U)]<退出>：(鼠标点取第一条直线)

指定要偏移的那一侧上的点，或[退出(E)/多个(M)/放弃(U)]<退出>：(在直线上方任意点取一点)

选择要偏移的对象，或[退出(E)/放弃(U)]<退出>:↙

命令：OFFSET↙(重复偏移命令)

当前设置:删除源=否　图层=源　OFFSETGAPTYPE=0

指定偏移距离或[通过(T)/删除(E)/图层(L)]<3600>：600↙

选择要偏移的对象，或[退出(E)/放弃(U)]<退出>:(鼠标点取第二条直线)

指定要偏移的那一侧上的点，或[退出(E)/多个(M)/放弃(U)]<退出>:(在直线上方任意点取一点)

选择要偏移的对象，或[退出(E)/放弃(U)]<退出>:↙

命令：OFFSET↙(重复偏移命令)

当前设置:删除源=否　图层=源　OFFSETGAPTYPE=0

指定偏移距离或[通过(T)/删除(E)/图层(L)]<600>:1800↙

选择要偏移的对象，或[退出(E)/放弃(U)]<退出>:(鼠标点取第三条直线)

指定要偏移的那一侧上的点，或[退出(E)/多个(M)/放弃(U)]<退出>:(在直线上方任意点取一点)

选择要偏移的对象，或[退出(E)/放弃(U)]<退出>:↙

Step09　竖向轴线的绘制:使用“直线”和偏移命令。(如图 2-5)

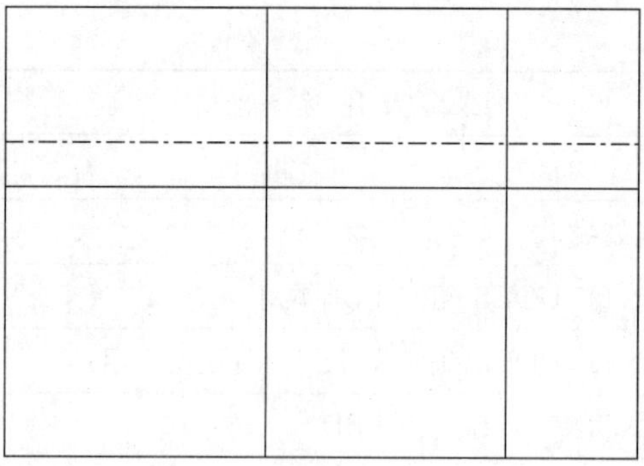

图 2-5

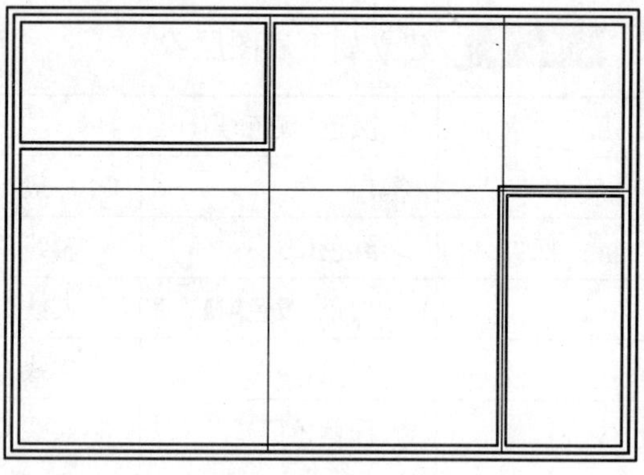

图 2-6

Step10　绘制墙体:切换当前层为墙体层，设置“多线”的参数。单击菜单栏“绘图”菜单中的“多线”命令，然后按命令行。(如图 2-6)

提示进行操作

命令：MLINE↙

当前设置:对正=上，比例=20.00，样式=STANDARD(初始参数)

指定起点或[对正(J)/比例(S)/样式(ST)]：J↙(选择对正设置)

输入对正类型[上(T)/无(Z)/下(B)]<无>：Z↙(选择两线之间的中点作为控制点)

指定起点或[对正(J)/比例(S)/样式(ST)]：S↙(选择比例设置)

输入多线比例<20.00>：200↙(输入墙厚)

指定起点或[对正(J)/比例(S)/样式(ST)]：↙(回车完成设置)

Step11　使用“分解”命令先将周边墙线分解开，接着综合应用“倒角”“修剪”命令对每个节点进行处理，使其内部连通，搭接正确。(如图 2-7)

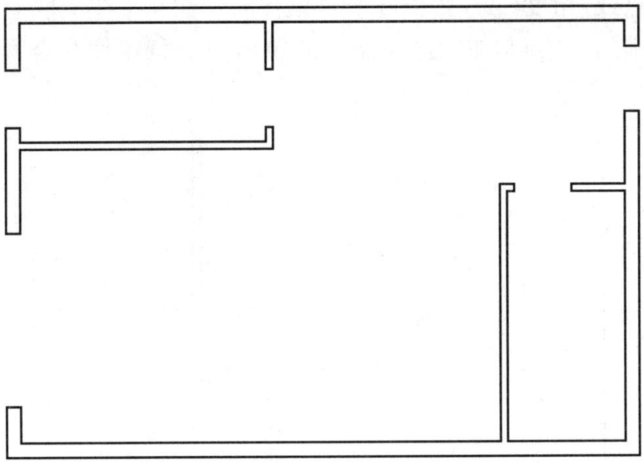

图 2-7

2. 平面门窗绘制(如图 2-8)

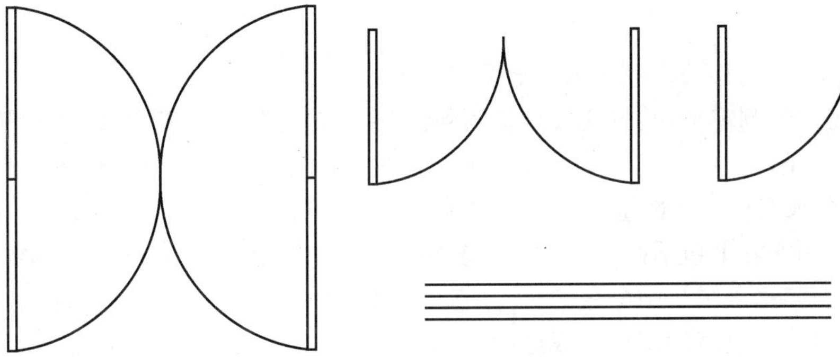

图 2-8

Step01 门扇绘制:单击“绘制”工具栏“矩形”按钮 输入相对坐标“@50，1000”,在绘图区域的适当位置绘制一个 50 mm×1 000 mm 的矩形作为门扇。(如图 2-9)

图 2-9

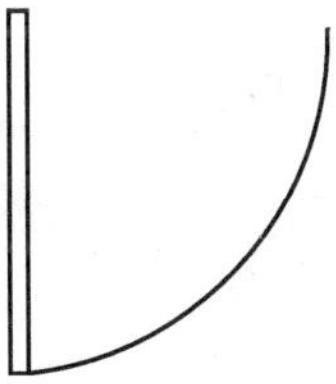

图 2-10

Step02 开取弧线绘制:单击“绘制”工具栏“圆弧”按钮 按命令行提示进行操作。(如图 2-10)

命令：ARC↙

指定圆弧的起点或[圆心(C)]：C↙

指定圆弧的圆心：(鼠标捕捉矩形右下角点)

指定圆弧的起点：(鼠标捕捉矩形右上角点)

指定圆弧的端点或[角度(A)/弦长(L)]:(鼠标向左在水平线上取一点,绘制完毕)

Step03 双扇门的绘制:使用已绘制好的单扇门进行镜像命令绘制双扇门。(如图 2-11)

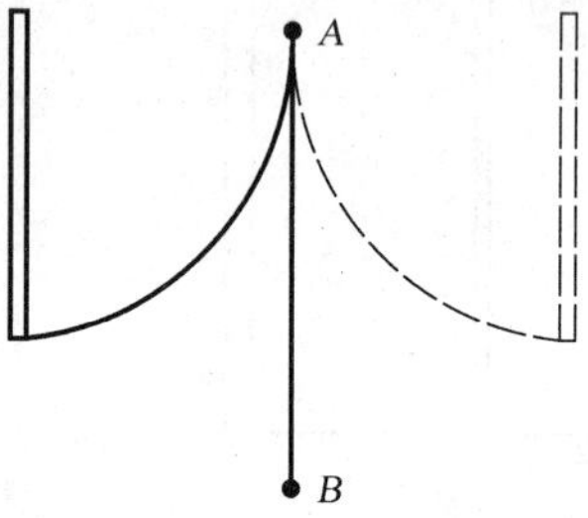

图 2-11

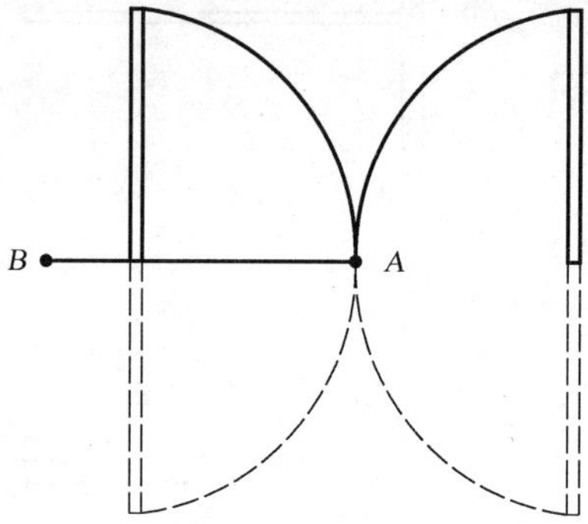

图 2-12

Step04 绘制弹簧门:使用已绘制好的双扇门进行镜像命令绘制双扇门。(如图 2-12)

Step05 把门移动到墙体平面洞口的位置。

Step06 绘制窗平面:方法大致有两种:一种方法是绘制一条直线,然后用"偏移"命令完成其他线条,该方法较麻烦,且不便于窗的尺寸修改;另一种方法是通过"多线"(MLINE)命令来实现。下面重点介绍后一种方法。

多线的应用实际上包括两个方面:一是多线样式的设置(mlstyle),它控制着当前所绘制多线的样式;二是多线绘图命令的执行,它自动调用当前多线样式,用户输入"对正(J)"、"比例(S)"及线条控制点后即可完成绘制。(如图 2-13)

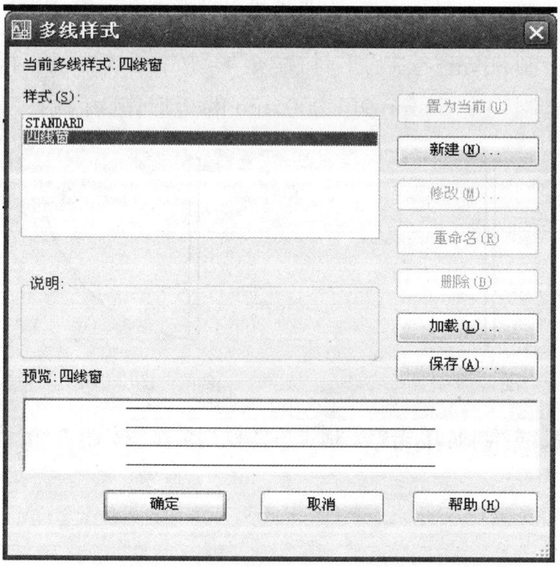

图 2-13

Step07 调用“多线”(MLINE)命令，输入“对正”、“比例”等参数，在屏幕上单击起点和终点，即可绘出四线窗。在选中状态下，拖动端点可改变其长度，如图 2-14 所示。

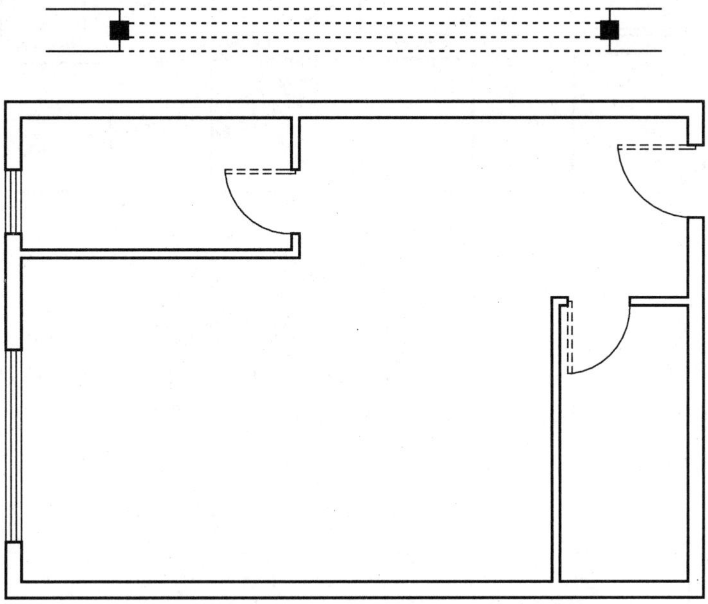

图 2-14 完成门窗线

3. 平面家具绘制(如图 2-15)

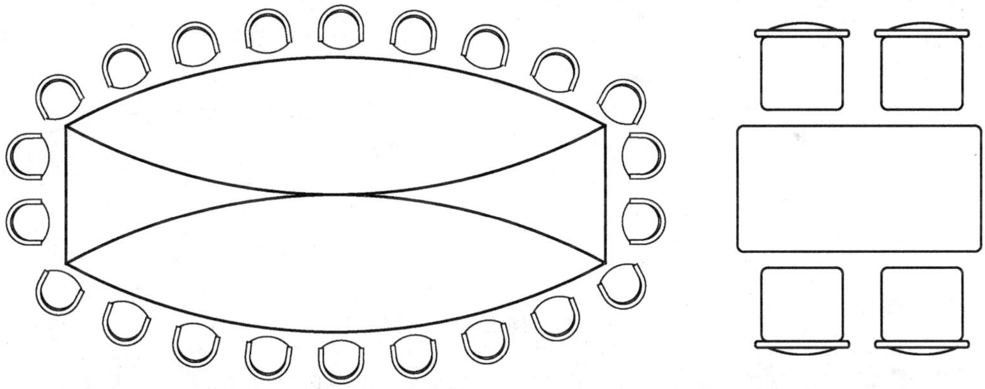

图 2-15

Step01 绘制餐桌：应用“矩形”命令绘制 3 个矩形，对 4 个角进行适当的圆角处理。矩形尺寸如下：1—1 200 mm×600 mm；2—400 mm×350 mm；3—460 mm×30 mm，如图 2-16(a)。

Step02 应用“移动”命令，将矩形 3 移动到矩形 2 上，再应用“圆弧”命令，在矩形 3 上画一条弧线，绘好椅子，结果如图 2-16(b)。

Step03 综合应用“复制”、“移动”、“镜像”等命令将椅子布置好。绘制完毕，结果如图2-16(c)。

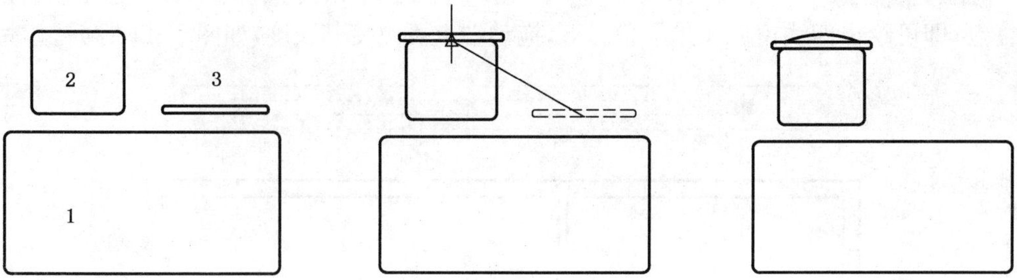

（a）　　（b）　　（c）

图 2-16

Step04 会议桌绘制：应用“直线”命令，绘制出两条长度为 1 500 mm 的竖直直线 1、2，它们之间的距离为 6 000 mm，如图 2-17 所示。应用“直线”命令，绘制直线 3，连接直线 1、2 的中点，如图 2-17 所示。

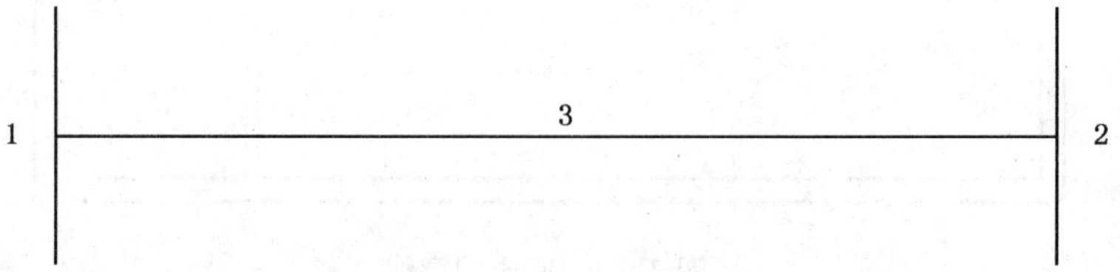

图 2-17

Step05 应用“偏移”命令，由直线 3 分别偏移 1 500 mm 绘制出直线 4、5，如图 2-18 所示。单击“圆弧”命令，依次捕捉 *ABC*、*DEF* 绘制出两条弧线，如图 2-18 所示。

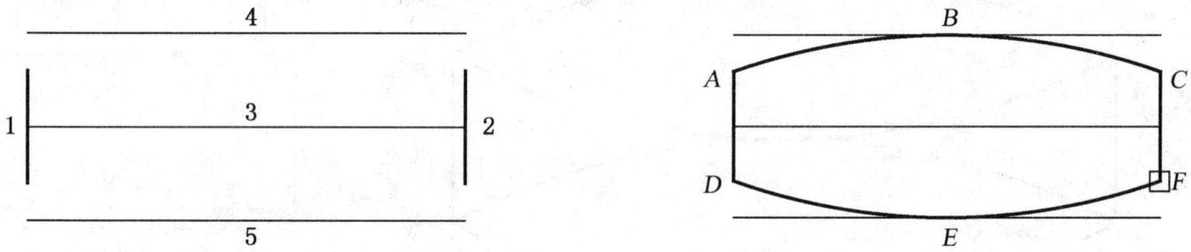

图 2-18

Step06 用“圆弧”命令绘制出内部的两条弧线，用“删除”命令将辅助线删除，完成桌面的绘制，如图 2-19 所示。

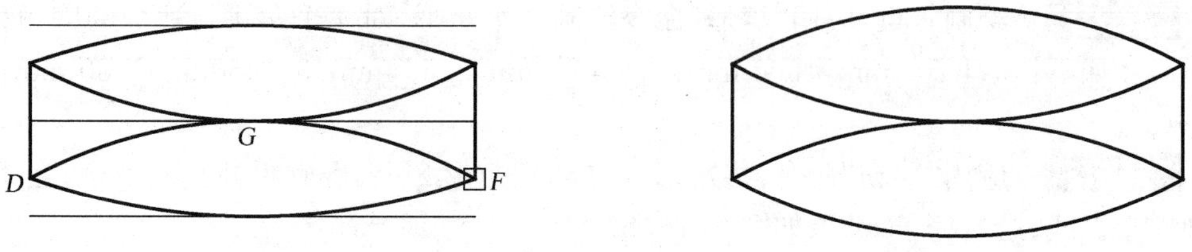

图 2-19

Step07 单击“多段线”按钮,在适当位置取一点为起点,然后按命令行提示进行操作来绘制椅子。(如图 2-20(a))

命令:pl

多段线起点:

当前线宽:0.0000

圆弧(A)/距离(D)/半宽(H)/宽度(W)/<下一点(N)>:@0,-140

圆弧(A)/距离(D)/跟踪(F)/半宽(H)/宽度(W)/撤销(U)/<下一点(N)>:a

角度(A)/圆心(CE)/闭合(CL)/方向(D)/半宽(H)/线段(L)/半径(R)/第二点(S)/宽度(W)/撤销(U)/<弧终点>:@250,-250

指定圆弧端点或角度(A)/圆心(CE)/闭合(CL)/方向(D)/半宽(H)/线段(L)/半径(R)/第二点(S)/宽度(W)/撤销(U)/<弧终点>:@250,250

指定圆弧端点或角度(A)/圆心(CE)/闭合(CL)/方向(D)/半宽(H)/线段(L)/半径(R)/第二点(S)/宽度(W)/撤销(U)/<弧终点>:L

圆弧(A)/闭合(C)/距离(D)/跟踪(F)/半宽(H)/宽度(W)/撤销(U)/<下一点(N)>:@0,140

圆弧(A)/闭合(C)/距离(D)/跟踪(F)/半宽(H)/宽度(W)/撤销(U)/<下一点(N)>:

Step08 用“偏移”命令将多段线向内偏移 50 mm 得到内边缘。(如图 2-20(b))

用“圆弧”命令分别绘制出坐垫的外边缘和内边缘。(如图 2-20(c))

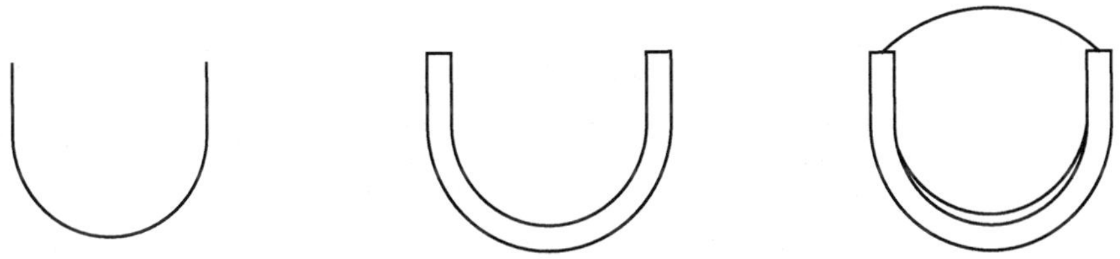

(a) (b) (c)

图 2-20

Step09 对齐椅子。依次单击“修改”菜单→“三维操作”→“对齐”命令。当命令行提示“选择对象”时,在屏幕上拉出矩形选框将椅子图形全部选中,然后按命令行提示进行操作。(如图 2-21)

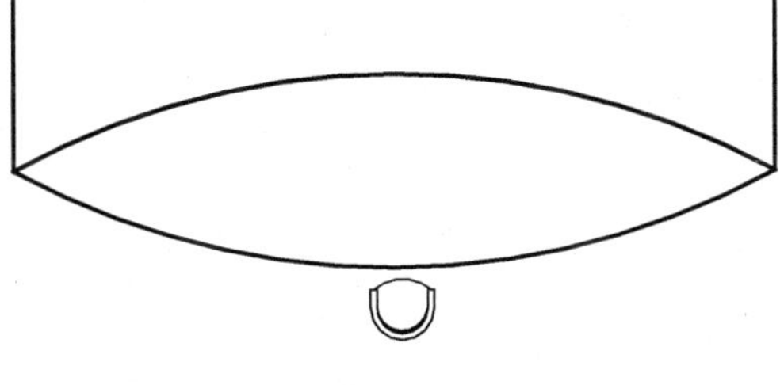

图 2-21

Step10 使用阵列命令，点击“选择对象”按钮，选中椅子图形，返回到对话框。按如图 2-22 所示设置参数，阵列中心点为刚才记下的会议桌弧线圆心坐标，填充角度为 28（可根据具体情况而定），阵列数目为 5。阵列后的椅子如图 2-22 所示。其余的周边椅子可以继续用“阵列”命令来完成，但需注意阵列角度的正负取值。也可以用“镜像”命令来实现，在此不赘述。

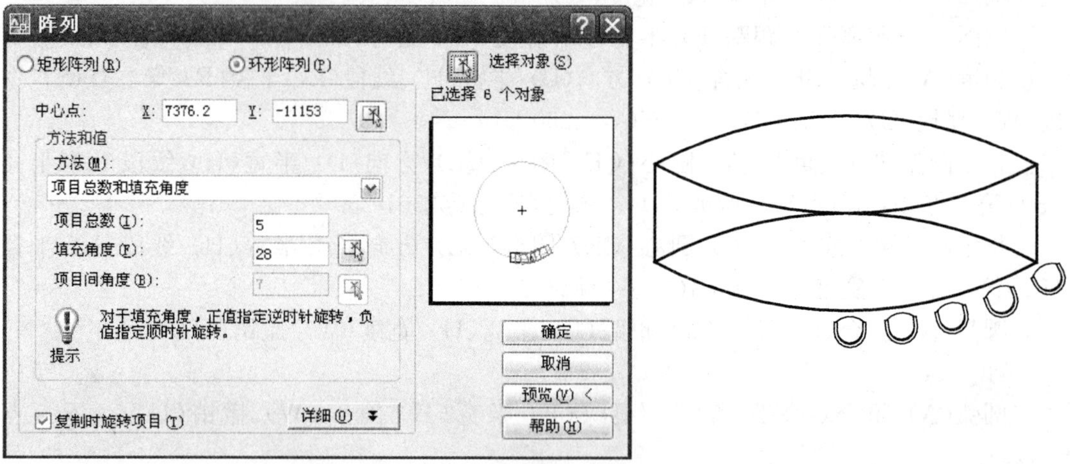

图 2-22

四、课后练习

1. 平面练习。

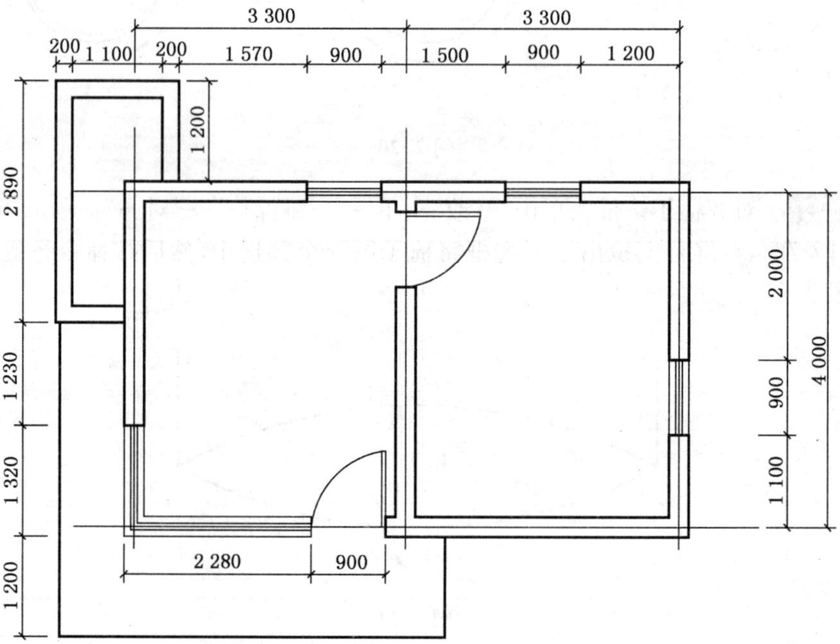

2. 水池正投影图练习。

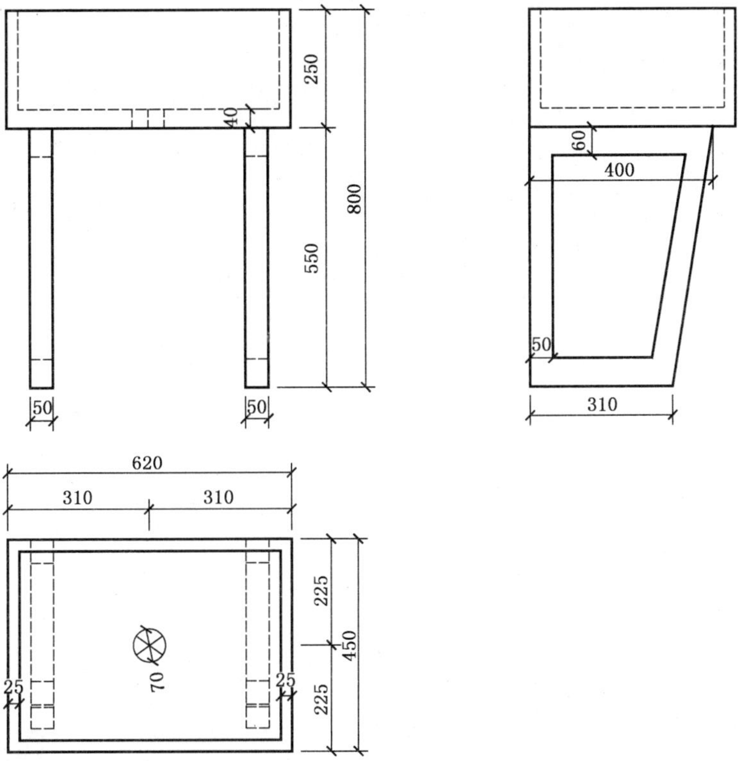

五、实训报告要求及成绩评定

1. 认真填写实训报告表中的各项内容。
2. 按照实际操作的顺序把实训的步骤掌握好。
3. 实训成绩是根据绘制的图形的完成程度与效果熟练程度评定的。

附表一 课内实训成绩记录

成绩：

项次	项 目	要 求	配 分	得 分
1	多线命令绘制墙体	完成程度与效果	20	
		熟练程度	5	
2	直线、倒角、移动、复制、镜像等命令绘制家具	完成程度与效果	20	
		熟练程度	5	
3	使用多线样式绘制窗平面	完成程度与效果	10	
		熟练程度	5	
4	使用矩形、画弧命令绘制门平面	完成程度与效果	10	
		熟练程度	5	
5	基本图元绘制步骤	完成程度与效果	15	
		熟练程度	5	

附表二 学生学习情况信息反馈

在掌握、基本掌握、未掌握处对应打“√”。

项次	项 目	掌 握	基本掌握	未掌握
1	多线命令绘制墙体			
2	直线、倒角、移动、复制、镜像等命令绘制家具			
3	使用多线样式绘制窗平面			
4	使用矩形、画弧命令绘制门平面			
5	基本图元绘制步骤			

实训三 绘制基本图元(二)

一、实训目的要求

目的：1. 通过简单的建筑图的绘制使读者熟悉基本的绘图命令，并熟悉利用 AutoCAD 绘制建筑图的一般步骤。

2. 掌握直线、矩形、椭圆等基本绘图命令及偏移、镜像等基本编辑命令的用法。

3. 掌握绘制柱形配筋图。通过练习，掌握多段线命令绘图，熟练绘制圆角、倒角的方法。

要求：利用快捷键输入命令，在练习中熟记各种命令尽量提高绘制速度。

二、实训项目

1. 楼梯口立面绘制。
2. 基础配筋图绘制。
3. 柱形配筋图绘制。

三、实训步骤

1. 绘制楼梯口立面(如图 3-1)

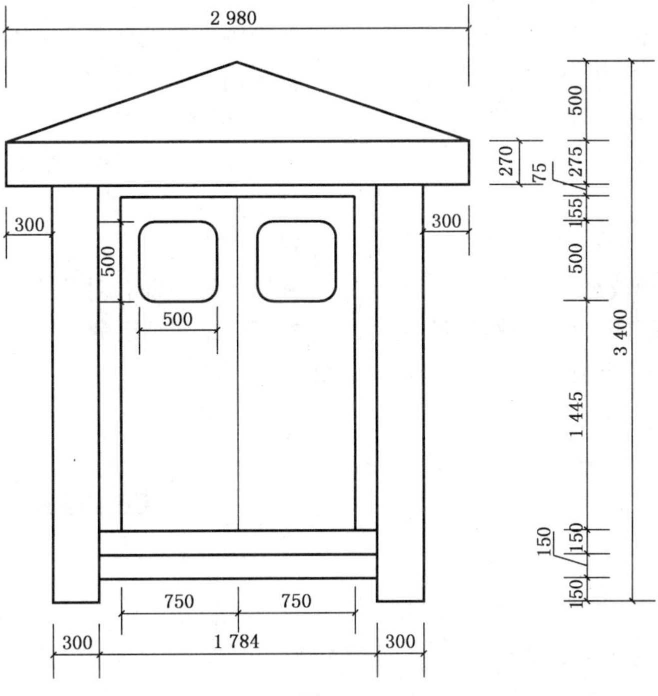

图 3-1

Step01 绘图环境设置:新建文件、设置绘图区域、创建图层及颜色、设置对象捕捉。(前面的实训小节已经提到,不再重复)

设置绘图区域。选取菜单命令“格式”/“图形界限”,命令行提示如下。

命令:_limits

重新设置模型空间界限:

指定左下角点或[开(ON)/关(OFF)]<0.0000, 0.0000>:

指定右上角点<420.0000, 297.0000>: 4200, 5940

此时,选取菜单命令“视图”/“缩放”/“全部”。

图层管理

• 解冻/冻结:单击图标,将冻结或解冻某一图层。解冻的图层是可见的,若冻结某个图层,则该层变为不可见,也不能被打印出来。当重新生成图形时,系统不再重生成该层上的对象,因而冻结一些图层后,可以加快 ZOOM、PAN 等命令和许多其他操作的运行速度。

• 解锁/锁定:单击图标,就锁定或解锁图层。被锁定的图层是可见的,但图层上的对象不能被编辑。用户可以将锁定的图层设置为当前层,并能向它添加图形对象。

• 打印/不打印:单击图标,就可设定图层是否打印。指定某层不打印后,该图层上的对象仍会显示出来。图层的不打印设置只对图样中的可见图层(图层是打开的并且是解冻的)有效。若图层设为可打印但该层是冻结的或关闭时,AutoCAD 不会打印该层。

Step02 绘制楼梯口顶。

(1) 切换图层到“楼梯口顶”层。在“图层”下拉列表中选择“楼梯口顶”,将“楼梯口顶”层置为当前图层。

(2) 绘制线段。选取菜单命令“绘图”/“直线”,命令行提示如下。(如图 3-2)

命令:_line 指定第一点:	//在绘图区空白处单击一点
指定下一点或[放弃(U)]:1490	//输入向右的追踪距离
指定下一点或[放弃(U)]:	//按 Enter 键结束命令
命令:LINE	//按 Enter 键重复执行命令
指定第一点:	//捕捉端点,指定第一点
指定下一点或[放弃(U)]:270	//输入向上的追踪距离
指定下一点或[放弃(U)]:	//利用极轴追踪和对象捕捉追踪指定下一点
指定下一点或[闭合(C)/放弃(U)]:	//按 Enter 键结束命令

使用镜像命令绘制出右侧一半顶。(如图 3-2)

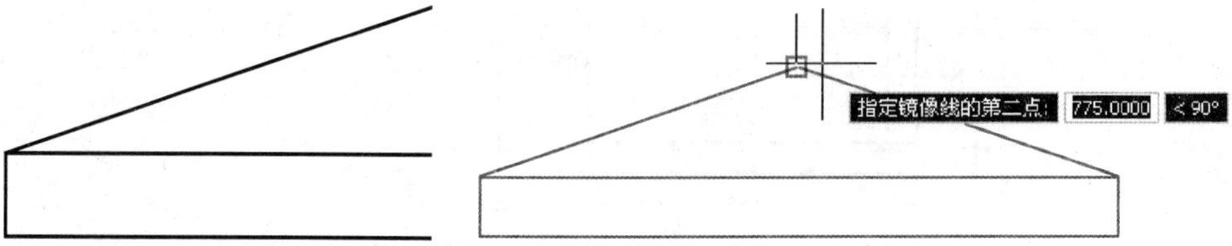

图 3-2

Step03 绘制两侧墙体:切换图层到“墙”层。利用 LINE 命令绘制线段,命令行提示如下。

命令:L //输入命令 L
LINE 指定第一点:300 //捕捉左下角端点,并输入向右的追踪距离
指定下一点或[放弃(U)]:2 625 //输入向下的追踪距离
指定下一点或[放弃(U)]:300 //输入向右的追踪距离
指定下一点或[闭合(C)/放弃(U)]://利用对象捕捉追踪捕捉交点,如图 3-3 所示
指定下一点或[闭合(C)/放弃(U)]://按 Enter 键

执行镜像命令,完成两侧墙体的绘制,结果如图 3-3 所示。

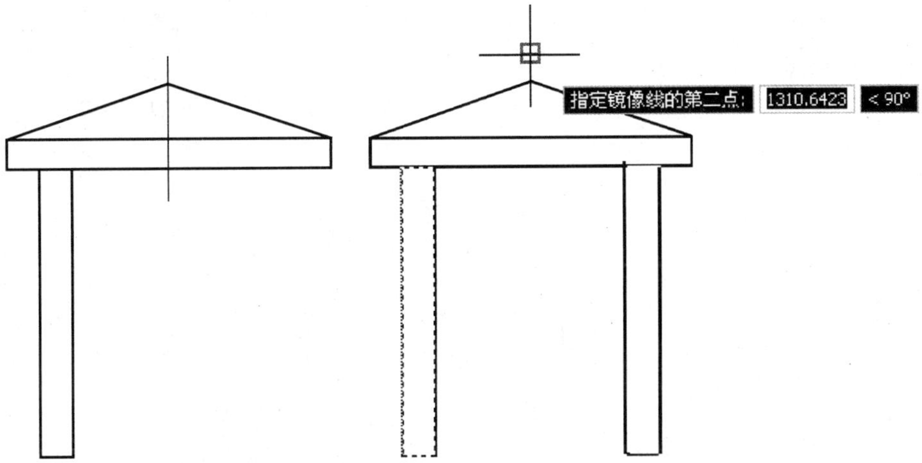

图 3-3

Step04 绘制楼梯口台阶:切换图层到“台阶”层。利用 LINE 命令绘制线段,命令行提示如下。(如图 3-4 所示)

命令:L
指定下一点或[放弃(U)]:
指定下一点或[放弃(U)]:

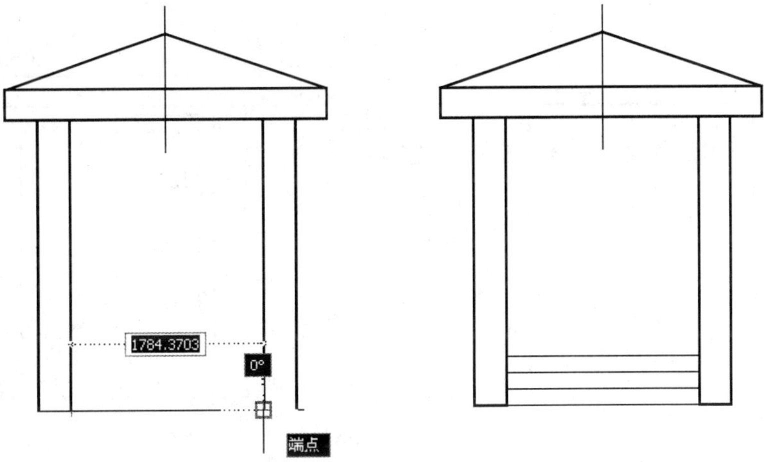

图 3-4

Step05 利用 OFFSET 命令偏移线段，命令行提示如下。（如图 3-4）

命令：o //输入命令 o

OFFSET

指定偏移距离或[通过(T)/删除(E)/图层(L)]＜通过＞：150

//输入偏移距离

选择要偏移的对象，或[退出(E)/放弃(U)]＜退出＞： //选择刚刚绘制的线段

指定要偏移的那一侧上的点，或[退出(E)/多个(M)/放弃(U)]＜退出＞：

//在该线段下方单击一点

选择要偏移的对象，或[退出(E)/放弃(U)]＜退出＞： //选择刚刚偏移的线段

指定要偏移的那一侧上的点，或[退出(E)/多个(M)/放弃(U)]＜退出＞：

//单击线段下方

选择要偏移的对象，或[退出(E)/放弃(U)]＜退出＞： //按 Enter 键删除辅助线（如图 3-5）

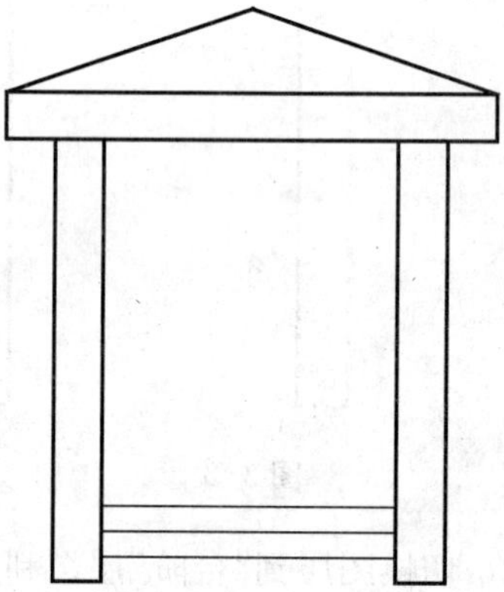

图 3-5

Step06 绘制楼梯口门：切换图层到“门”图层，利用 RECTANG 命令绘制矩形，命令行提示如下。（如图 3-6）

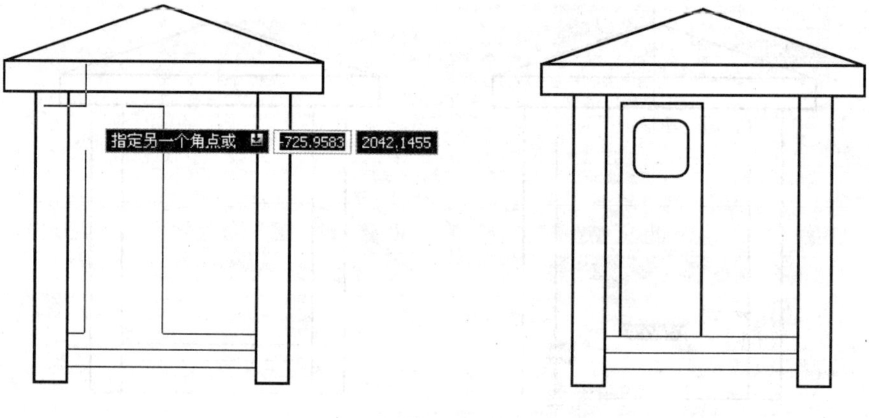

图 3-6

命令：rec
RECTANG
指定第一个角点或[倒角(C)/标高(E)/圆角(F)/厚度(T)/宽度(W)]：from
//利用偏移捕捉指定第一个角点
基点： //捕捉台阶线中点(如图 3-6)
<偏移>：@-750，2100 //输入相对坐标
//按 Enter 键

同样的方法在门上使用 RECTANG 命令创建 480 mm×480 mm 的矩形框(要使用分解命令)，使用倒圆角命令 倒出 R=100 的 4 个圆角。

Step07 使用镜像命令绘制出对应的另一扇门。(如图 3-1)

2. 绘制柱形配筋图(如图 3-7)

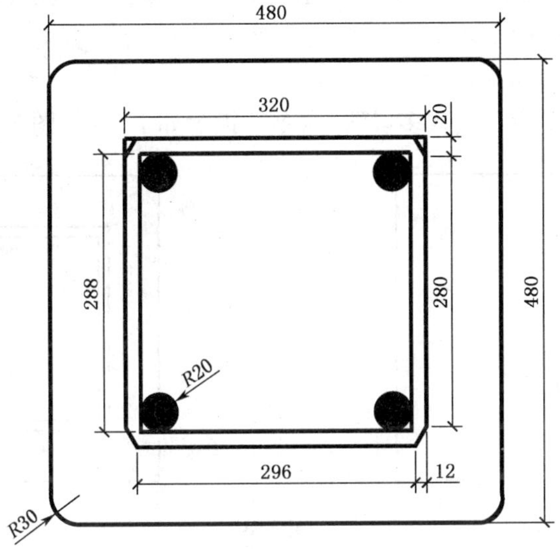

图 3-7

Step01 绘图环境设置。

(1) 启动 AutoCAD 2008，创建新文件。

(2) 设置图形界限。两角点的坐标分别为(0，0)和(840，590)；执行 Z 命令↙，再输入 A↙，选择“全部(A)”，将图形调整到最大。

(3) 设置“轮廓和箍筋线”和“钢筋”图层，将“轮廓和箍筋线”层置为当前图层。

(4) 设置对象捕捉。在“草图设置”对话框的“对象捕捉”选项卡中选择“启用对象捕捉”和“启用对象捕捉追踪”复选项，选择“端点”和“中点”复选项。

(5) 单击底部状态栏 正交 按钮，打开正交功能。

Step02 绘制轮廓线和箍筋线：利用 PLINE 命令绘制多段线，命令行提示如下。(如图 3-8)

(1) 命令：pl //输入命令 pl
PLINE
指定起点： //在绘图区的适当位置单击一点

当前线宽为 0.0000

指定下一个点或[圆弧(A)/半宽(H)/长度(L)/放弃(U)/宽度(W)]：480

//将鼠标光标放在起点右边输入长度指定下一点

指定下一点或[圆弧(A)/闭合(C)/半宽(H)/长度(L)/放弃(U)/宽度(W)]：480

//将鼠标光标放在点下方输入长度指定下一点

指定下一点或[圆弧(A)/闭合(C)/半宽(H)/长度(L)/放弃(U)/宽度(W)]：480

//将鼠标光标放在点左方输入长度指定下一点

指定下一点或[圆弧(A)/闭合(C)/半宽(H)/长度(L)/放弃(U)/宽度(W)]:C

//选择“闭合(C)”选项

设定 pl 线的宽度：指定下一个点或[圆弧(A)/半宽(H)/长度(L)/放弃(U)/宽度(W)]：w

指定下一个点或[圆弧(A)/半宽(H)/长度(L)/放弃(U)/宽度(W)]：w

指定起点宽度<0.0000>：2

指定端点宽度<2.0000>：2

(2) 利用 OFFSET 命令偏移多段线，命令行提示如下。(如图 3-8)

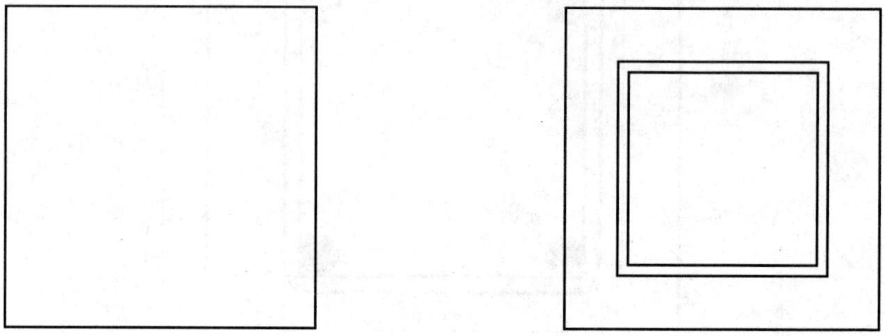

图 3-8

命令：o　　　　//输入命令 o

OFFSET

指定偏移距离或[通过(T)/删除(E)/图层(L)]<1.0000>:100

//输入偏移距离

选择要偏移的对象，或[退出(E)/放弃(U)]<退出>：

//选择刚绘制的图形

指定要偏移的那一侧上的点，或[退出(E)/多个(M)/放弃(U)]<退出>：

//单击图形内部

选择要偏移的对象，或[退出(E)/放弃(U)]<退出>：

命令：　　　　//输入命令 o

OFFSET

当前设置:删除源=否　图层=源　OFFSETGAPTYPE=0

指定偏移距离或[通过(T)/删除(E)/图层(L)]<100.0000>：16

//输入偏移距离

选择要偏移的对象,或[退出(E)/放弃(U)]＜退出＞:
//选择刚绘制的图形
指定要偏移的那一侧上的点,或[退出(E)/多个(M)/放弃(U)]＜退出＞:
//单击图形内部
选择要偏移的对象,或[退出(E)/放弃(U)]＜退出＞:

Step03 使用倒角命令绘制圆角:选择 其中选项,命令行提示如下。(如图 3-9)

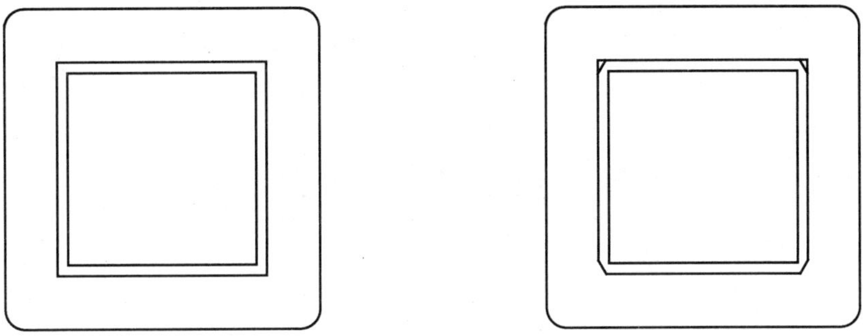

图 3-9

命令: FILLET
当前设置:模式=修剪　半径:0.000
选择第一个对象或[放弃(U)/多段线(P)/半径(R)/修剪(T)/多个(M)]:r
//选择"半径(R)"选项
指定圆角半径＜0.0000＞:30　　//输入圆角半径
选择第一个对象或[放弃(U)/多段线(P)/半径(R)/修剪(T)/多个(M)]:p
//选择"多段线(P)"选项
选择二维多段线:　　//选择外面多段线
4 条直线已经被倒成圆角

Step04 使用倒角命令绘制斜角:选择 其中选项,命令行提示如下。(如图 3-9)

命令: chamfer
("修剪"模式)当前倒角距离 1=0.0000,距离 2=0.0000
选择第一条直线或[放弃(U)/多段线(P)/距离(D)/角度(A)/修剪(T)/方式(E)/多个(M)]:d　　//选择"距离(D)"选项
指定第一个倒角距离＜0.0000＞: 20　　//输入第一个倒角距离
指定第二个倒角距离＜20.0000＞:12　　//输入第二个倒角距离
倒斜角时:选择第一条直线或[放弃(U)/多段线(P)/距离(D)/角度(A)/修剪(T)/方式(E)/多个(M)]:t
输入修剪模式选项[修剪(T)/不修剪(N)]＜修剪＞:N 或 T(保留原直角线或修剪掉直角线)

Step05 绘制钢筋:使用"绘制"→"圆环"

命令: donut
指定圆环的内径＜0.5000＞: 0

指定圆环的外径<1.0000>：20

指定圆环的中心点或<退出>：

Step06 把实心圆放置到箍筋的 4 个角。（如图 3-7）

四、课后练习

1. 绘制柱体配筋图。

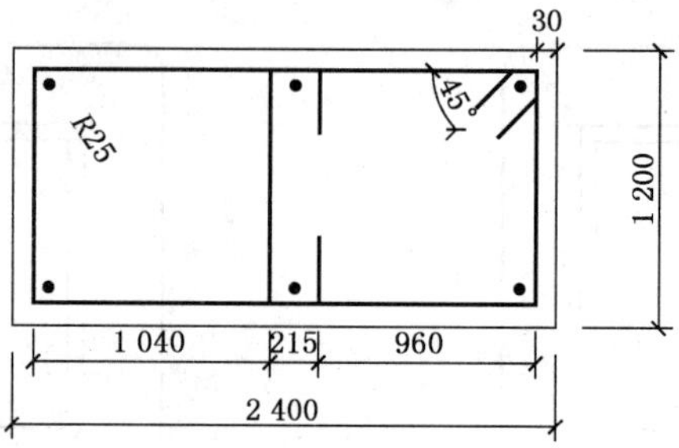

2. 绘制窗立面图。

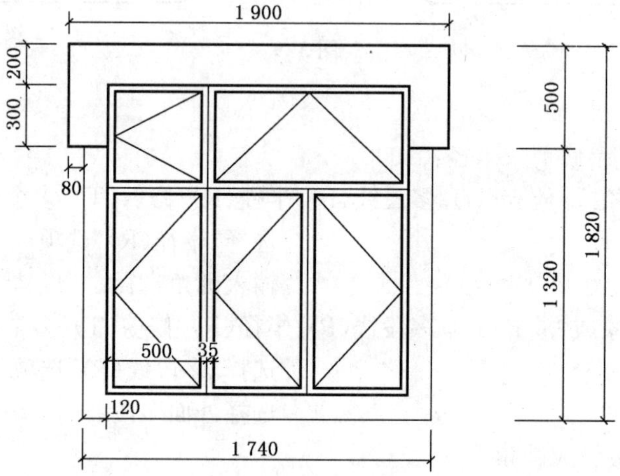

3. 绘制窗立面图。

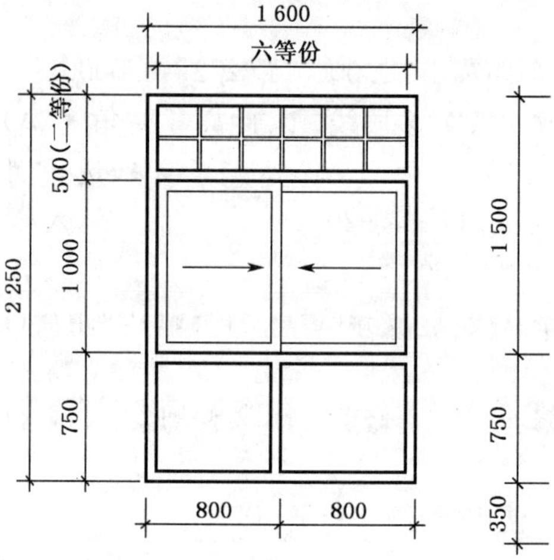

五、实训报告要求及成绩评定

1. 认真填写实训报告表中的各项内容。
2. 按照实际操作的顺序把实训的步骤掌握好。
3. 实训成绩是根据绘制的图形的完成程度与效果及熟练程度评定的。

附表一 课内实训成绩记录

成绩：

项次	项目	要求	配分	得分
1	直线、矩形、椭圆等基本绘图命令及偏移、镜像等基本编辑命令的用法	完成程度与效果	20	
		熟练程度	5	
2	绘制柱形配筋图。通过练习，掌握多段线命令绘图，熟悉绘制圆角、倒角的方法	完成程度与效果	20	
		熟练程度	5	
3	楼梯口立面的绘制效果	完成程度与效果	10	
		熟练程度	5	
4	柱体配筋图的绘制效果	完成程度与效果	15	
		熟练程度	5	
5	快捷键的运用	完成程度与效果	10	
		熟练程度	5	

附表二 学生学习情况信息反馈

在掌握、基本掌握、未掌握处对应打“√”。

项次	项目	掌握	基本掌握	未掌握
1	基本编辑命令的用法			
2	楼梯口立面的绘制步骤			
3	柱体配筋图的绘制步骤			
4	快捷键的运用			
5	绘图环境的设置			

实训四　尺寸文本标注

一、实训目的要求

目的：由于尺寸标注对传达有关设计元素的尺寸和材料等信息有着非常重要的作用，因此在对图形进行标注前，应先了解尺寸标注的组成、类型、规则及步骤等。

掌握尺寸标注的组成、类型。

掌握编辑尺寸标注。

掌握创建尺寸标注的基本步骤。

掌握文字标注的方法。

要求：进行实训标注是要标注整齐，层次分明。从外到内分别为总尺寸、开间进深尺寸、门窗及其他小尺寸。文字标注大小比例正确，文字引线整齐。

二、实训项目

1. 尺寸标注的组成、类型。
2. 创建尺寸标注的基本步骤。
3. 编辑尺寸标注。
4. 文字标注的方法。
5. 建筑符号的引用。

三、实训步骤

1. 尺寸标注的组成、类型

在制图或其他工程绘图中，一个完整的尺寸标注应由标注文字、尺寸线、尺寸界线、尺寸线的端点符号及起点等组成。（如图 4-1）

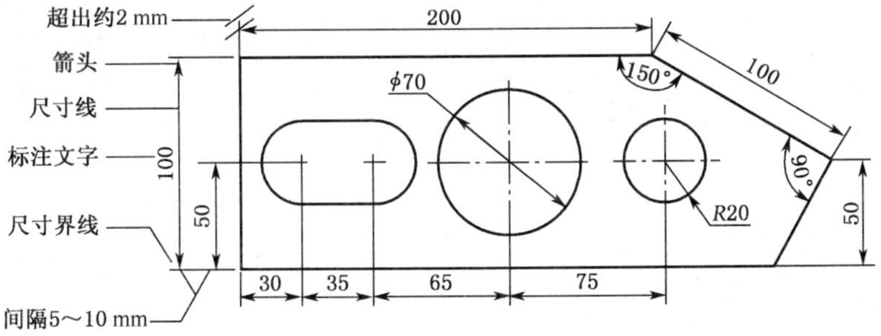

图 4-1

AutoCAD 2008 提供了十余种标注工具以标注图形对象，分别位于“标注”菜单或“标

注”工具栏中。使用它们可以进行角度、直径、半径、线性、对齐、连续、圆心及基线等标注。(如图 4-2)

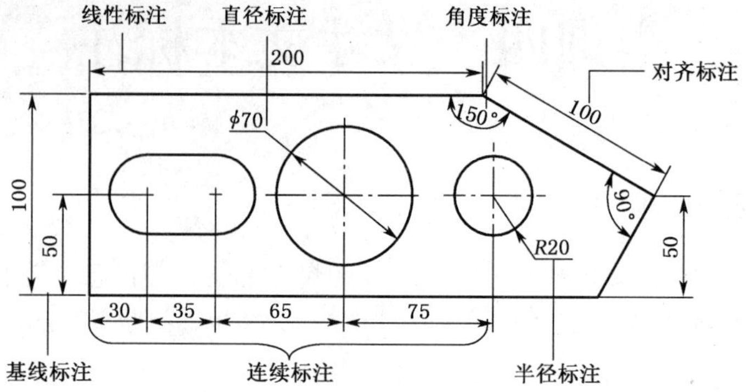

图 4-2

2. 创建尺寸标注的基本步骤

在 AutoCAD 中对图形进行尺寸标注的基本步骤如下。

(1) 选择“格式”|“图层”命令,使用打开的“图层特性管理器”对话框创建一个独立的图层,用于尺寸标注。

(2) 选择“格式”|“文字样式”命令,使用打开的“文字样式”对话框创建一种文字样式,用于尺寸标注。

(3) 选择“格式”|“标注样式”命令,使用打开的“标注样式管理器”对话框,设置标注样式。

(4) 使用对象捕捉和标注等功能,对图形中的元素进行标注。

Step01 新建标注样式选择“格式”|“标注样式”命令,打开“标注样式管理器”对话框。(如图 4-3)

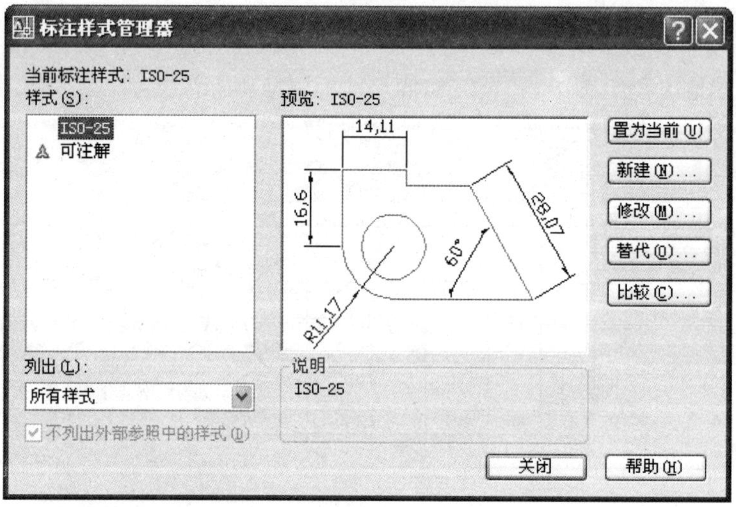

图 4-3

Step02 设置符号和箭头：在“新建标注样式”对话框中，使用“符号和箭头”选项卡可以设置建筑标记、箭头、圆心标记、弧长符号和半径标注折弯的格式与位置。（如图 4-4）

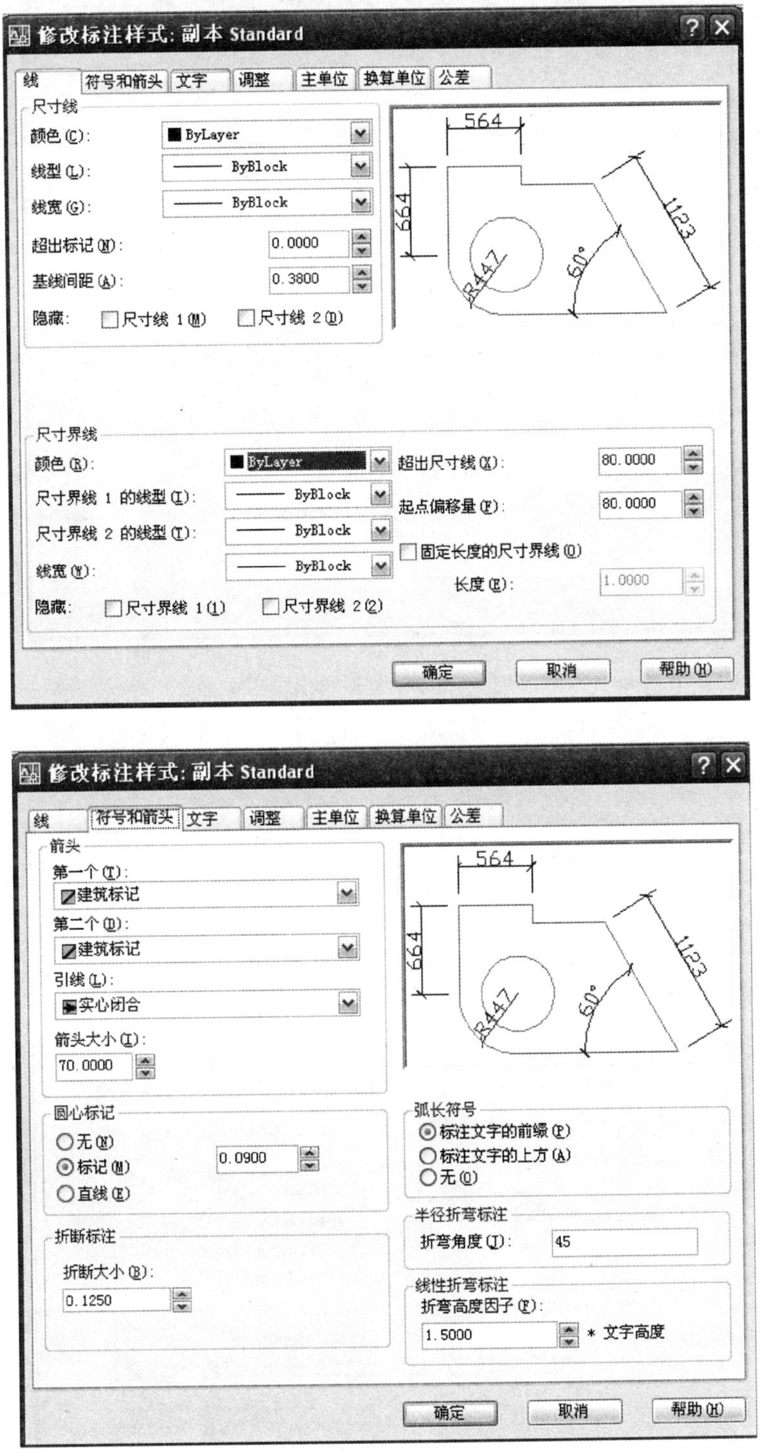

图 4-4

Step03 设置文字。(如图 4-5)

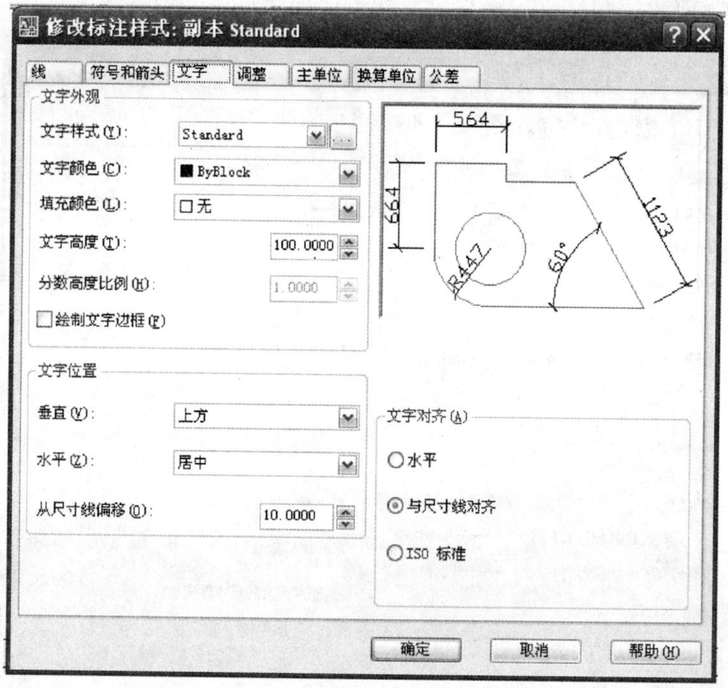

图 4-5

Step04 设置调整。(如图 4-6)

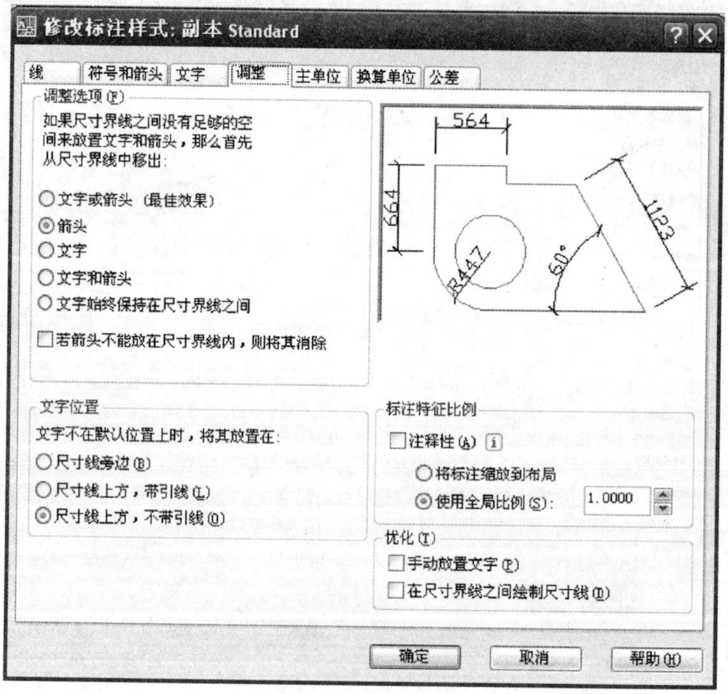

图 4-6

Step05 设置主单位。（如图 4-7）

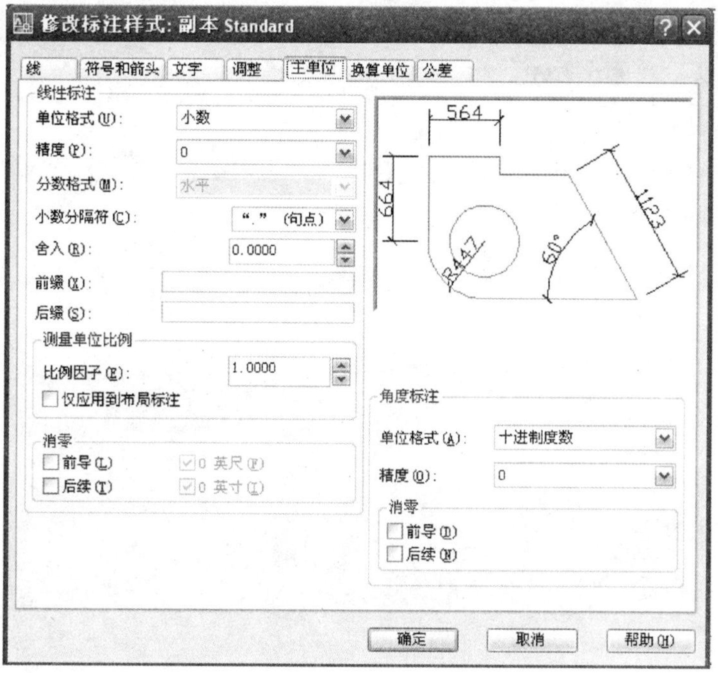

图 4-7

Step06 设置单位换算。（如图 4-8）

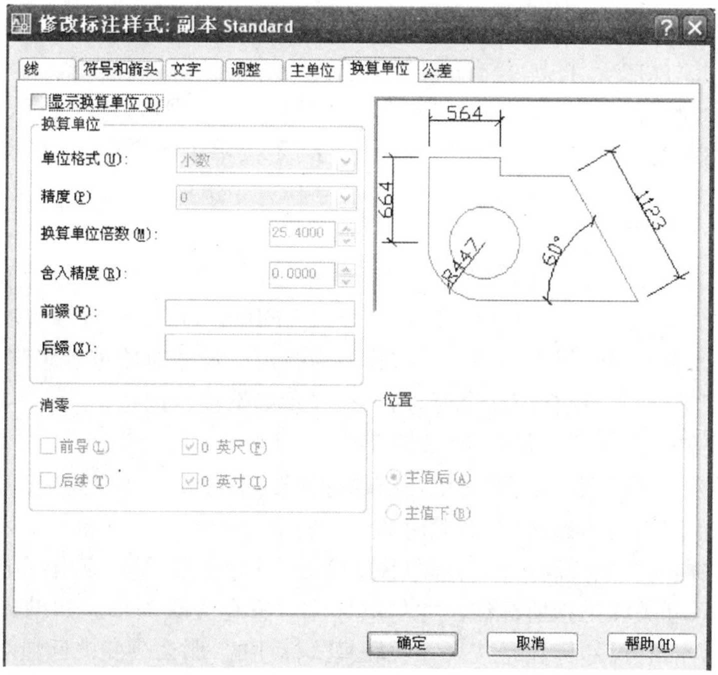

图 4-8

Step07 设置公差不作调整。（如图 4-9）

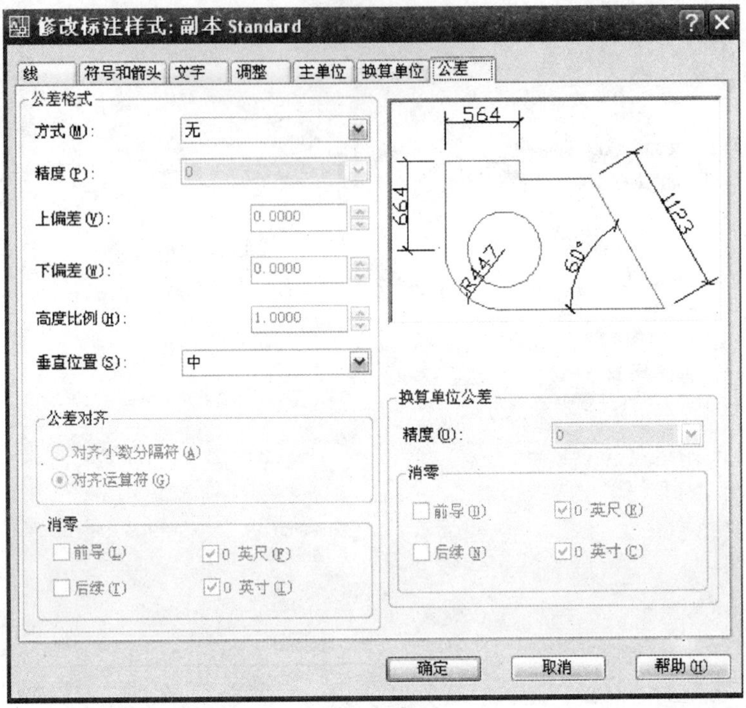

图 4-9

3. 编辑尺寸标注

编辑标注：在"标注"工具栏中，单击"编辑标注"按钮，即可编辑已有标注的标注文字内容和放置位置，此时命令行将显示如下提示信息。

输入标注编辑类型[默认(H)/新建(N)/旋转(R)/倾斜(O)]<默认>：

编辑标注文字的位置：选择"标注"|"对齐文字"子菜单中的命令，或在"标注"工具栏中单击"编辑标注文字"按钮，都可以修改尺寸的文字位置。选择需要修改的尺寸对象后，命令行将显示如下提示信息。

指定标注文字的新位置或[左(L)/右(R)/中心(C)/默认(H)/角度(A)]：

替代标注：选择"标注"|"替代"命令(DIMOVERRIDE)，可以临时修改尺寸标注的系统变量设置，并按该设置修改尺寸标注。该操作只对指定的尺寸对象进行修改，并且修改后不影响原系统的变量设置。执行该命令时，命令行显示如下提示信息。

输入要替代的标注变量名或[清除替代(C)]：

更新标注：选择"标注"|"更新"命令，或在"标注"工具栏中单击"标注更新"按钮，都可以更新标注，使其采用当前的标注样式，此时命令行将显示如下提示信息。

输入标注样式选项[保存(S)/恢复(R)/状态(ST)/变量(V)/应用(A)/?]<恢复>：

尺寸关联：尺寸关联是指所标注尺寸与被标注对象有关联关系。如果标注的尺寸值是按自动测量值标注，且尺寸标注是按尺寸关联模式标注的，那么改变被标注对象的大小后相应的标注尺寸也将发生改变，即尺寸界线、尺寸线的位置都将改变到相应新位置，尺寸值也改变成新测量值。反之，改变尺寸界线起始点的位置，尺寸值也会发生相应的变化。

4. 文字标注的方法

(1) 创建文字

文字样式的设置主要包括文字字体、字号、角度、方向和其他文字特征。AutoCAD 图形中的所有文字都具有与之相关联的文字样式。在图形中输入文字时，AutoCAD 使用当前的文字样式。如果要使用其他文字样式来创建文字，可以将其他文字样式置于当前。

AutoCAD 默认的是标准文字样式。

操作格式。

命令：STYLE

菜单："格式"—"文字样式"操作说明。

执行命令后，打开"文字样式"对话框，如图 4-10、图 4-11 所示。可以在该对话框中进行"样式名"、"字体"、"高度"、"效果"等设置。

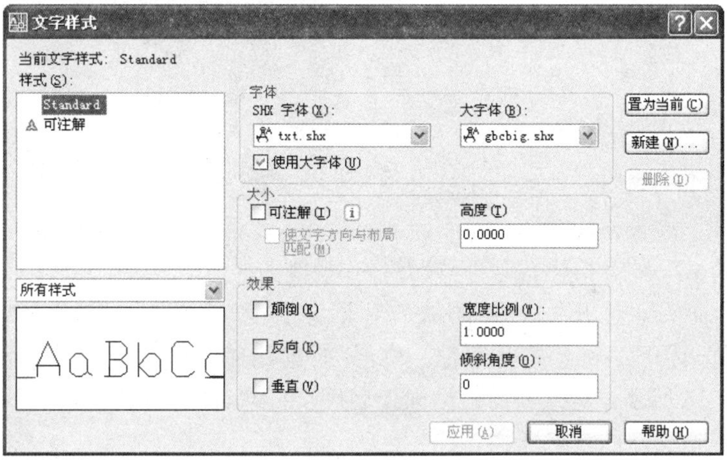

图 4-10

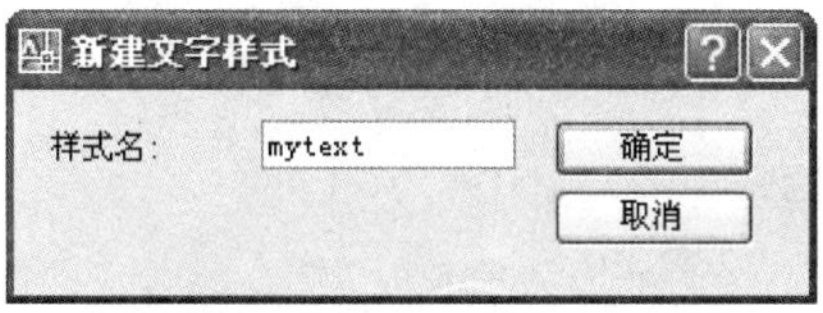

图 4-11

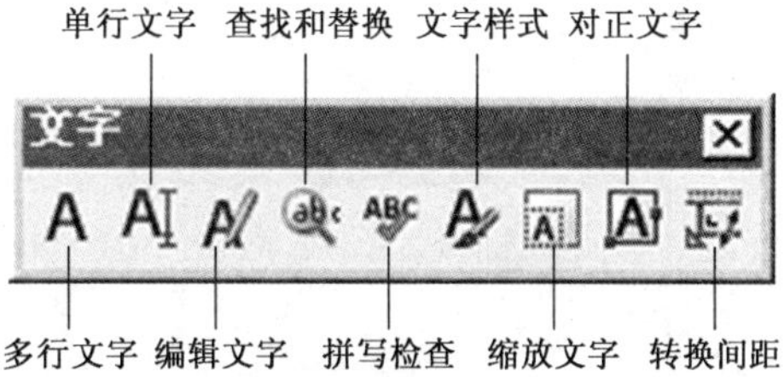

图 4-12

在一幅完整的图纸中用图线方式表现得不充分和无法用图线表示的地方就需要进行文字说明，如材料名称、构配件名称、构造做法、统计表及图名等。文字说明是图纸内容的重要组成部分，制图规范对文字标注中的字体、字号、字体字号的搭配等方面做了一些具体规定。

(2) 设置表格样式

和文字样式一样，所有 AutoCAD 图形中的表格都有与其相对应的表格样式。当插入表格对象时，AutoCAD 使用当前设置的表格样式。表格样式是用来控制表格基本形状和间距的一组设置。模板文件 ACAD. dwt 和 ACADIS0. dwt 中定义了名为 STANDARD 的默认表格样式。(如图 4-13)

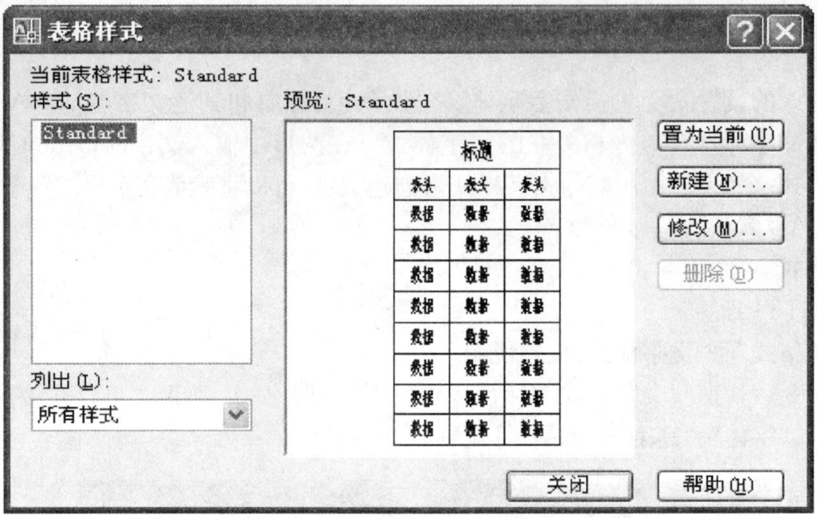

图 4-13

操作格式。

命令:TABLESTYLE

菜单:“格式”→“表格样式”

工具栏:“样式”→“表格样式管理器”及操作说明

执行上述命令,打开“表格样式”对话框。选择“格式”|“表格样式”命令(TABLESTYLE),打开“表格样式”对话框。单击“新建”按钮,系统打开“创建新的表格样式”对话框,如图 4-13 所示。输入新的表格样式名后,单击“继续”按钮,系统打开“新建表格样式”对话框,可以定义新的表格样式。

Step08 设置表格的数据、列标题和标题样式:在“新建表格样式”对话框中,可以在“单元样式”选项区域的下拉列表框中选择“数据”、“标题”和“表头”选项来分别设置表格的数据、标题和表头对应的样式。(如图 4-14、图 4-15)

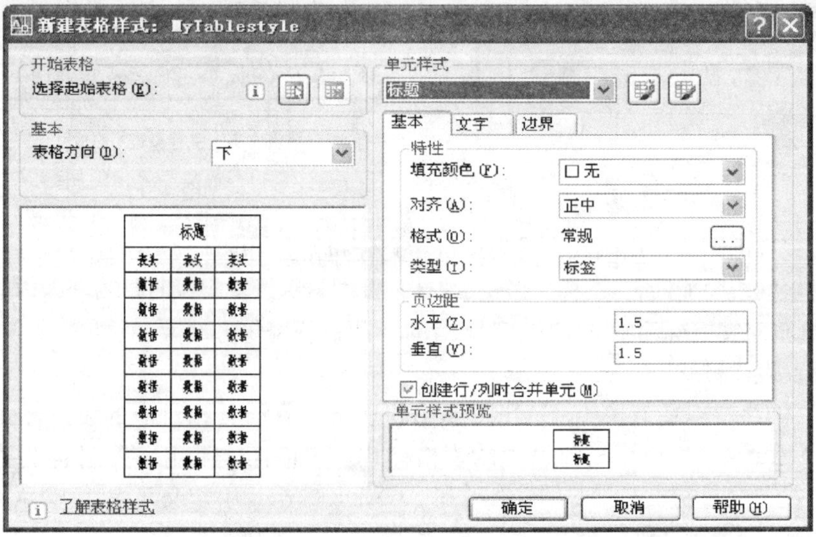

图 4-14

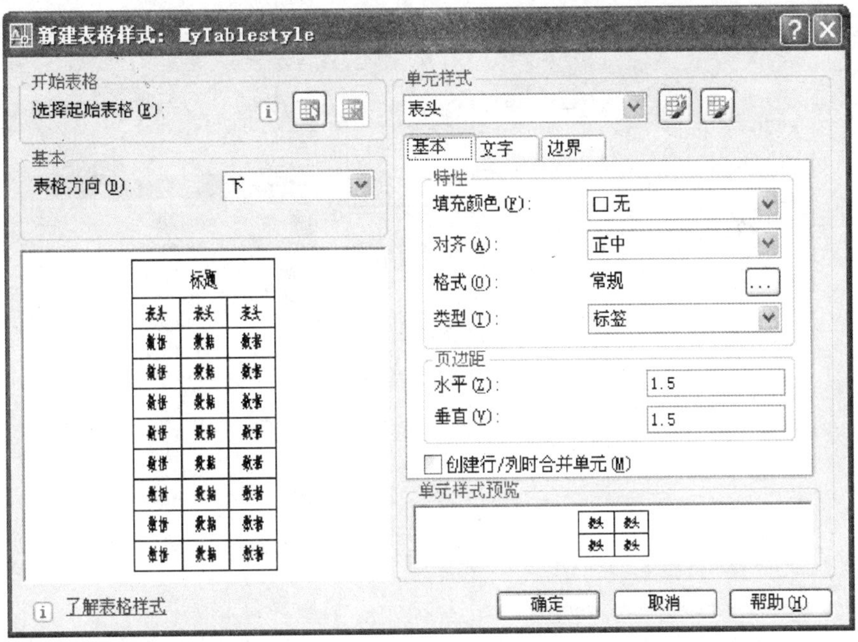

图 4-15

Step09 创建表格:选择“绘图”|“表格”命令,或在“面板”选项板的“表格”选项区域中单击“表格”按钮,打开“插入表格”对话框。(如图 4-16)

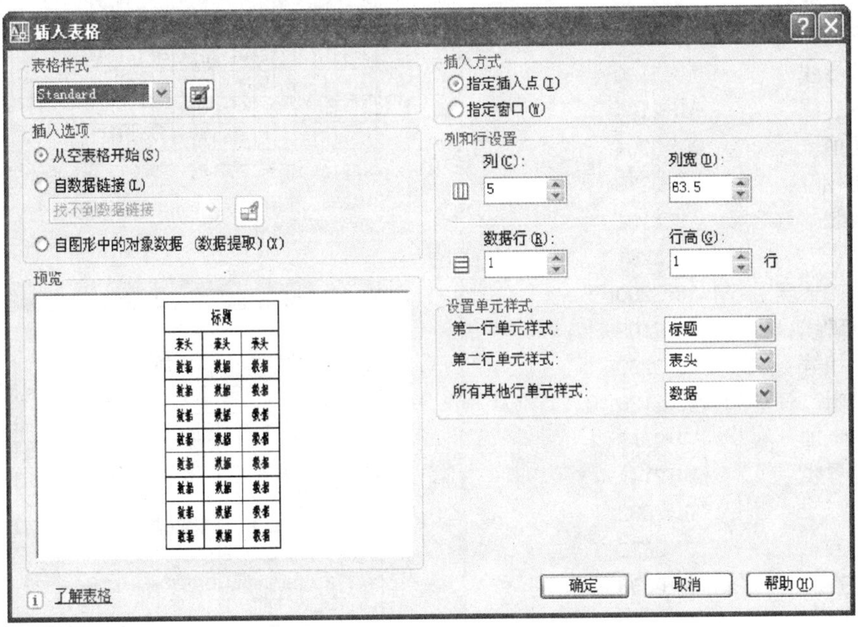

图 4-16

5. 建筑符号的引用

选择“多行文字”命令进行文字标注及编号标注。(如图 4-17、图 4-18)

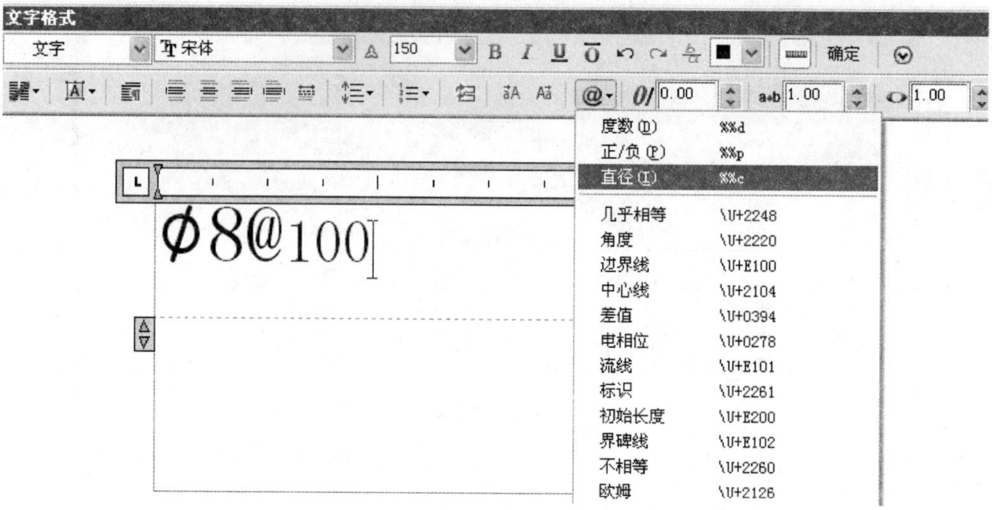
文字格式
文字
宋体
150
确定
度数（D） %%d
正/负（P） %%p
直径（I） %%c
几乎相等 \U+2248
角度 \U+2220
边界线 \U+E100
中心线 \U+2104
差值 \U+0394
电相位 \U+0278
流线 \U+E101
标识 \U+2261
初始长度 \U+E200
界碑线 \U+E102
不相等 \U+2260
欧姆 \U+2126
φ8@100

图 4-17

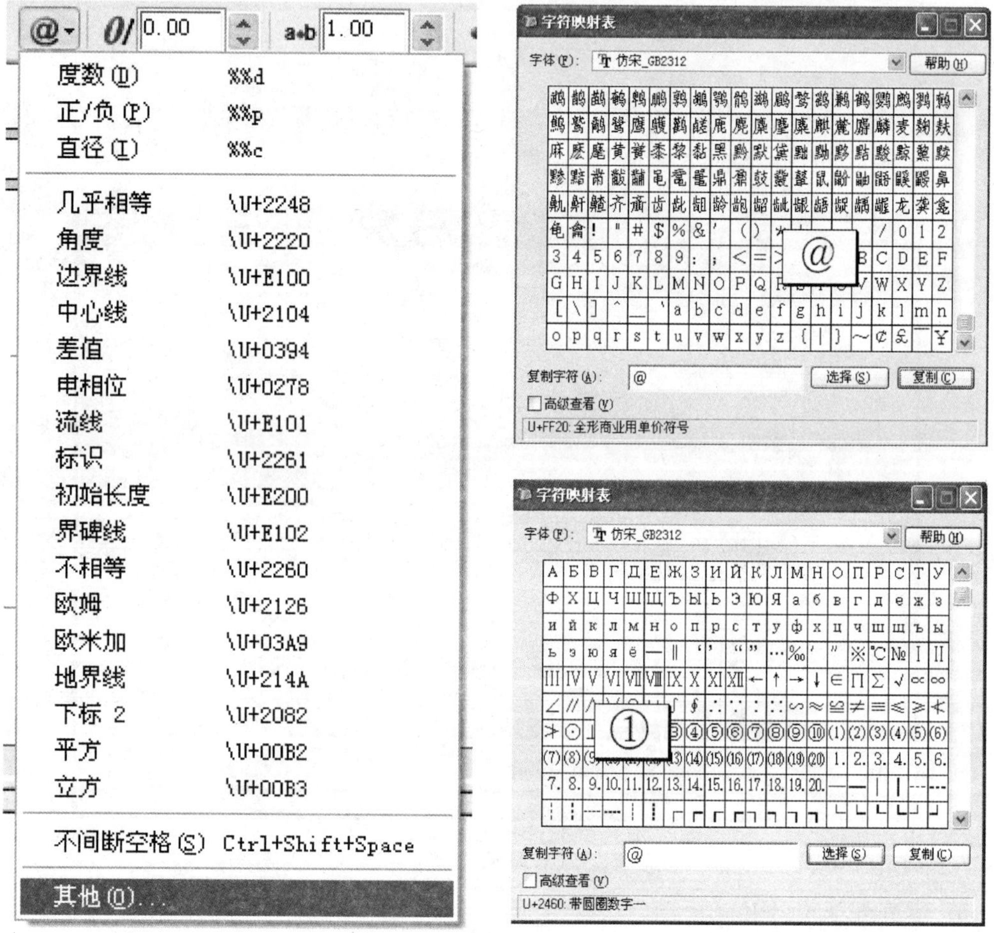
度数（D） %%d
正/负（P） %%p
直径（I） %%c
几乎相等 \U+2248
角度 \U+2220
边界线 \U+E100
中心线 \U+2104
差值 \U+0394
电相位 \U+0278
流线 \U+E101
标识 \U+2261
初始长度 \U+E200
界碑线 \U+E102
不相等 \U+2260
欧姆 \U+2126
欧米加 \U+03A9
地界线 \U+214A
下标 2 \U+2082
平方 \U+00B2
立方 \U+00B3
不间断空格（S） Ctrl+Shift+Space
其他（O）...
字符映射表
字体（F）： 仿宋_GB2312
帮助（H）
复制字符（A）： @
选择（S）
复制（C）
高级查看（V）
U+FF20: 全形商业用单价符号
U+2460: 带圆圈数字一

图 4-18

尺寸标注及标高符号：设置过程同前面章节。（如图 4-19(a)插入标高符号，4-19(b)符号特性修改，图 4-19(c)标高符号修改）

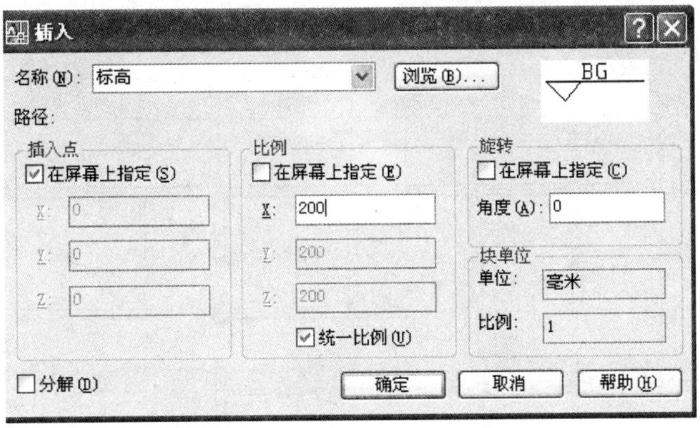

图 4-19(a)

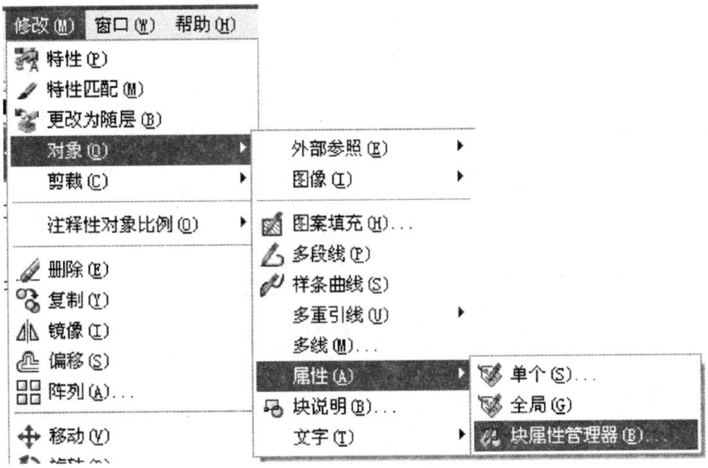

图 4-19(b)

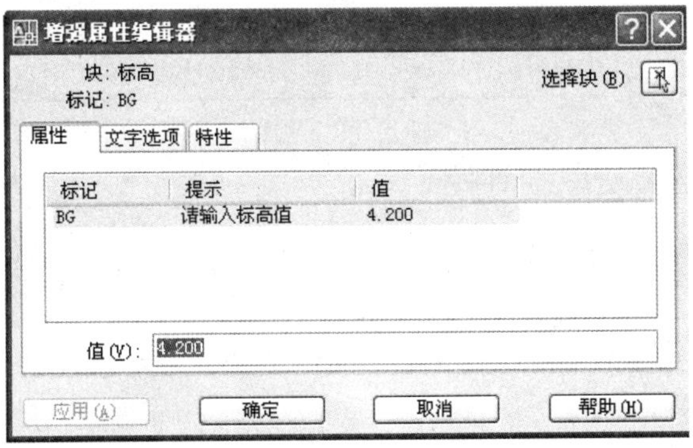

图 4-19(c)

四、课后练习

1. 绘制平面图并进行尺寸文字标注。

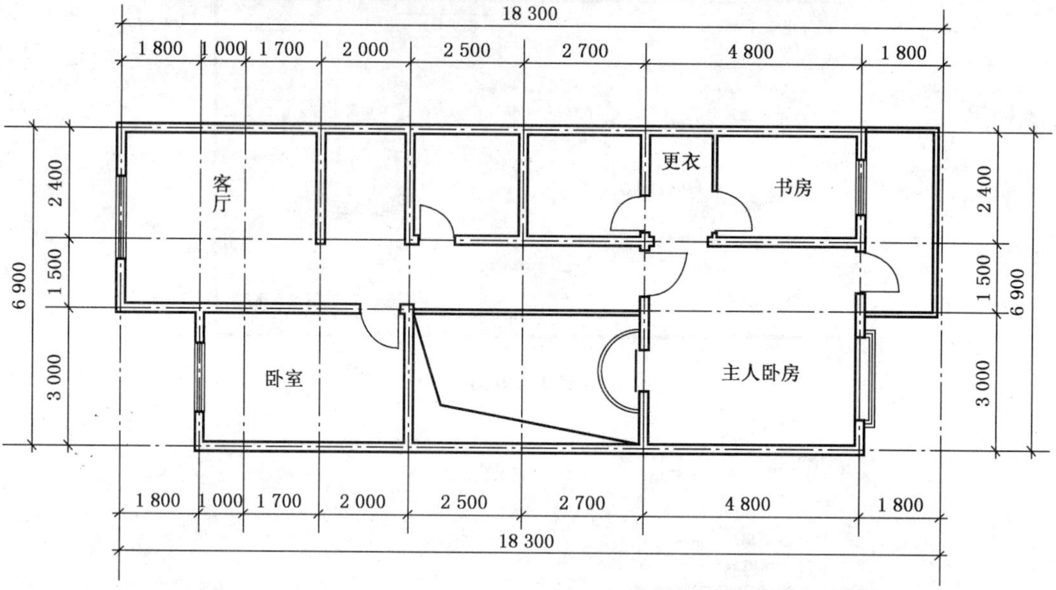

2. 建立门窗表。

门窗表

	A	B	C	D	E	F
1	类型	门窗名称	门窗形式	洞口尺寸(mm)	门窗数量	备　注
2	窗	C-1	70系列铝合金固定窗	ϕ1 000		白色铝合金框,清水玻璃
3		C-2	70系列铝合金推拉窗	1 600×1 000		白色铝合金框,清水玻璃
4		C-3	70系列铝合金平开窗	700×1 900		白色铝合金框,清水玻璃
5	门	M-1	木　门	1 500×2 260		见二次装修
6		M-2	夹板门	900×2 100		见二次装修
7		M-3	卷帘门	3 880×2 550		成　品

五、实训报告要求及成绩评定

1. 认真填写实训报告表中的各项内容。
2. 按照实际操作的顺序把实训步骤掌握好。
3. 实训成绩是根据绘制的图形的完成程度与效果及熟练程度评定的。

附表一 课内实训成绩记录

成绩：

项次	项 目	要 求	配 分	得 分
1	尺寸标注设置	完成程度与效果	20	
		熟练程度	5	
2	文字标注设置	完成程度与效果	20	
		熟练程度	5	
3	掌握创建尺寸标注的基本步骤	完成程度与效果	10	
		熟练程度	5	
4	设置表格样式	完成程度与效果	15	
		熟练程度	5	
5	尺寸标注、文字标注实际运用效果	完成程度与效果	10	
		熟练程度	5	

附表二 学生学习情况信息反馈

在掌握、基本掌握、未掌握处对应打“√”。

项次	项 目	掌 握	基本掌握	未掌握
1	文字样式设置			
2	标注样式设置			
3	表格样式设置			
4	直线、快速、连续、半径、直径、角度、引线等标注应用			

实训五　建筑楼梯间详图的绘制

一、实训目的要求

目的：能够熟练绘制建筑楼梯间平面图。

要求：

1. 在底层平面图上应标注楼梯剖面图的剖切符号和投影方向。
2. 剖切到的墙体和楼梯用粗实线表示，并画上材料图例，看到的楼梯用细实线表示。
3. 标注必要的尺寸和标高。
4. 各层平面图宜按层数由低向高的顺序从左至右或从下至上布置。

二、实训项目

建筑楼梯间底层、标准层、顶层的绘制。

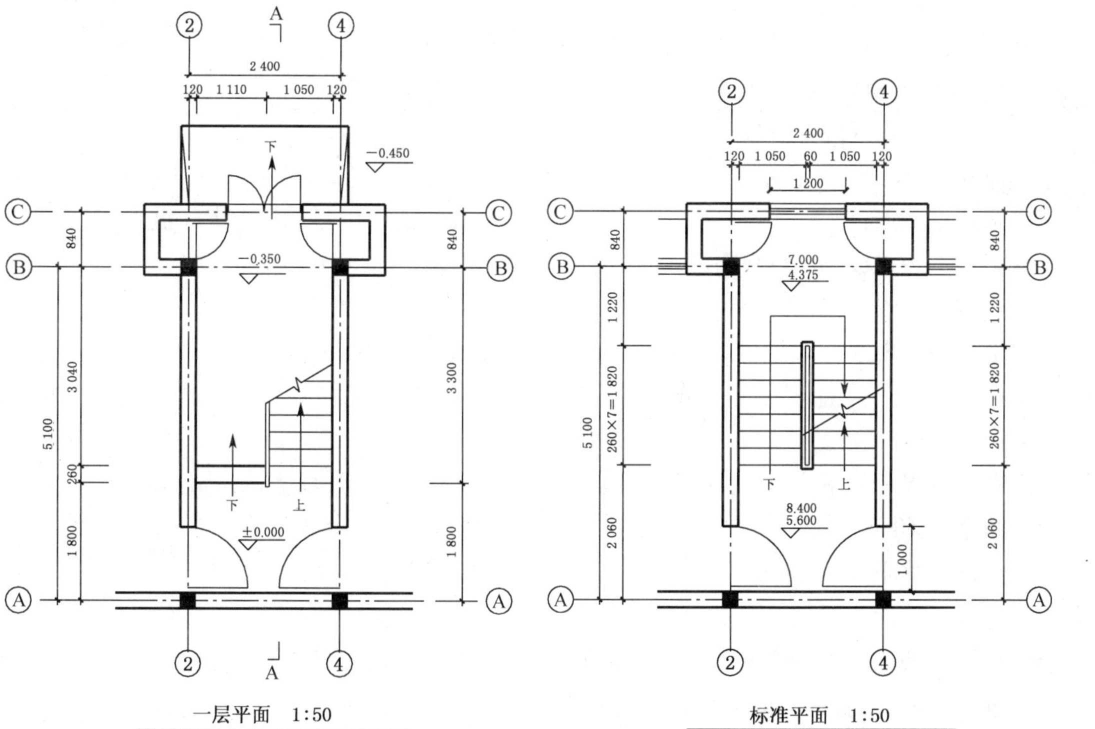

一层平面　1∶50　　　　标准平面　1∶50

图 5-1

三、实训步骤(如图 5-1)

Step01 设置绘图环境:包括绘图界限、图层线型、颜色、设置单位。(步骤同前实训)

命令:limits

重新设置模型空间界限:

指定左下角点或[开(ON)/关(OFF)]<0.000, 0.000>:

指定右上角点<420.000, 297.000>: 40000, 70000

命令:zoom↙

指定窗口角点,输入比例因子(nx 或 nxp),或

[全部(A)/中心(C)/动态(D)/范围(E)/上一个(P)比例(S)/窗口(W)]<实时>: a↙

正在重生成模型。

Step02 绘制轴线:在“图层”下拉列表框中选择“轴线”图层作为当前层。选择“绘图”|“直线”命令或单击“绘图”工具栏中的“直线”按钮,也可以在命令行中输入 line 命令。(如图 5-2)

命令行提示如下:

命令:line

指定第一点: //任意指定一点

指定下一点或[放弃(U)]:3000 //绘制水平轴线

指定下一点或[放弃(U)]:

命令:line

指定第一点: //在水平轴线左侧下部指定一点

指定下一点或[放弃(U)]:7000 //绘制垂直轴线

指定下一点或[放弃(U)]:

选择两条直线并双击,弹出“特性”选项板,修改线型比例为 50。

选择“绘图”|“偏移”命令或单击“绘图”工具栏中的“偏移”按钮,也可以在命令行中输入 offset 命令。

命令行提示如下。

命令:offset

指定偏移距离或[通过(T)/删除(E)/图层(L)]<通过>:840

选择要偏移的对象,或[退出(E)/放弃(U)]<退出>: //选择 C 水平轴线

指定要偏移的那一侧上的点,或[退出(E)/多个(M)/放弃(U)]<退出>:

选择要偏移的对象,或[退出(E)/放弃(U)]<退出>:

命令:offset

指定偏移距离或[通过(T)/删除(E)/图层(L)]<通过>: 5100

选择要偏移的对象,或[退出(E)/放弃(U)]<退出>: //选择 B 水平轴线

指定要偏移的那一侧上的点,或[退出(E)/多个(M)/放弃(U)]<退出>:

选择要偏移的对象，或[退出(E)/放弃(U)]<退出>：
命令：offset
指定偏移距离或[通过(T)/删除(E)/图层(L)]<通过>：2400
选择要偏移的对象，或[退出(E)/放弃(U)]<退出>： //选择2垂直轴线
指定要偏移的那一侧上的点，或[退出(E)/多个(M)/放弃(U)]<退出>：
选择要偏移的对象，或[退出(E)/放弃(U)]<退出>：
(如图5-2)

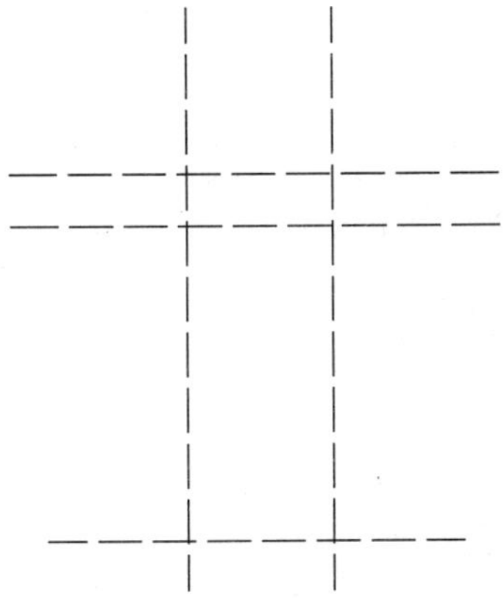

图5-2

Step03 绘制墙体：本例的墙体采用"多线"命令来绘制。(如图5-3)
命令行提示如下。
命令：mline
指定起点或[对正(J)/比例(S)/样式(ST)]：J↙ //设置对正方式
输入对正类型[上(T)/无(Z)/下(B)]<上>：Z↙
指定起点或[对正(J)/比例(S)/样式(ST)]：S↙
输入多线比例<1.00>：240

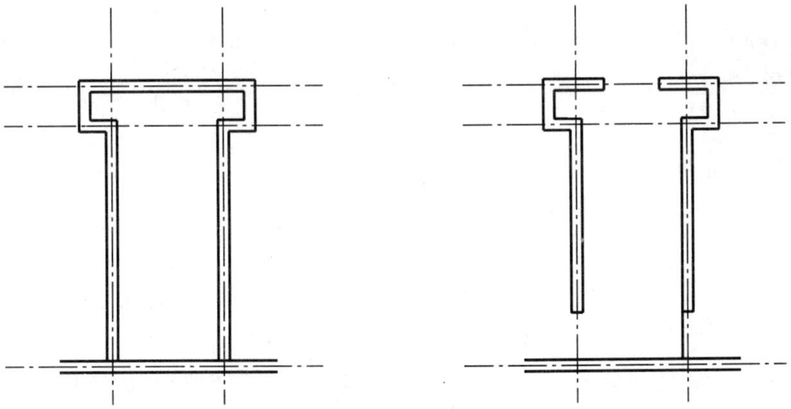

图5-3

Step04　使用捕捉偏移修剪命令画出门窗洞口。(如图 5-3)

Step05　绘制柱体。

命令：rectang

指定第一个角点或[倒角(C)/标高(E)/圆角(F)/厚度(T)/宽度(W)]：　//捕捉墙角转折点

指定另一个角点或[面积(A)/尺寸(D)/旋转(R)]：　//捕捉墙角转折点

命令：bhatch(选择实心填充)(如图 5-4)

拾取内部点或[选择对象(S)/删除边界(B)]:正在选择所有对象...

正在选择所有可见对象...

正在分析所选数据...

正在分析内部孤岛...

拾取内部点或[选择对象(S)/删除边界(B)]：

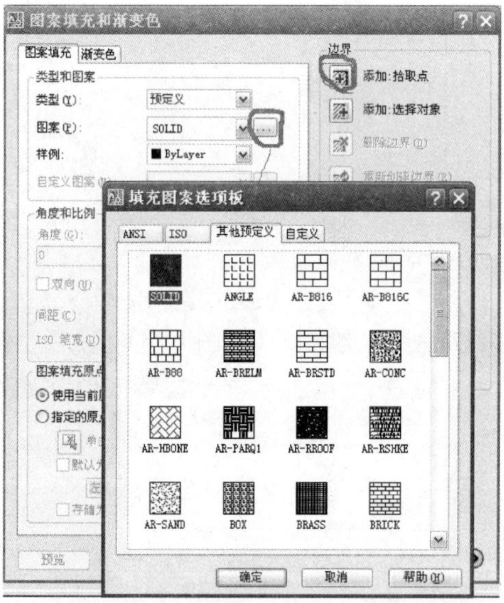

图 5-4

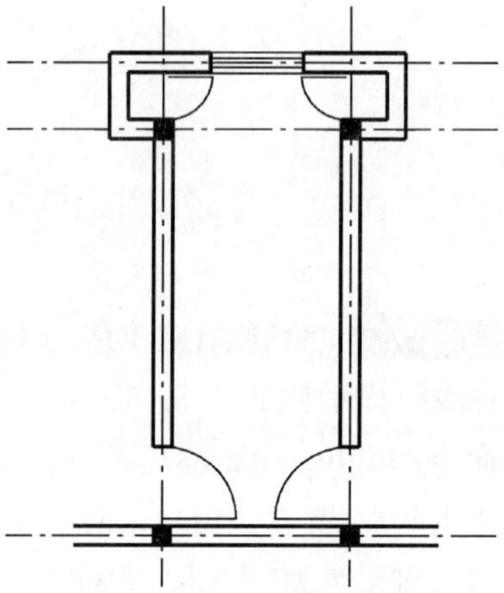

图 5-5

命令：copy(如图 5-5)

选择对象:指定对角点:找到 3 个

选择对象：

当前设置:复制模式=多个

指定基点或[位移(D)/模式(O)]<位移>:指定第二个点或<使用第一个点作为位移>：

指定第二个点或[退出(E)/放弃(U)]<退出>：　//捕捉柱体所在墙体的交点

Step06　绘制门窗(并移动至洞口处)。(如图 5-6)

Step07　绘制楼梯线:在“图层”下拉列表框中选择“楼梯细线”图层作为当前层。选择“绘图”“直线”命令或单击“绘图”工具栏中的“直线”按钮,也可以在命令行中输入 line 命令。(如图 5-7)

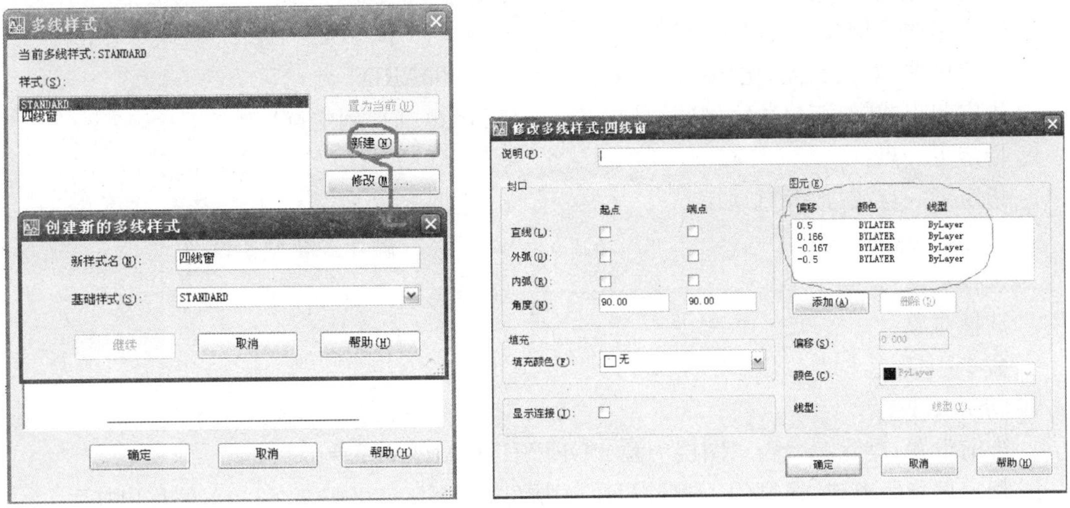

图 5-6

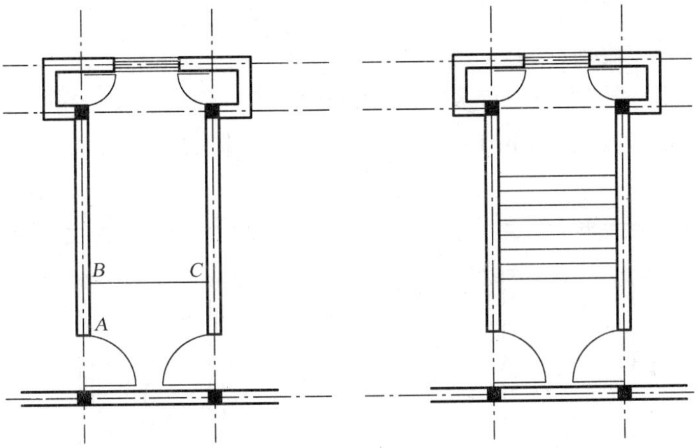

图 5-7

命令行提示如下。

命令：line

指定第一点：　　　　　　　　　　　　　　　//从 A 点开始

指定下一点或[放弃(U)]：＜正交开＞940　　　　//到 B 点

指定下一点或[放弃(U)]：　　　　　　　　　　//到 C 点

指定下一点或[闭合(C)/放弃(U)]：

命令：offset(如图 5-7)

指定偏移距离或[通过(T)/删除(E)/图层(L)]＜1000.0000＞：260

选择要偏移的对象，或[退出(E)/放弃(U)]＜退出＞：　//偏移出楼梯台阶

命令：mline(如图 5-8)

当前设置：对正＝无，比例＝240.00，样式＝STANDARD

指定起点或[对正(J)/比例(S)/样式(ST)]:_mid(捕捉到中点)
输入多线比例<240.00>:80
当前设置:对正=无,比例=80.00,样式=STANDARD
指定起点或[对正(J)/比例(S)/样式(ST)]:_mid(捕捉到中点)
指定下一点:
指定下一点或[放弃(U)]:
命令:_explode　　　　　　　　　　　　　　　　//爆炸多线便于修改
选择对象:找到 1 个
选择对象:
命令:o
OFFSET
当前设置:删除源=否　图层=源　OFFSETGAPTYPE=0
指定偏移距离或[通过(T)/删除(E)/图层(L)]<260.0000>:60　//偏移出扶手
选择要偏移的对象,或[退出(E)/放弃(U)]<退出>:
命令:f(扶手倒角)(如图 5-8)
FILLET
当前设置:模式=修剪,半径=0.0000
选择第一个对象或[放弃(U)/多段线(P)/半径(R)/修剪(T)/多个(M)]:
选择第二个对象,或按住 Shift 键选择要应用角点的对象:

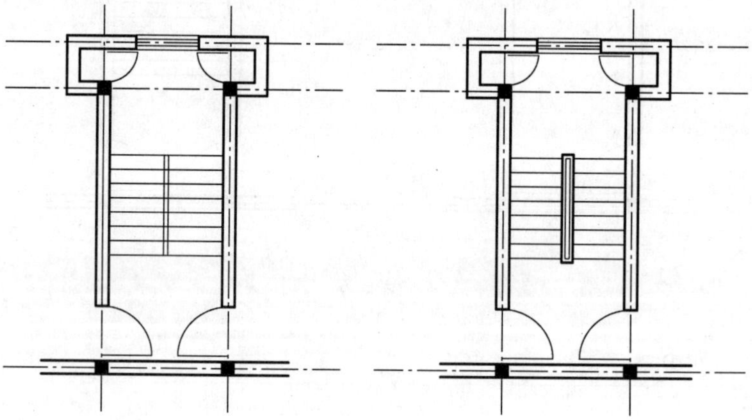

图 5-8

命令:tr(扶手剪切多余的线条)
TRIM(如图 5-8)
当前设置:投影=UCS,边=无
选择剪切边...
选择对象或<全部选择>:指定对角点:找到 14 个
选择对象:
选择要修剪的对象,或按住 Shift 键选择要延伸的对象,或

[栏选(F)/窗交(C)/投影(P)/边(E)/删除(R)/放弃(U)]:

Step08 插入标高和轴线编号:在“图层”下拉列表框中选择“标注”图层作为当前层,将“标注”标注样式设置为当前标注样式,选择“线性标注”和“连续标注”命令。

选择“插入”I“块”命令或单击“绘图”工具栏中的“插入块”按钮,也可以在命令行中输入 insert 命令,插入“轴线”外部图块,为“400”(比例可自己调整)。(如图 5-9)

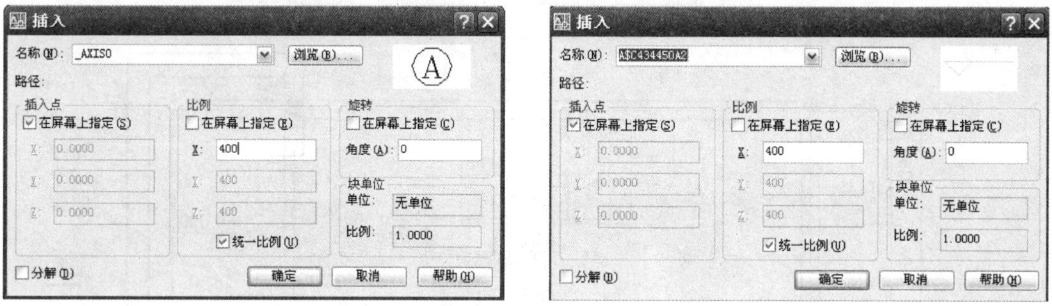

图 5-9

Step09 标注尺寸文字、上下行的箭头、添加折断符号和剖切符号(同前面实训章节)。(如图 5-10)

折断符号可用画斜线、修剪命令绘制,剖切符号用多段线命令绘制。

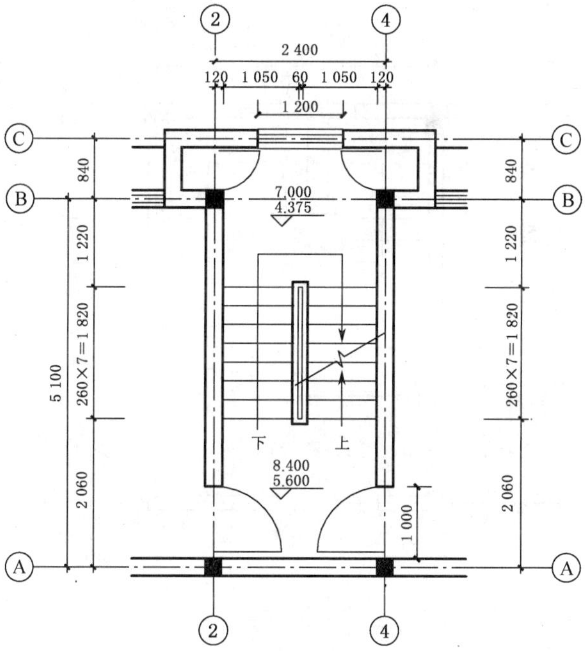

标准平面 1:50

图 5-10

Step10 复制标准层楼梯平面,通过“绘图”和“修改”命令绘制底层平面和顶层平面。

四、课后练习(绘制图形为主)

1. 绘制底层楼梯间平面图。

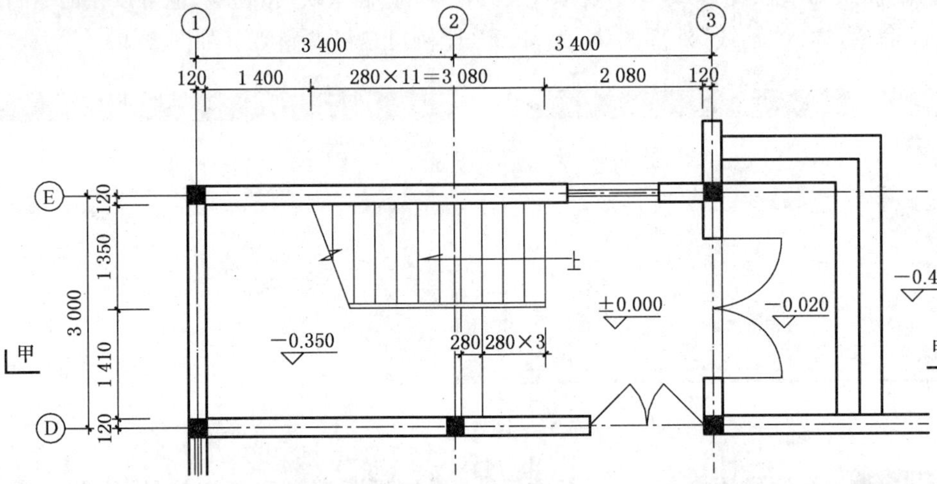

楼梯-B平面 1:50

2. 绘制底层楼梯间平面图。

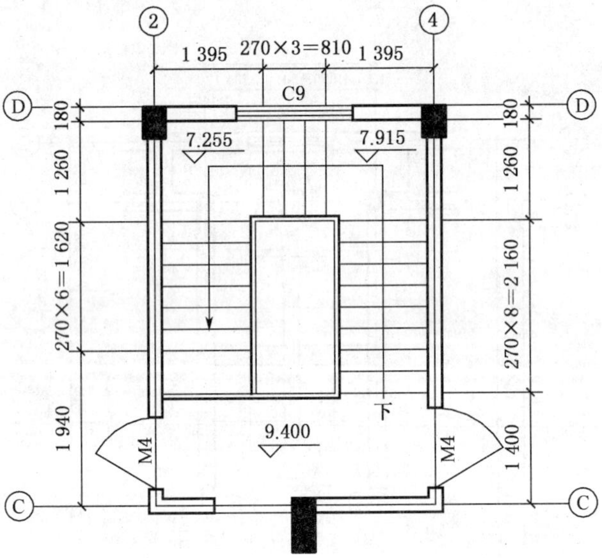

梯1四B平面 1:50

五、实训报告要求及成绩评定

1. 认真填写实训报告表中的各项内容。
2. 按照实际操作的顺序把实训步骤掌握好。
3. 实训成绩是根据绘制的图形的完成程度与效果及熟练程度评定的。

附表一 课内实训成绩记录

成绩：

项次	项目	要求	配分	得分
1	楼梯间平面绘制步骤	完成程度与效果	20	
		熟练程度	5	
2	绘制墙体、窗及多线的使用	完成程度与效果	20	
		熟练程度	5	
3	楼梯线的绘制	完成程度与效果	10	
		熟练程度	5	
4	使用填充命令绘制柱体	完成程度与效果	15	
		熟练程度	5	
5	尺寸文字标注及符号的插入	完成程度与效果	10	
		熟练程度	5	

附表二 学生学习情况信息反馈

在掌握、基本掌握、未掌握处对应打“√”。

项次	项目	掌握	基本掌握	未掌握
1	楼梯间平面绘制步骤			
2	绘制墙体、窗及多线的使用			
3	楼梯线的绘制			
4	使用填充命令绘制柱体			
5	尺寸文字标注及符号的插入			

实训六　建筑平面图的绘制

一、实训目的要求

1. 掌握建筑平面图绘制操作步骤。
2. 掌握建筑平面图细部绘制的要点。
3. 掌握建筑平面图绘制的命令组合技巧。

二、实训项目

建筑平面图绘制。（见本章附图）

三、实训步骤

Step01　首先设置绘图环境、设置图层。（如图 6-1）

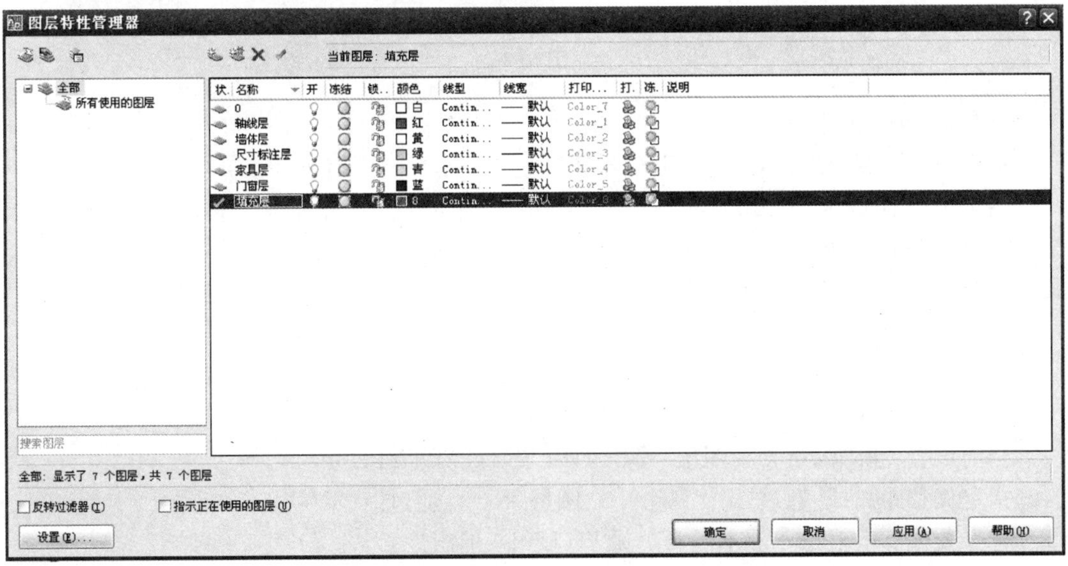

图 6-1

命令：limits
重新设置模型空间界限：
指定左下角点或[开(ON)/关(OFF)]<0.0000，0.0000>：
指定右上角点<52000.0000，29700.0000>：
命令：z
ZOOM

指定窗口的角点,输入比例因子(nX 或 nXP),或

[全部(A)/中点(C)/动态(D)/范围(E)/上一个(P)/比例(S)/窗口(W)/对象(O)]<实时>:a

Step02 使用画线偏移命令绘制轴线(因为此建筑平面是左右对称的,所以可以先绘制对称轴左侧的建筑)。(如图 6-2)

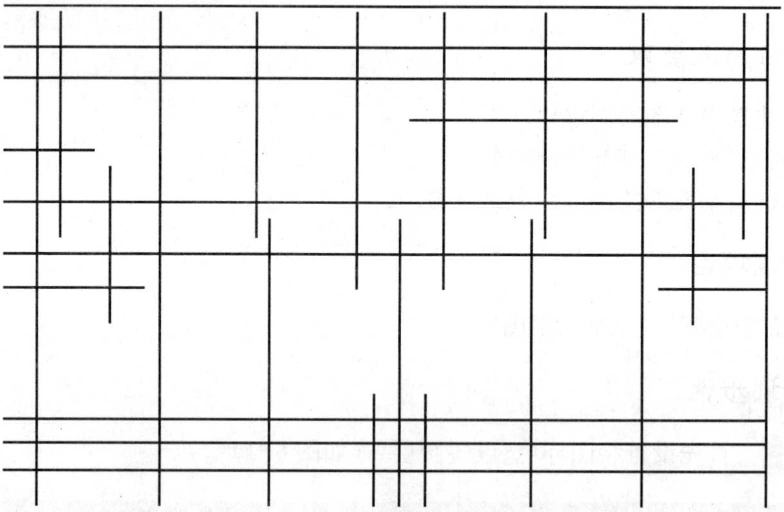

图 6-2

命令: _line 指定第一点:

指定下一点或[放弃(U)]:<正交开>

指定下一点或[放弃(U)]:

命令: 指定对角点:

命令: _line 指定第一点:

指定下一点或[放弃(U)]:

指定下一点或[放弃(U)]:

命令: _offset

当前设置:删除源=否　图层=源　OFFSETGAPTYPE=0

指定偏移距离或[通过(T)/删除(E)/图层(L)]<通过>:3700

选择要偏移的对象,或[退出(E)/放弃(U)]<退出>:

命令: o

OFFSET

当前设置:删除源=否　图层=源　OFFSETGAPTYPE=0

指定偏移距离或[通过(T)/删除(E)/图层(L)]<3700.0000>:

选择要偏移的对象,或[退出(E)/放弃(U)]<退出>:

指定要偏移的那一侧上的点,或[退出(E)/多个(M)/放弃(U)]<退出>:

选择要偏移的对象,或[退出(E)/放弃(U)]<退出>:

命令: OFFSET

当前设置:删除源=否 图层=源 OFFSETGAPTYPE=0
指定偏移距离或[通过(T)/删除(E)/图层(L)]<3700.0000>:3300
选择要偏移的对象,或[退出(E)/放弃(U)]<退出>:
指定要偏移的那一侧上的点,或[退出(E)/多个(M)/放弃(U)]<退出>:
选择要偏移的对象,或[退出(E)/放弃(U)]<退出>:
命令:OFFSET
当前设置:删除源=否 图层=源 OFFSETGAPTYPE=0
指定偏移距离或[通过(T)/删除(E)/图层(L)]<3300.0000>:3900
选择要偏移的对象,或[退出(E)/放弃(U)]<退出>:

Step03 使用"多线"命令绘制墙体,可先绘制①~⑦轴墙体。(如图 6-3)

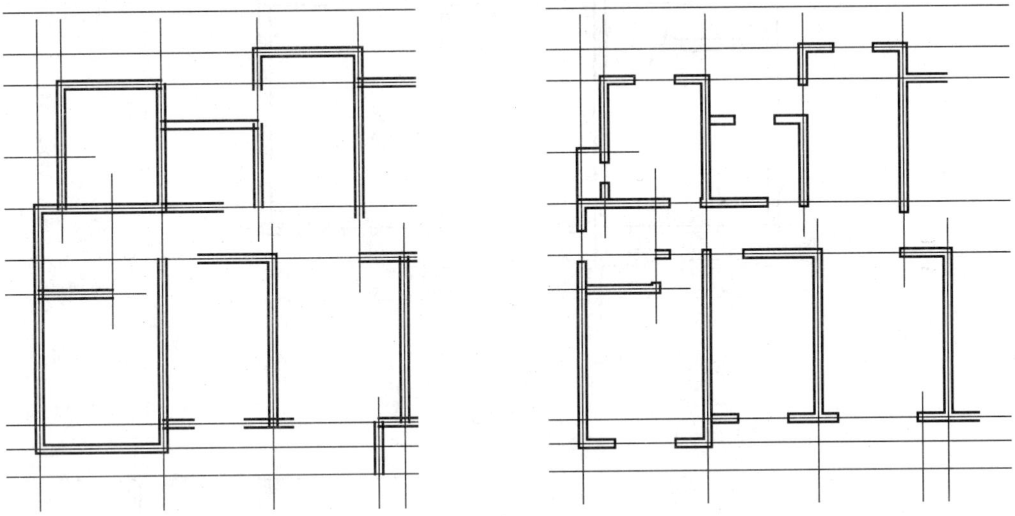

图 6-3

命令:mline
当前设置:对正=无,比例=100.00,样式=STANDARD
指定起点或[对正(J)/比例(S)/样式(ST)]:j
输入对正类型[上(T)/无(Z)/下(B)]<无>:z
当前设置:对正=无,比例=100.00,样式=STANDARD
指定起点或[对正(J)/比例(S)/样式(ST)]:s
输入多线比例<100.00>:240
当前设置:对正=无,比例=240.00,样式=STANDARD
指定起点或[对正(J)/比例(S)/样式(ST)]:
指定下一点:
指定下一点或[放弃(U)]:
指定下一点或[闭合(C)/放弃(U)]:
指定下一点或[闭合(C)/放弃(U)]:

Step04 首先使用"分解"命令把墙体分解,再使用"修剪"命令绘制出墙体上的门窗洞口。(如图 6-3)

命令：pedit(使墙体线加粗)

选择多段线或[多条(M)]：m(如图 6-4)

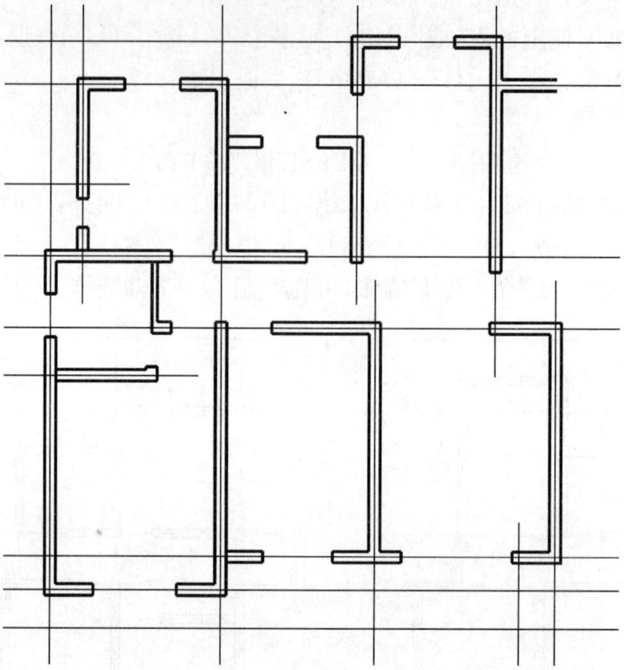

图 6-4

选择对象：指定对角点：找到 94 个

选择对象：

是否将直线和圆弧转换为多段线？[是(Y)/否(N)]？<Y>y

输入选项[闭合(C)/打开(O)/合并(J)/宽度(W)/拟合(F)/样条曲线(S)/非曲线化(D)/线型生成(L)/放弃(U)]：w

指定所有线段的新宽度：30

输入选项[闭合(C)/打开(O)/合并(J)/宽度(W)/拟合(F)/样条曲线(S)/非曲线化(D)/线型生成(L)/放弃(U)]：

Step05 绘制门窗扇(见实训二)，使用“复制”和“移动”命令把门窗扇移动到合适的位置。(如图 6-5)

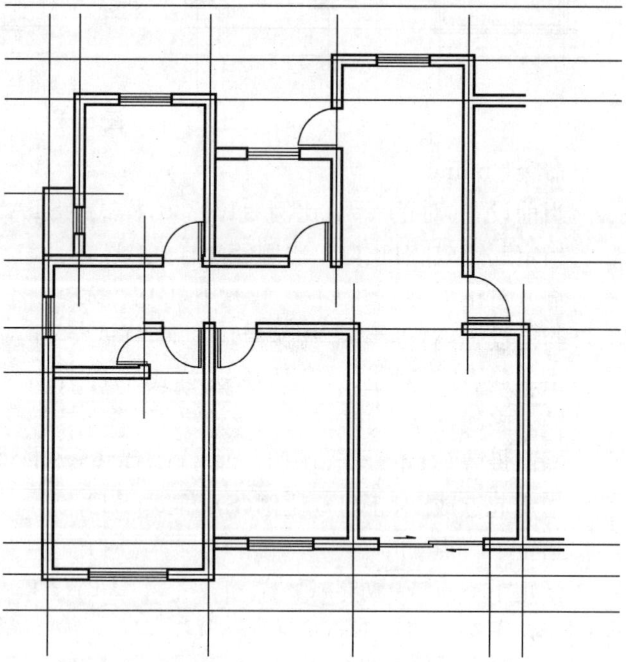

图 6-5

Step06 绘制柱体并且实心填充。（如图 6-6、图 6-7、图 6-8）

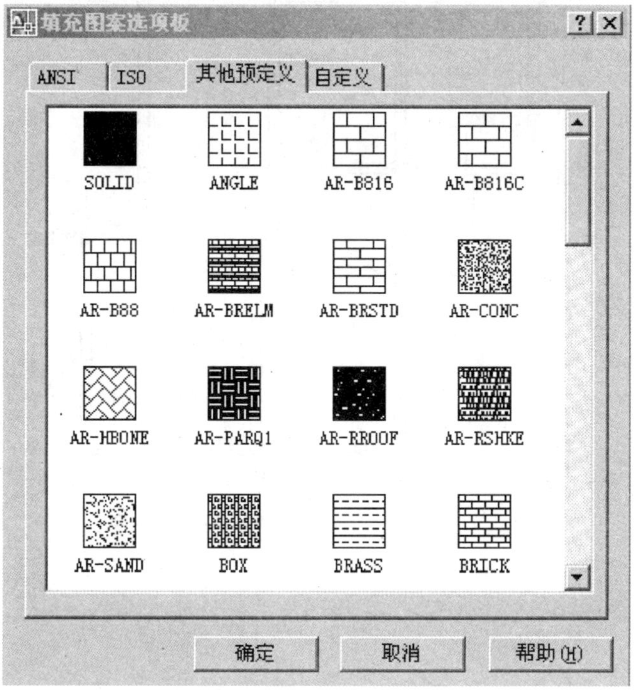

图 6-6

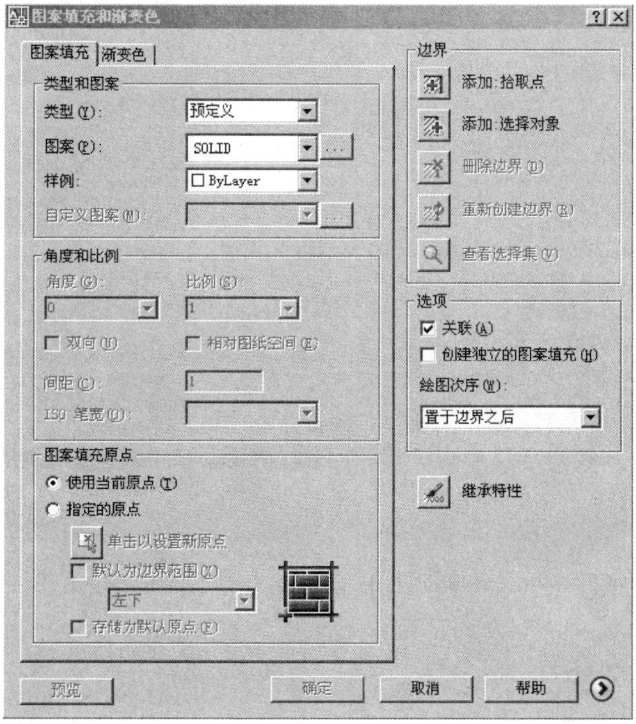

图 6-7

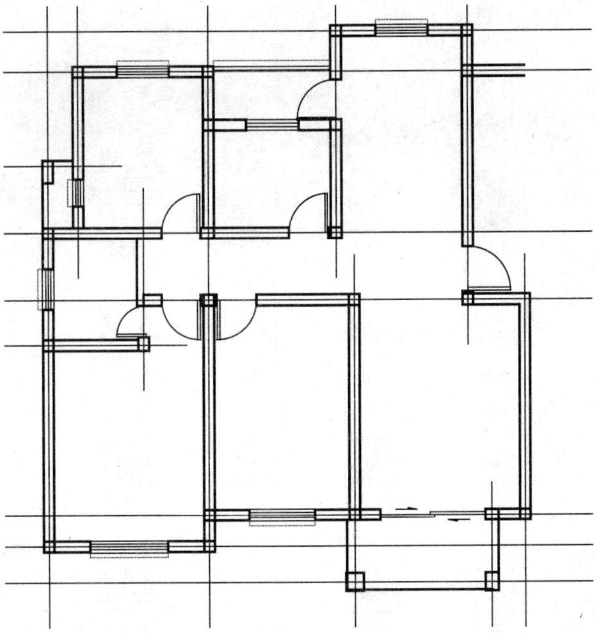

图 6-8

命令：_rectang

指定第一个角点或[倒角(C)/标高(E)/圆角(F)/厚度(T)/宽度(W)]：

指定另一个角点或[面积(A)/尺寸(D)/旋转(R)]：

命令：orthomode

输入 ORTHOMODE 的新值<0>：

正在恢复执行 RECTANG 命令。

指定另一个角点或[面积(A)/尺寸(D)/旋转(R)]：@240，240

命令：

命令：_bhatch

拾取内部点或[选择对象(S)/删除边界(B)]：正在选择所有对象...

正在选择所有可见对象...

正在分析所选数据...

正在分析内部孤岛...

拾取内部点或[选择对象(S)/删除边界(B)]：

Step07 绘制空调及落水管：绘制直径为 150 mm 的圆，进行斜线填充，绘制矩形画交叉斜线。(如图 6-9、图 6-10)

命令：_circle

指定圆的圆心或[三点(3P)/两点(2P)/相切、相切、半径(T)]：

指定圆的半径或[直径(D)]<175.0000>：75

命令：

命令：_bhatch

拾取内部点或[选择对象(S)/删除边界(B)]：正在选择所有对象...

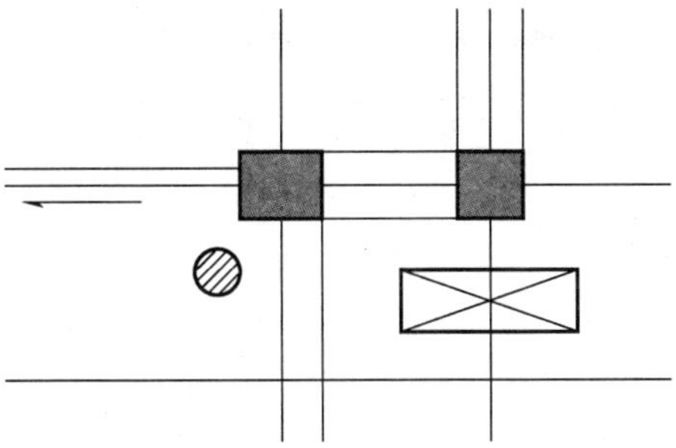

图 6-9

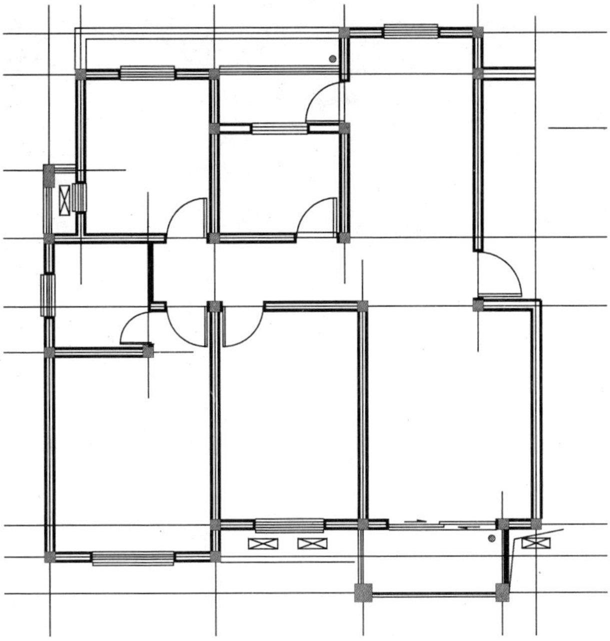

图 6-10

正在选择所有可见对象...
正在分析所选数据...
正在分析内部孤岛...
拾取内部点或[选择对象(S)/删除边界(B)]:
命令: _erase
选择对象:找到 1 个
选择对象:
已删除填充边界关联性。
命令: _rectang
指定第一个角点或[倒角(C)/标高(E)/圆角(F)/厚度(T)/宽度(W)]:
指定另一个角点或[面积(A)/尺寸(D)/旋转(R)]:
命令: _line
指定第一点:
指定下一点或[放弃(U)]:<正交 关>
指定下一点或[放弃(U)]:
命令: _line
指定第一点:
指定下一点或[放弃(U)]:
指定下一点或[放弃(U)]:

Step08 使用镜像命令,镜像出⑦~⑬轴的平面。(如图 6-11)

Step09 绘制楼梯(参见实训五)。(如图 6-12)

Step10 再次使用镜像命令镜像出⑬~㉕轴图形。(如图 6-13)

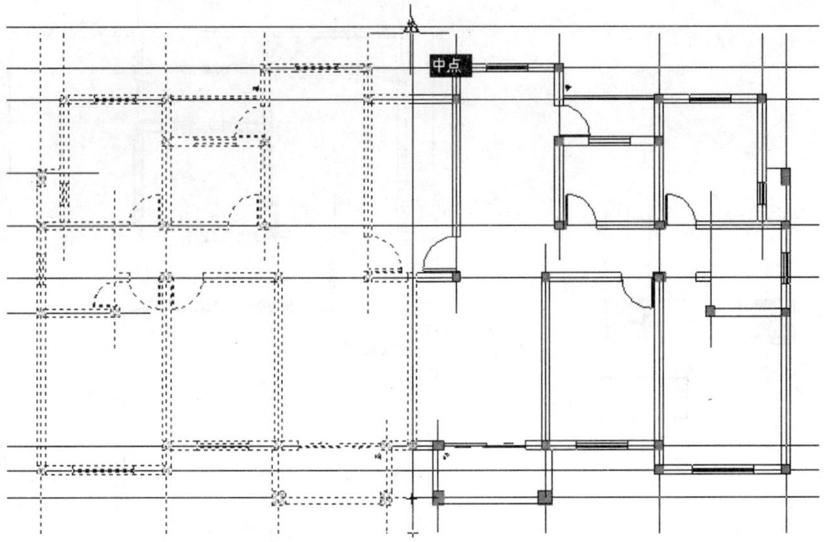

图 6-11

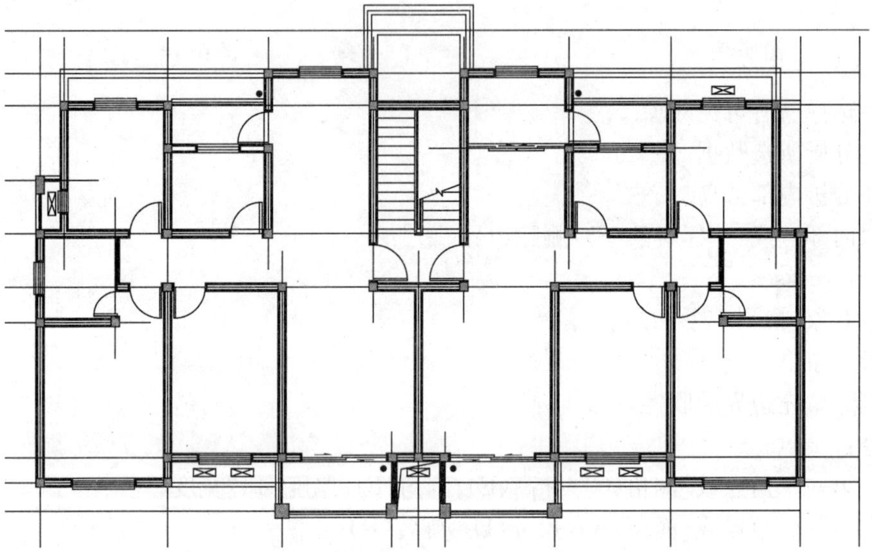

图 6-12

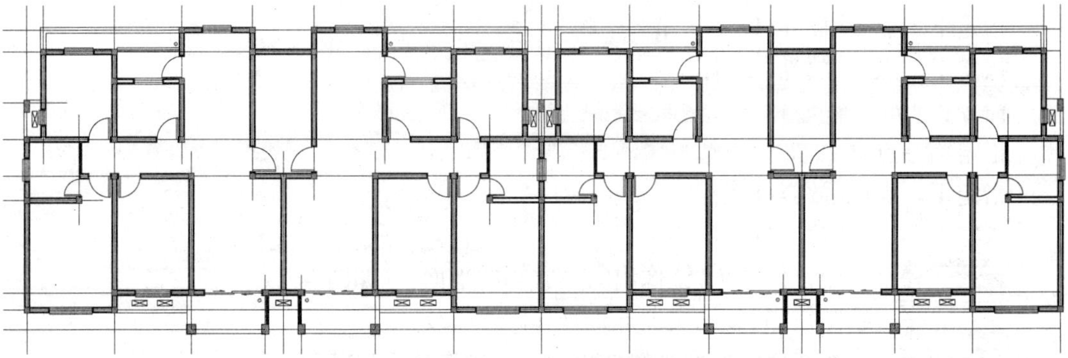

图 6-13

Step11 进行平面整理：删除不需要的空调，添加雨篷和楼梯间（参见前面实训章节）。（如图 6-14）

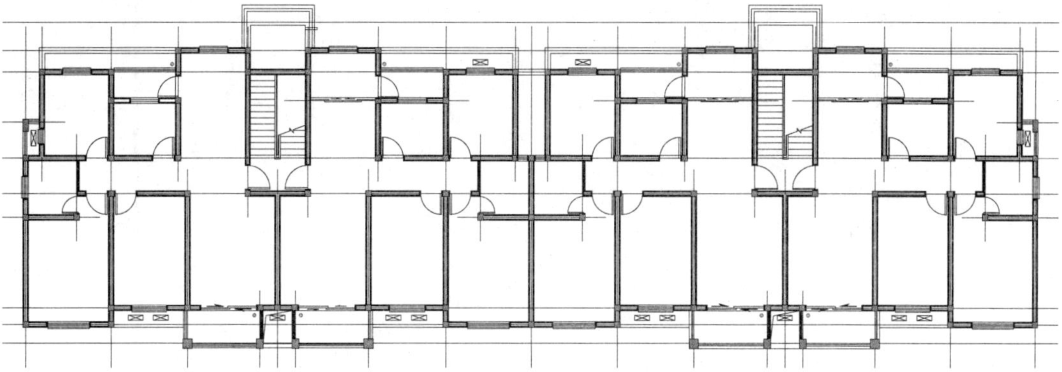

图 6-14

Step12 尺寸标注、文字标注：对线、符号和箭头、文字、调整、主单位进行调整，主单位的精度调成 0。（如图 6-15～图 6-18）

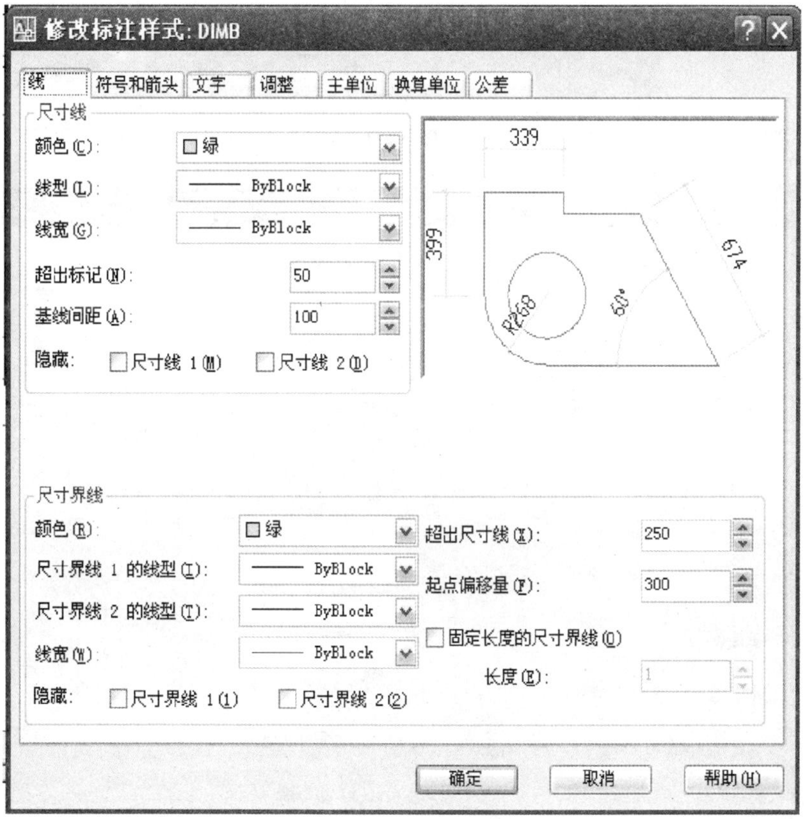

图 6-15

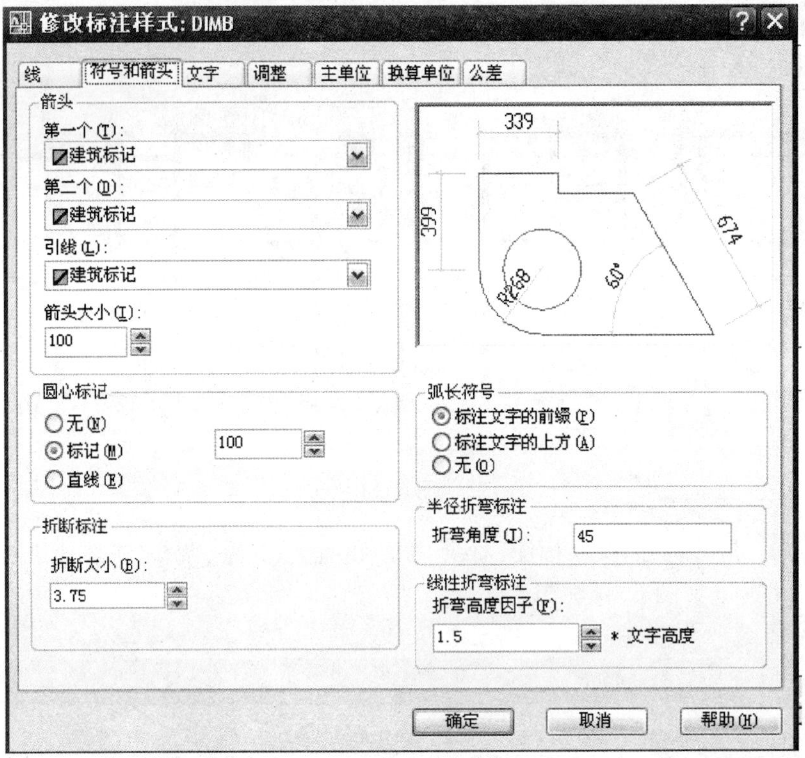
修改标注样式: DIMB
线
符号和箭头
文字
调整
主单位
换算单位
公差
箭头
第一个(I):
建筑标记
第二个(D):
建筑标记
引线(L):
建筑标记
箭头大小(I):
100
圆心标记
无(N)
标记(M)
直线(E)
100
折断标注
折断大小(B):
3.75
339
399
674
R268
60°
弧长符号
标注文字的前缀(P)
标注文字的上方(A)
无(O)
半径折弯标注
折弯角度(J):
45
线性折弯标注
折弯高度因子(F):
1.5
* 文字高度
确定
取消
帮助(H)

图 6-16

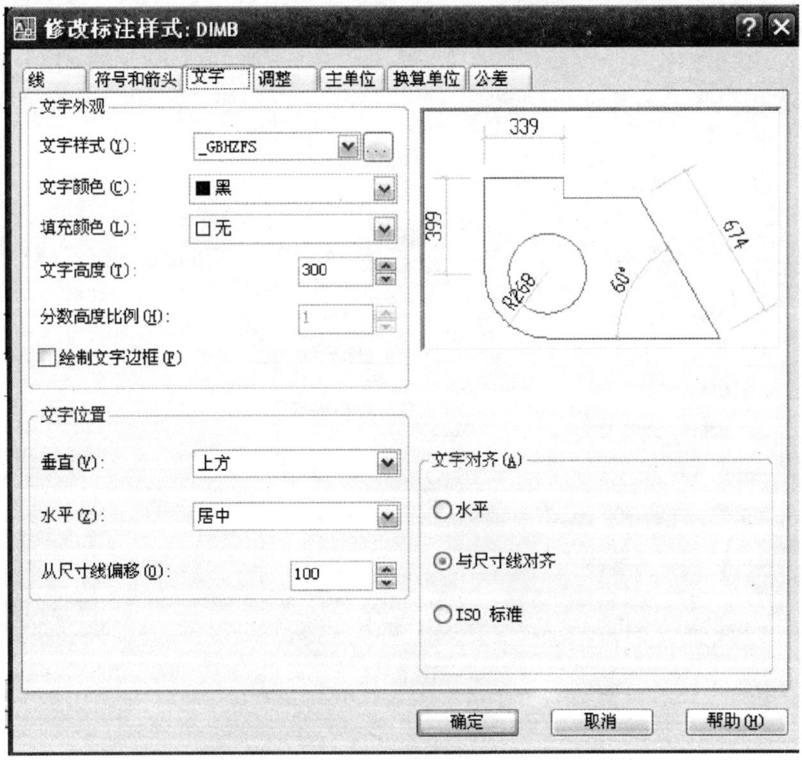
修改标注样式: DIMB
线
符号和箭头
文字
调整
主单位
换算单位
公差
文字外观
文字样式(Y):
_GBHZFS
文字颜色(C):
黑
填充颜色(L):
无
文字高度(T):
300
分数高度比例(H):
1
绘制文字边框(F)
文字位置
垂直(V):
上方
水平(Z):
居中
从尺寸线偏移(O):
100
339
399
674
R268
60°
文字对齐(A)
水平
与尺寸线对齐
ISO 标准
确定
取消
帮助(H)

图 6-17

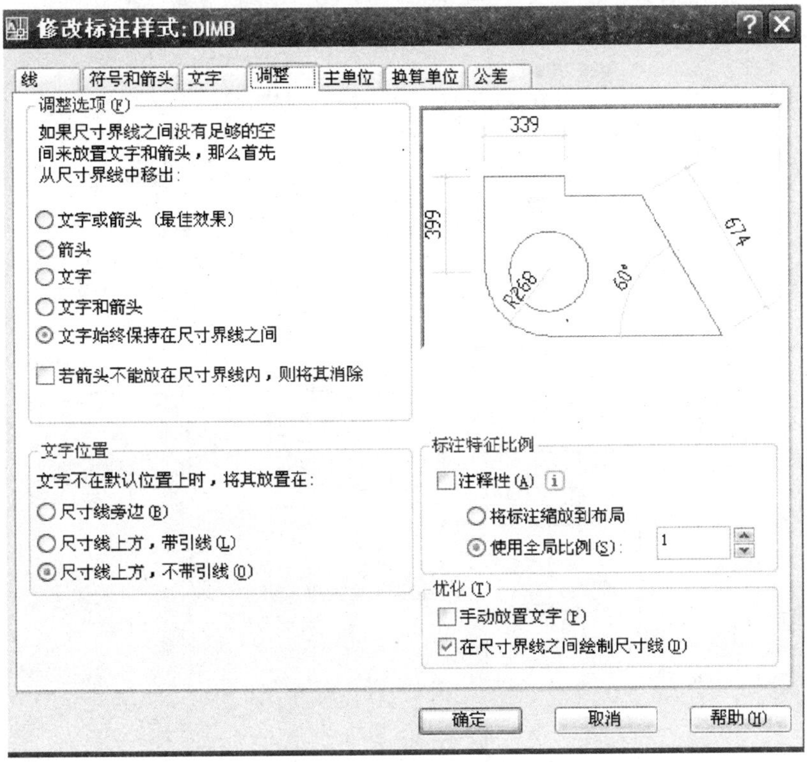

图 6-18

文字标注:菜单格式→文字样式(设置如图 6-19、图 6-20)

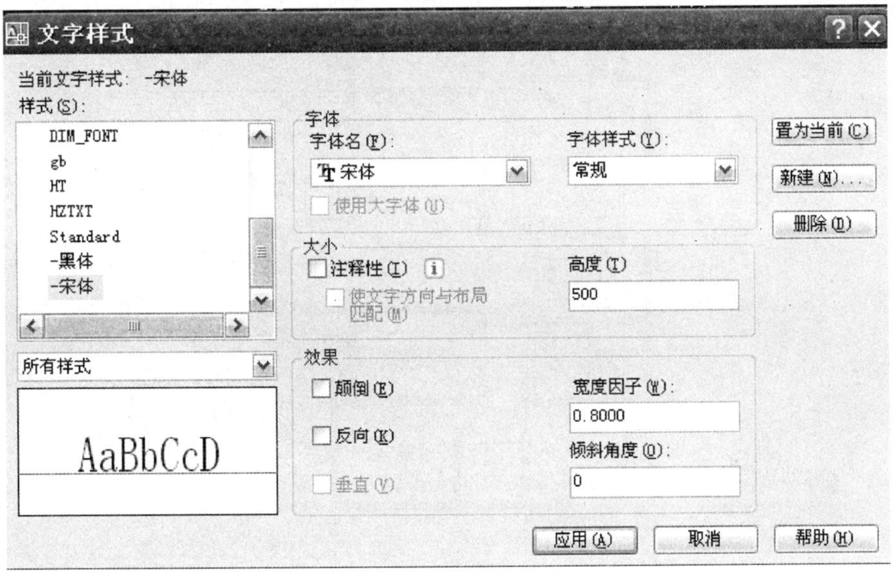

图 6-19

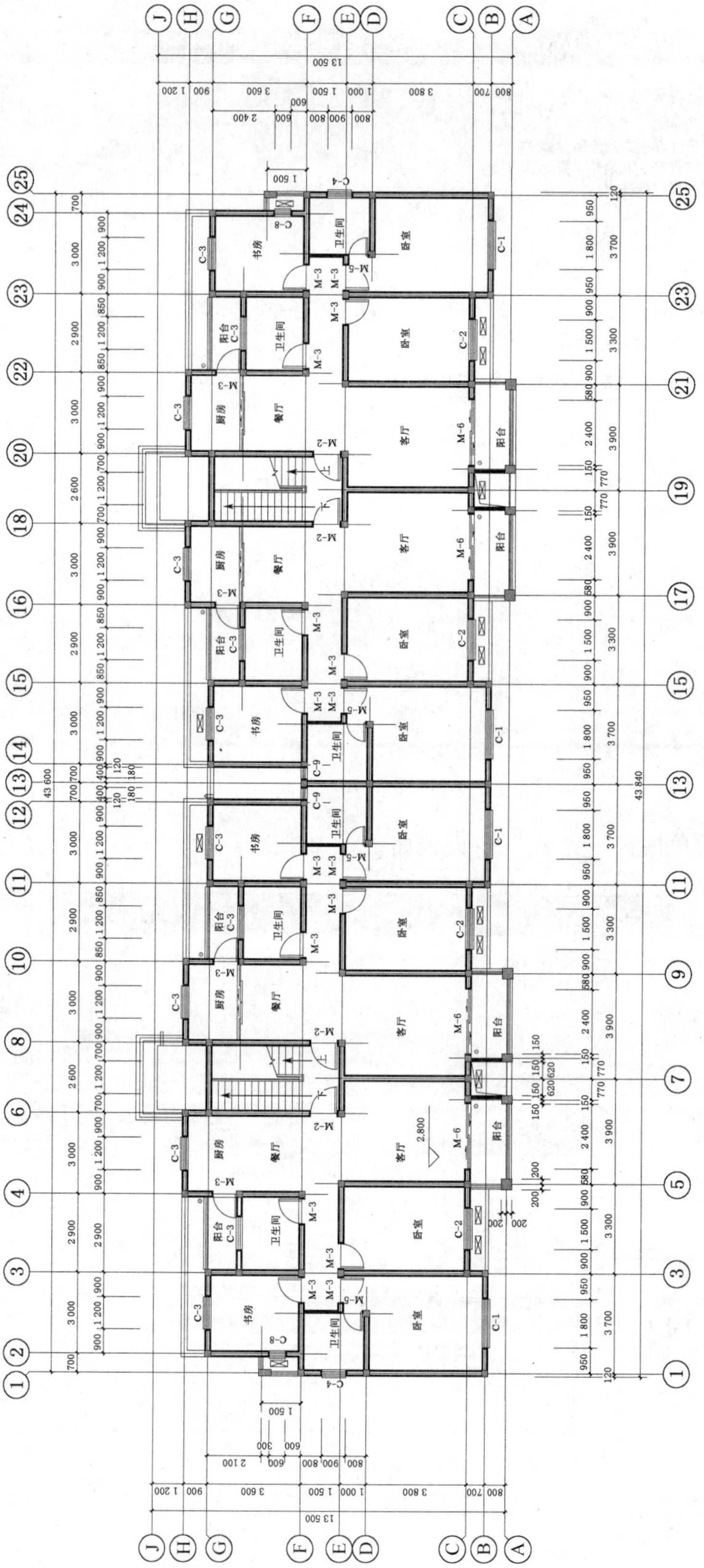

卧室
书房
卫生间
阳台
厨房
餐厅
客厅
C-1
C-2
C-3
C-4
C-8
C-9
M-2
M-3
M-5
M-6
2.800
13 500
43 600
43 840

图 6-20

Step13 轴线编号：使用“圆”命令绘制半径为 500 mm 的圆，并写上编号复制①编号到所有轴线编号的位置，最后修改文字编号内容。(如图 6-21、图 6-22)

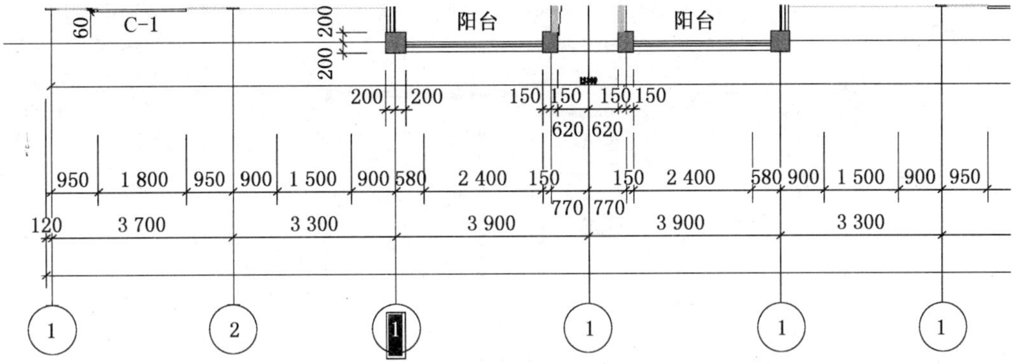

图 6-21

命令：_circle

指定圆的圆心或[三点(3P)/两点(2P)/相切、相切、半径(T)]：

指定圆的半径或[直径(D)]<500.0000>：

命令：_mtext

当前文字样式："Standard" 文字高度：500 注释性：否

指定第一角点：

指定对角点或[高度(H)/对正(J)/行距(L)/旋转(R)/样式(S)/宽度(W)/栏(C)]：

命令：_move //移动文字编号到圆心位置

选择对象：指定对角点：找到 1 个

选择对象：

指定基点或[位移(D)]<位移>：指定第二个点或<使用第一个点作为位移>：

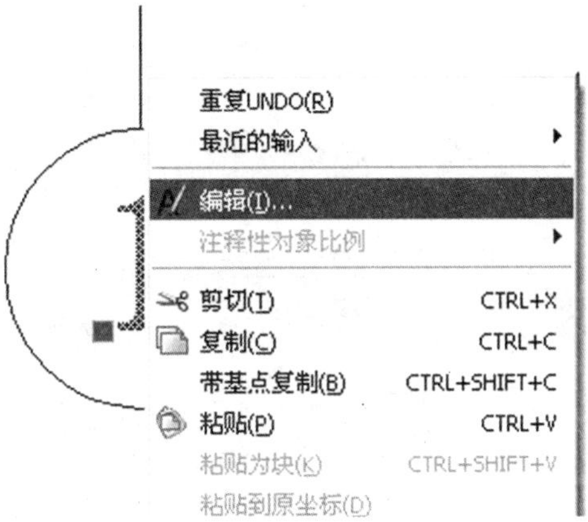

图 6-22

命令：_copy(复制①编号到所有轴线编号的位置)

选择对象：指定对角点：找到 2 个

选择对象：

当前设置：复制模式=多个

指定基点或[位移(D)/模式(O)]<位移>：指定第二个点或<使用第一个点作为位移>：

指定第二个点或[退出(E)/放弃(U)]<退出>：

指定第二个点或[退出(E)/放弃(U)]<退出>：

Step14 添加剖切及折断符号等，整理完成平面图。

四、课后练习

1. 绘制建筑平面图

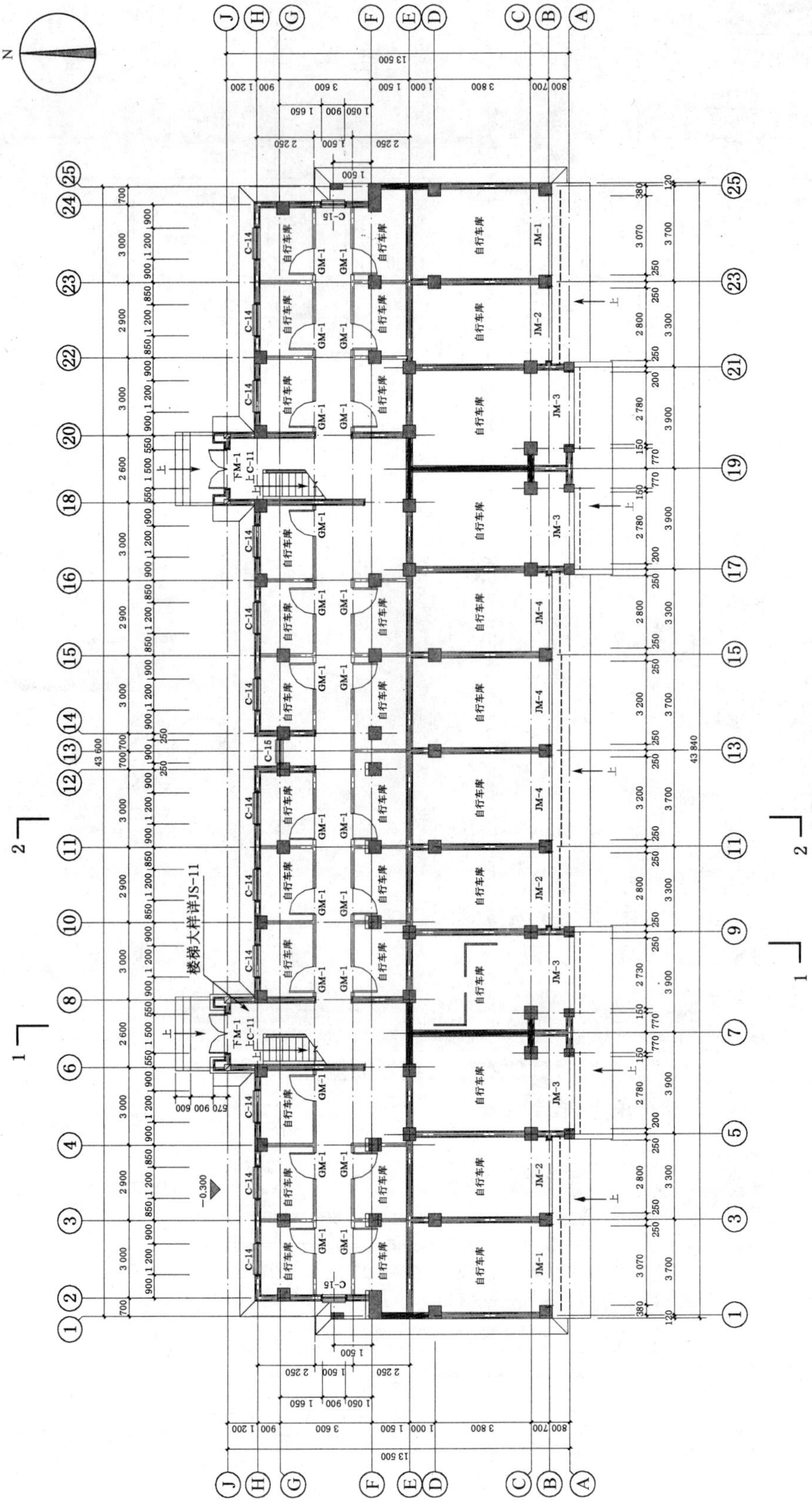

底层平面图 1:100

说明：Ⓔ轴～Ⓗ轴之间自行车库分隔墙均为半砖墙

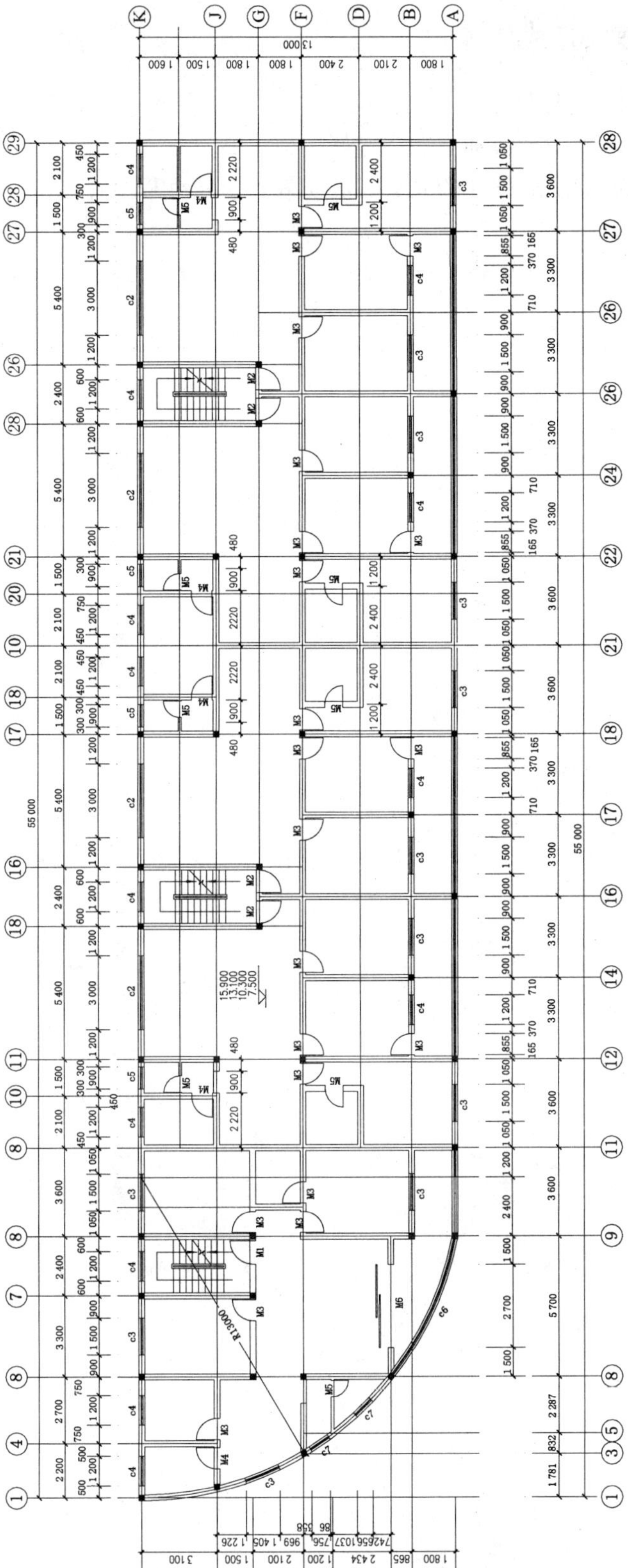
55 000
13 000
R13000
15.900
13.100
10.300
7.500

五、实训报告要求及成绩评定

1. 认真填写实训报告表中的各项内容。
2. 按照实际操作的顺序把实训步骤掌握好。
3. 实训成绩是根据绘制的图形的完成程度与效果及熟练程度评定的。

附表一 课内实训成绩记录

成绩：

项次	项 目	要 求	配 分	得 分
1	绘制平面图步骤的正确性	完成程度与效果	20	
		熟练程度	5	
2	绘制的正确性和完整性	完成程度与效果	20	
		熟练程度	5	
3	文字及尺寸标注	完成程度与效果	10	
		熟练程度	5	
4	图层线型颜色的管理	完成程度与效果	15	
		熟练程度	5	
5	绘制完整所用的时间	完成程度与效果	10	
		熟练程度	5	

附表二 学生学习情况信息反馈

在掌握、基本掌握、未掌握处对应打“√”。

项次	项 目	掌 握	基本掌握	未掌握
1	绘制平面图步骤			
2	文字及尺寸标注			
3	门窗绘制			
4	楼梯间绘制			
5	墙柱绘制			

实训七　建筑立面图的绘制

一、实训目的要求

通过本章的学习，要求读者能够熟练运用 AutoCAD 绘制建筑的立面图。

二、实训项目

绘制一幢六层带阁楼的坡屋顶建筑的南立面图。

三、实训步骤

1. 设置绘图环境

Step01　执行“格式”|“图形界限”命令，系统给出如下提示。

命令：_limits

重新设置模型空间界限：

指定左下角点或[开(ON)/关(OFF)]＜0.0000，0.0000＞：(直接回车)

指定右上角点＜420.0000，297.0000＞：(输入 42000，29700)

Step02　执行“工具”|“草图设置”命令，弹出“草图设置”对话框，在该对话框中选中“启用对象捕捉”和“启用对象捕捉追踪”复选框。在“对象捕捉模式”选项组中选中“端点”、“中点”、“交点”、“垂足”、“最近点”等复选框。

在绘制建筑立面图之前，应该先熟悉平面图。建筑平面图如图 7-1 所示，根据该平面图绘制①～㉕轴的立面图。

2. 绘制室外地坪线及定位轴线

Step01　导入“平面图”图形文件。

单击工具按钮，弹出“选择文件”对话框，找到平面图的保存路径，然后选择“平面图”文件名，最后单击“打开”按钮。

执行下拉菜单“文件”|“另存为”，在弹出的“图形另存为”对话框中，在“文件名”后的文本框中输入“立面图”。

单击“保存”按钮，当前文件名由“平面图”另存为“立面图”。修改文件名是为了使文件名更直观。

Step02　创建地坪线和定位轴线图层。

绘制地坪线和定位轴线前，先要创建对应的图层，操作方法同平面图中各图层的创建。创建后的“地坪线”图层和“定位轴线”图层参数如表 7-1 所示。

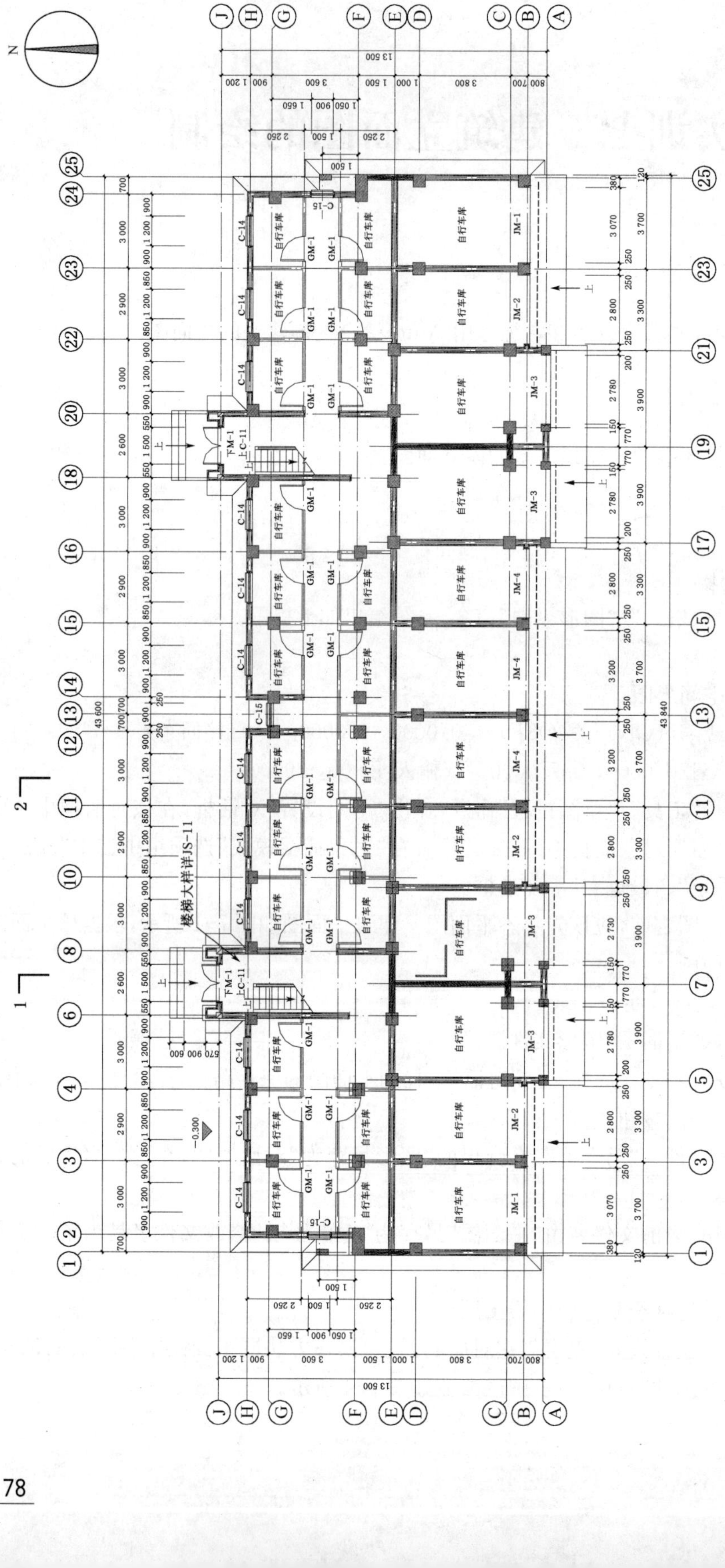

底层平面图 1:100

说明：Ⓔ轴～Ⓗ轴之间自行车库分隔墙均为半砖墙

图 7-1

表 7-1

图层名称	图层颜色	图层线形
地坪线	252	Continuous
定位轴线	红色	Center

Step03　绘制室外地坪线。

将“地坪线”图层设置为当前图层，运用“多段线”命令绘制地坪线。执行下拉菜单“绘图”|“多段线”命令或在命令行输入“PL”，或者单击绘图工具栏的图标，具体操作如下：

命令：_pline

指定起点：（此时在绘图区中平面图①轴的左下方任意点取一点）

当前线宽为 0.0000

指定下一个点或[圆弧(A)/半宽(H)/长度(L)/放弃(U)/宽度(W)]：（输入 w）

指定起点宽度＜0.0000＞：（输入 60）

指定端点宽度＜60.0000＞：（直接回车）

指定下一个点或[圆弧(A)/半宽(H)/长度(L)/放弃(U)/宽度(W)]：（输入@60000＜0）

绘制的地坪线如图 7-2 所示。

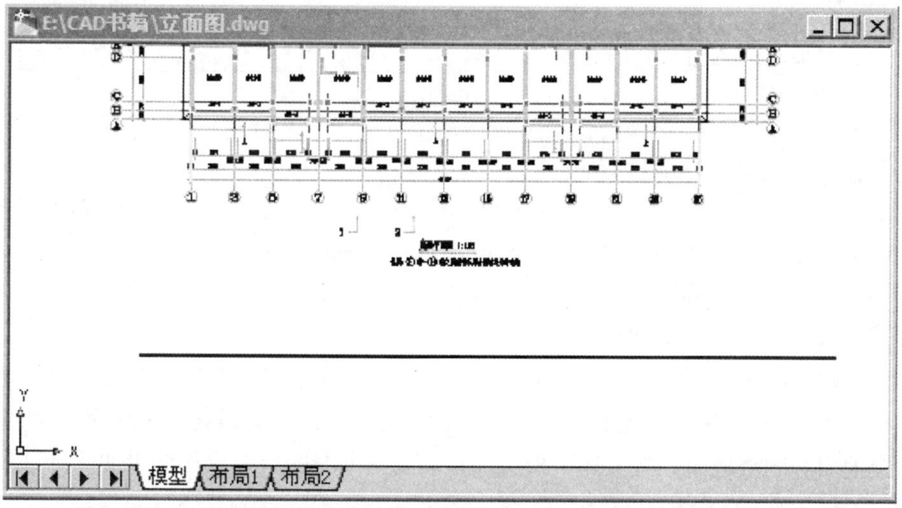

图 7-2

Step04　绘制定位轴线。

设置“定位轴线”为当前图层。打开“正交”和“对象捕捉”状态，并关闭平面图的尺寸标注图层。在命令行输入“L”，执行绘直线命令，捕捉平面图中①轴端点作为起点，向地坪线作垂线，绘出立面图的第一根定位轴线。同理，绘制出㉕轴处的定位轴线。绘制的定位轴线如图 7-3 所示。

3. 绘制门窗

Step01　新建图层。

创建即将要用到的图层。各图层参数如表 7-2 所示。

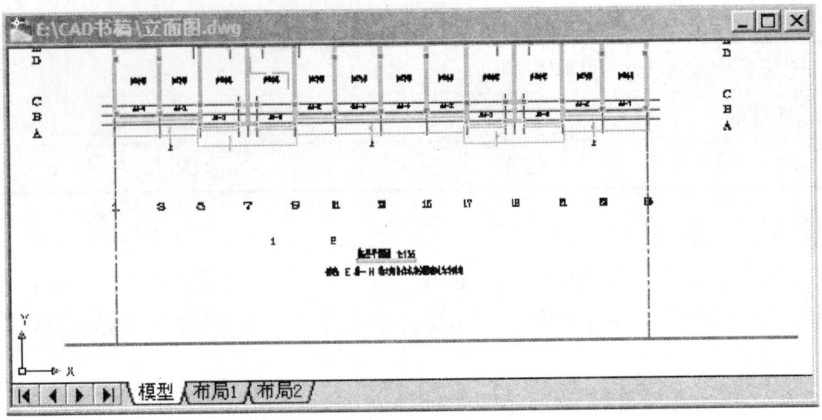

图 7-3

表 7-2

图层名称	图层颜色	图层线形
门　窗	青色	Continuous
阳　台	111	Continuous
辅助线	8	Continuous
楼地面	白色	Continuous
墙　线	白色	Continuous

Step02　绘制室内地坪线。

由于室内外高差 300 mm，在绘制一层车库门之前需先绘出室内地坪线。将室外地坪线向上偏移 300 mm 得到室内地坪线，室内地坪线不属于轮廓线，线形为单线，所以需要用“修改”工具栏的“分解”命令进行分解。分解后，将其移动到“楼地面”图层。

Step03　绘制水平辅助线。

运用“偏移”命令将室内地坪线向上偏移 2 200 mm 得到车库门的上辅助线，将室内地坪线向上偏移 2 800 mm 得到二层地面，二层地面向上偏移 2 800 mm 得到三层地面，顺次偏移可得四～六层地面和阁楼地面。将上述 7 根直线移动到辅助线图层。操作结果如图 7-4 所示。

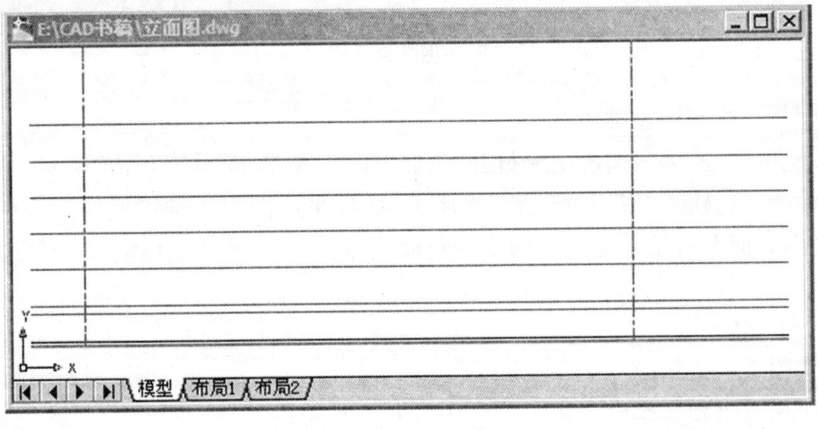

图 7-4

Step04　绘制底层门洞。

设置“辅助线”图层为当前图层，打开“正交”和“对象捕捉”状态。在命令行输入“L”，执行绘直线命令，捕捉卷帘门 JM-1 的洞口左端点向室内地坪线作垂线。同理，重复绘直线命令，引绘其他卷帘门的洞口线段和外墙线，并将外墙线移动到“墙线”图层。操作结果如图 7-5 所示。输入“TR”执行修剪命令，修剪生成底层门洞，如图 7-6 所示。

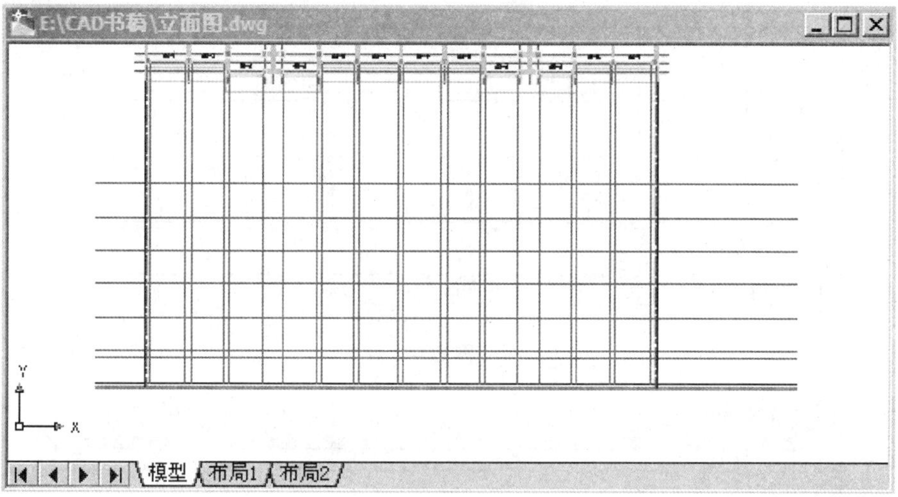

图 7-5

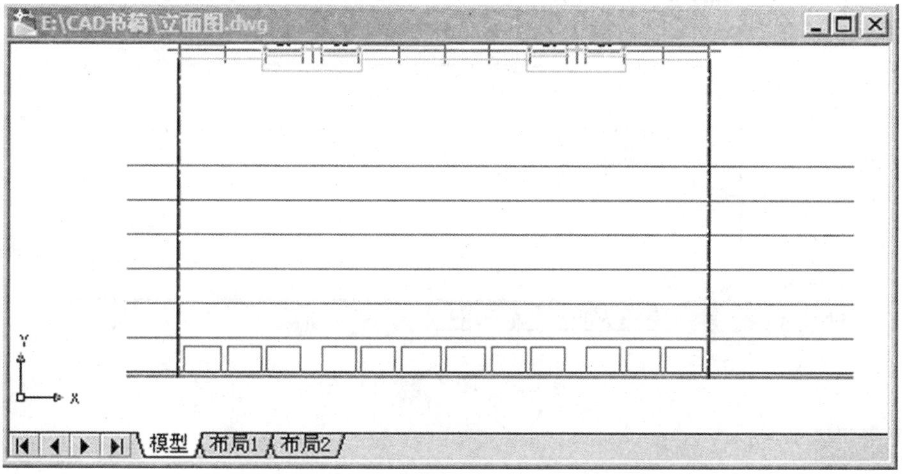

图 7-6

Step05　绘制二层门窗洞口。

利用标准层平面图引绘二～六层门窗两侧辅助线，方法同 Step03。由于两个单元 4 户人家的门窗是对称的，所以只需画出一户的门窗即可。又因为二～六层门窗都是一样的，所以只需画出一层即可。将二层地面线分别向上偏移 900 mm 和 2 400 mm，得到窗户的下辅助线和门窗的上辅助线，操作结果如图 7-7 所示。修剪后生成门窗洞口线，操作结果如图 7-8 所示。

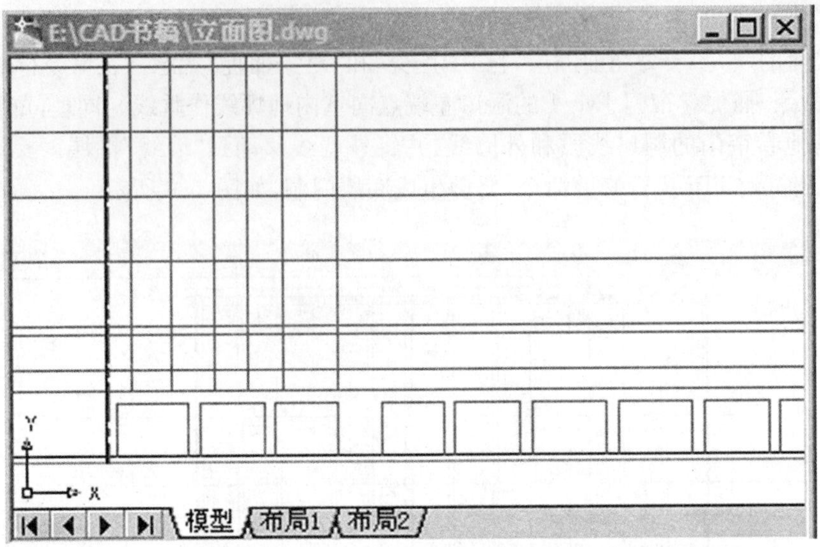

图 7-7

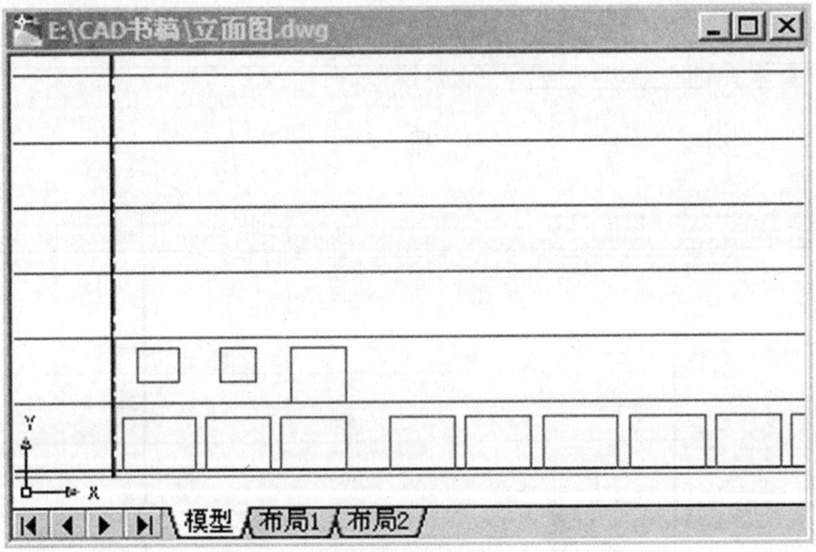

图 7-8

Step06 绘制立面窗。

将“门窗”图层设置为当前图层。由于窗的尺寸比较多，可以绘制一个基本尺寸的窗，然后将其创建成“块”，每次需要绘制窗户的时候只要按比例插入窗户“块”即可。为了插入“块”时计算比例方便，可将立面窗块的尺寸定为 1 000 mm×1 000 mm。

(1) 绘制窗户外框线

输入“REC”执行矩形命令，绘制一个 1 000 mm×1 000 mm 的方框，具体操作如下，结果如图7-9(a)。

命令：rec

指定第一个角点或[倒角(C)/标高(E)/圆角(F)/厚度(T)/宽度(W)]：(任意位置单击

确定第一角点）

指定另一个角点或[面积(A)/尺寸(D)/旋转(R)]：(输入相对坐标@1000，1000)

(2) 绘制窗户分格框线

① 输入“L”执行直线命令，捕捉矩形顶部两个角点绘制一条水平线。先单击选择该水平线，然后点击直线中间的夹点，向下移动鼠标，此时自动激活拉伸功能，在“指定拉伸点或[基点(B)/复制(C)/放弃(U)/退出(X)]：”提示下输入“300”，向下移动水平直线，得到窗户亮子水平分格线，如图 7-9(b)。

② 输入“L”执行直线命令，捕捉亮子水平分格线和窗框下边线的中点，绘制窗扇分格线，如图 7-9(c)。

③ 执行矩形命令，重复 3 次，分别捕捉分格线角点绘制 3 个矩形分格框。输入“O”执行偏移命令。在提示“指定偏移距离或[通过(T)/删除(E)/图层(L)]：”下，输入偏移距离“30”。分别点选上步绘制的 3 个矩形分格框，向内侧偏移生成内窗框，如图 7-9(d)。

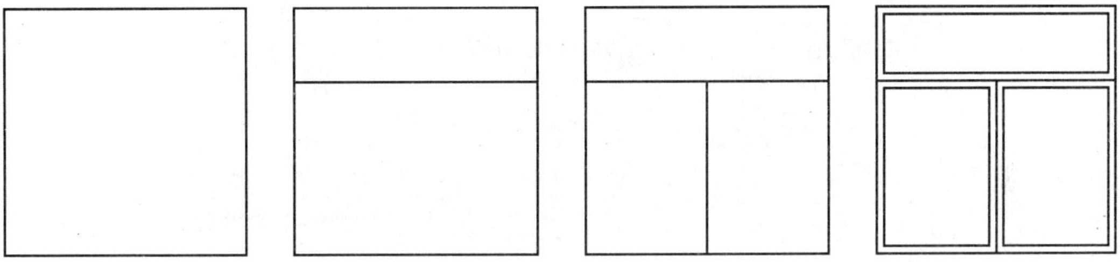

(a) (b) (c) (d)

图 7-9

(3) 制作窗户块

① 执行命令。输入“B”执行创建块命令，弹出如图 7-10 所示的“块定义”对话框。

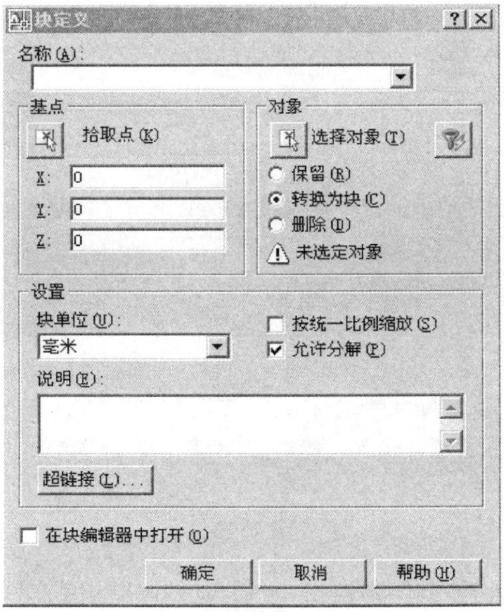

图 7-10

② 定义块名称。在“名称(A)”栏中输入窗块的名称“立面窗”。

③ 选择对象。单击“对象”选项区的“选择对象(T)”前图标，返回绘图窗口，选择所绘立面窗图形。按回车返回对话框。

④ 确定“拾取点”。单击“基点”选项区的“拾取点”前图标，返回绘图窗口，捕捉立面窗图形的左下角点作为窗块插入基点。

⑤ 单击“确定”按钮，结束块定义命令。

(4) 插入“立面窗”图块

插入C-1、C-2窗。具体步骤如下：

① 输入“I”执行插入块命令，弹出图7-11的“插入”对话框。

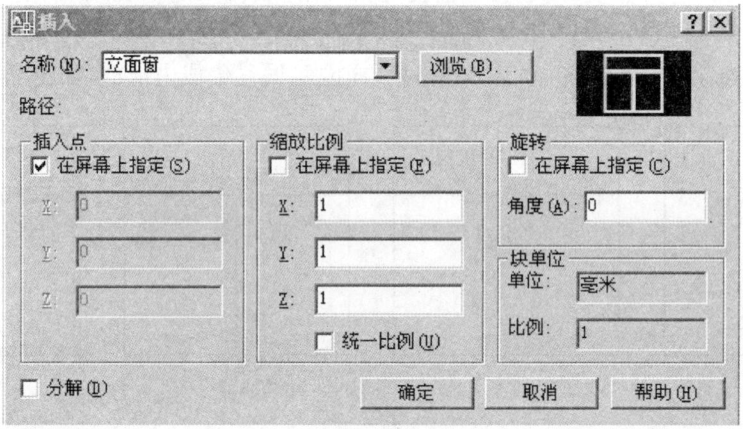

图7-11

② 选择名称栏后为“立面窗”。

③ 改变“缩放比例”选项区的参数，令“X=1.8”，令“Y=1.5”。(图7-12)

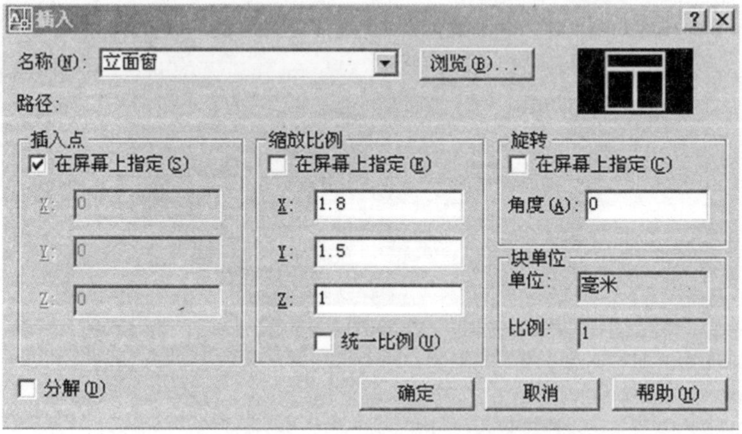

图7-12

④ 单击“确定”按钮，切换到图形窗口，鼠标点处显示待插入的“立面窗”图块。此时，只要移动鼠标捕捉C-1窗洞的左下角点后点击，图块插入即完成。重复上一步插入命令，改

变缩放比例,令"X=1.5",令"Y=1.5",选择窗 C-2 窗洞的左下角点作为插入点插入窗块。两次插入窗块的结果如图 7-13。

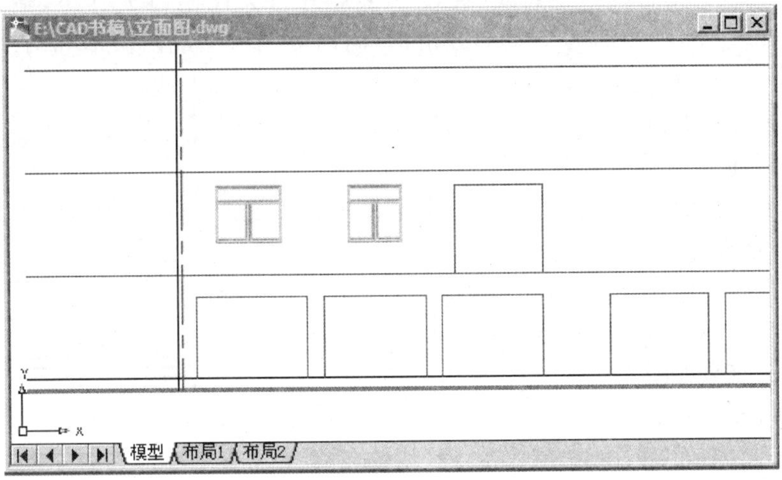

图 7-13

Step07　绘制立面推拉门。

(1) 绘制推拉门外框线

输入"REC"执行矩形命令,捕捉推拉门门洞的左上角点和右下角点,绘制一个 2 400 mm×2 400 mm 的方框。结果如图 7-14(a)。

(a)　(b)　(c)　(d)

图 7-14

(2) 绘制推拉门分格框线

① 绘制推拉门竖向三等分线

输入"L"执行直线命令,捕捉矩形左侧两个角点绘制一条竖直线。先单击选择该竖直线,然后点击直线中间的夹点,向右移动鼠标,此时自动激活拉伸功能,在"指定拉伸点或[基点(B)/复制(C)/放弃(U)/退出(X)]:"提示下输入"800",向右移动竖直线,得到推拉门一条垂直分格线。输入"O"执行偏移命令,将垂直分格线向右偏移 800 mm 得推拉门第二条垂直分格线。结果如图 7-14(b)。

② 绘制推拉门右侧固定窗水平向三等分线

操作方法同绘制竖向三等分线。结果如图 7-14(c)。

③ 绘制门窗分格线

执行矩形命令，重复 5 次，分别捕捉分格线角点绘制 5 个矩形分格框。输入“O”执行偏移命令。在提示“指定偏移距离或[通过(T)/删除(E)/图层(L)]:”下，输入偏移距离“50”。分别点选上步绘制的 5 个矩形分格框，向内侧偏移生成内窗框和门框，结果如图 7-14(d)。

Step08 绘制卷帘门。

(1) 绘制卷帘门外框线

将卷帘门的门洞边线从“辅助线”图层移动到“门窗”图层，即得卷帘门外框线。

(2) 绘制卷帘门图例

输入“L”执行绘直线命令。在空白处绘制一根长 1 000 mm 的水平线，依次以 30 mm、30 mm、120 mm、120 mm 的距离进行多次偏移，结果如图 7-15。

图 7-15

(3) 制作卷帘门图块

创建过程同“立面窗”图块的制作过程，块的名称为“卷帘门”，插入点为左下角点。

(4) 插入“卷帘门”图块

① 输入“I”执行插入块命令。

② 选择名称栏后为“卷帘门”。

③ 现以①～③轴间的 JM-1 为例说明如何绘制卷帘门。改变“缩放比例”选项区的参数，令“X=3.07”，令“Y=1”。单击“确定”按钮，切换到图形窗口，鼠标点处显示待插入的“卷帘门”图块。此时，只要移动鼠标捕捉 JM-1 门框的左边线中点后点击，图块插入即完成。重复上一步插入命令，改变缩放比例，插入其他卷帘门。局部效果如图 7-16。

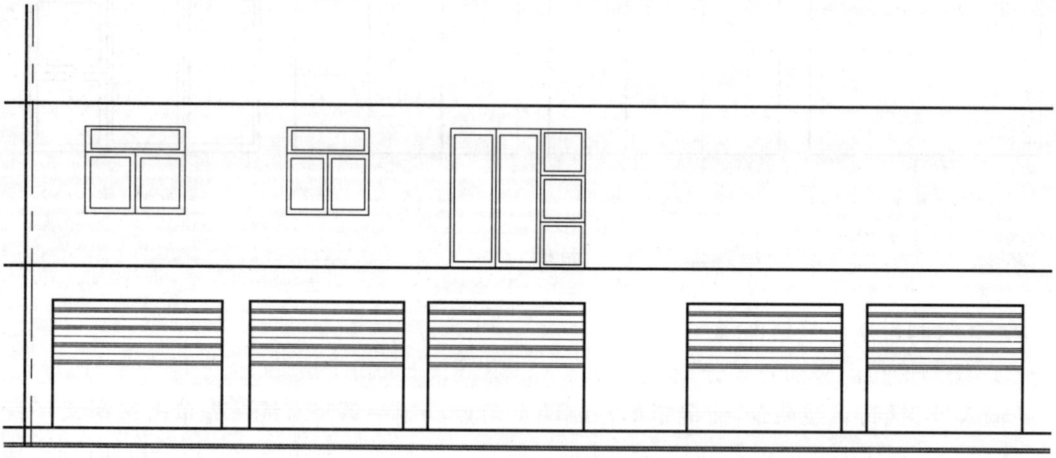

图 7-16

4. 绘制阳台

Step01 准备工作。

显示“辅助线”、“阳台”图层，并设置“阳台”图层为当前图层。隐蔽“门窗”图层。

Step02 绘制阳台垂直辅助线。

从平面图引绘阳台两侧柱子的轮廓线。结果如图 7-17(a)。

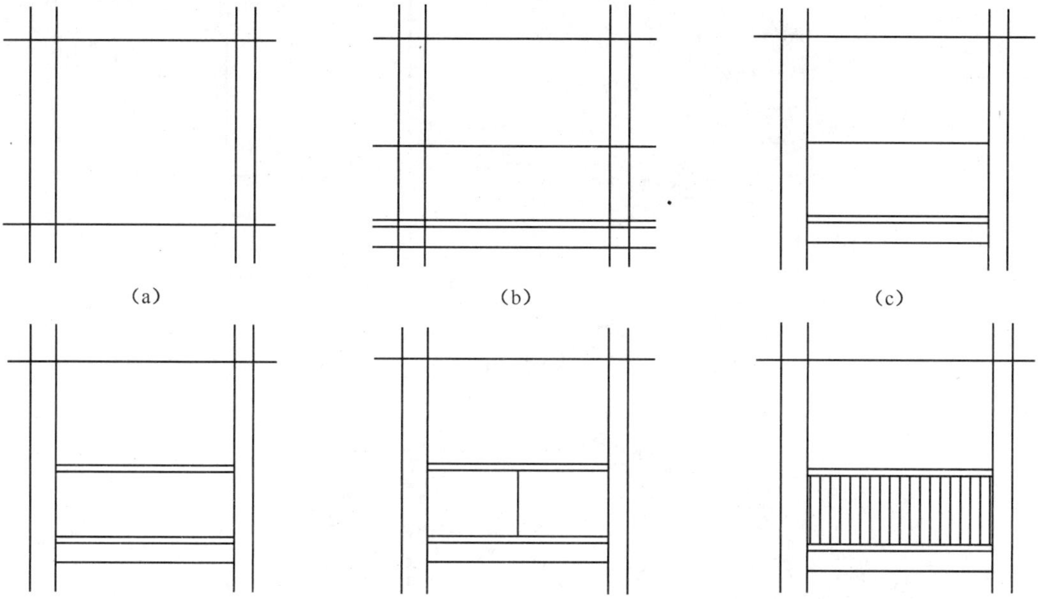

(a) (b) (c) (d) (e) (f)

图 7-17

Step03 绘制阳台水平辅助线。

设计要求:阳台踢脚板比楼层高 100 mm,阳台封边梁比楼层低 300 mm,阳台栏杆高 1 100 mm。具体步骤如下:

(1) 以二楼楼层线为样本,向上偏移 100 mm 得踢脚板辅助线,向下偏移 300 mm 得阳台封边梁辅助线。以踢脚板辅助线向上偏移 1 100 mm 得阳台顶面辅助线。结果如图 7-17(b)。

(2) 将上步偏移所得的 3 根水平线全部添加到阳台图层。

(3) 输入"TR"执行修剪命令。修剪结果如图 7-17(c)。

Step04 绘制阳台栏杆。

(1) 输入"O"执行修剪命令。阳台顶面线向下偏移 100 mm 得水平扶手线。结果如图 7-17(d)。

(2) 输入"L"执行直线命令。捕捉扶手线中点与踢脚线中点,绘制出一条阳台栏杆线。结果如图 7-17(e)。

(3) 输入"AR"执行阵列命令,弹出阵列对话框(图 7-18)。选中"矩形阵列"复选框,设置栏杆阵列参数:行为"1",列为"10",行偏移"0",列偏移"150",如图 7-19 所示。单击"选择对象"按钮,切换到绘图窗口,选择阳台栏杆线,按回车返回"阵列"对话框,按"确定"按钮完成阵列。

选择最左侧的栏杆线,按回车再执行依次阵列命令,再次弹出如图 7-19 所示的"阵列"对话框。只需修改列偏移为"－150",按"确定"按钮完成阵列。结果如图 7-17(f)。

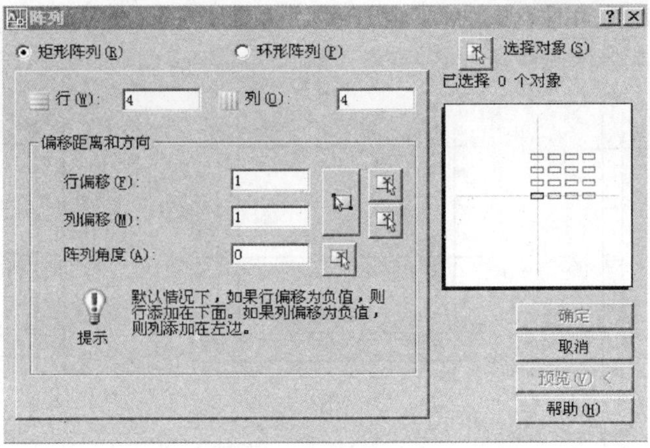

图 7-18

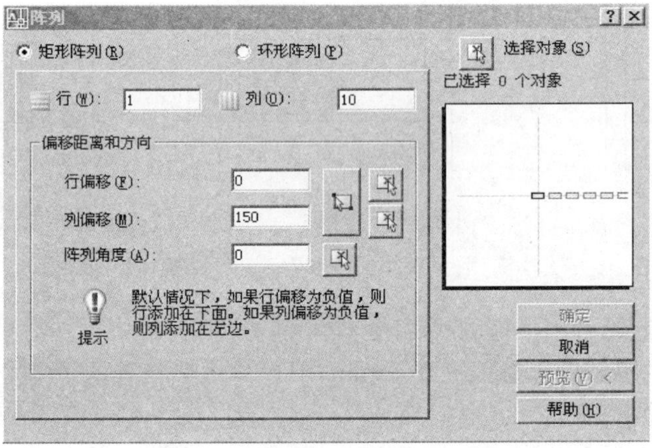

图 7-19

Step05　整理阳台与推拉门的关系。

显示“门窗”图层，如图 7-20 所示。为便于后续操作，锁定“阳台”图层。选中推拉门，单击图标，执行分解命令(Explode)。输入“TR”执行修剪命令。将扶手和踢脚线遮住的推拉门部分进行修剪，修剪结果如图 7-21 所示。

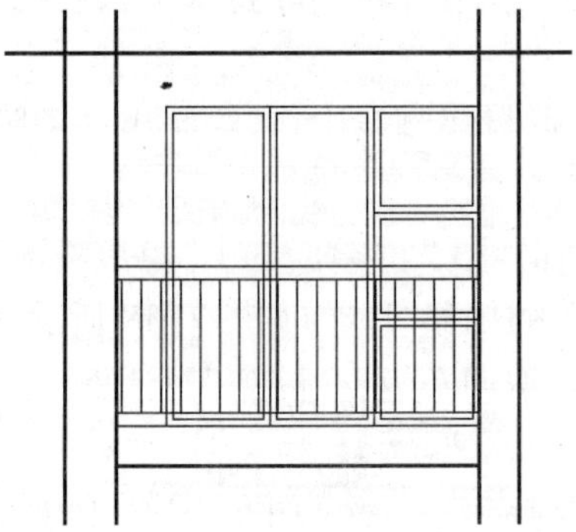

图 7-20

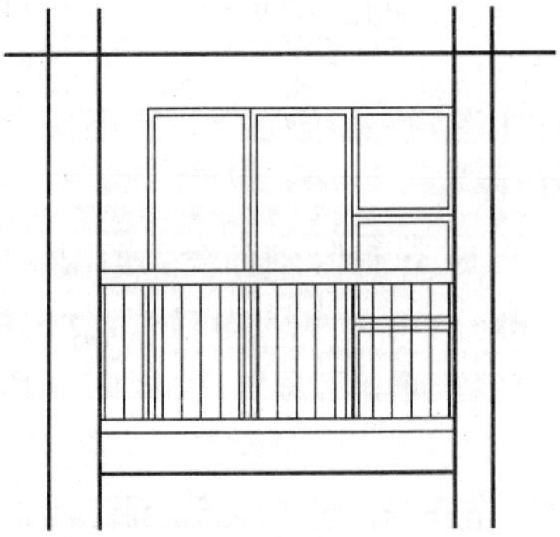

图 7-21

5. 生成整体立面

Step01 图层管理。

将“辅助线”图层关闭。

Step02 镜像生成两单元立面框架。

输入“MI”执行镜像命令，操作如下：

选择对象：(选择二层 3 个门窗，并回车)

选择对象：指定镜像线的第一点：(捕捉平面图轴线⑦上任意一点)

指定镜像线的第二点：(正交状态向下移动鼠标并单击)

要删除源对象吗？[是(Y)/否(N)]<N>：(直接回车)

镜像结果如图 7-22 所示。

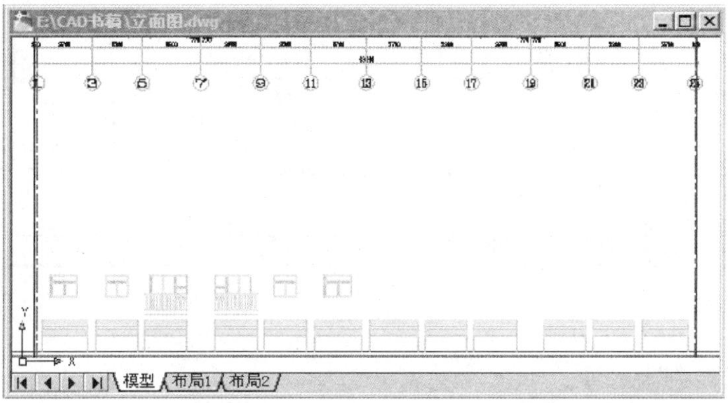

图 7-22

Step03 阵列生成五层两单元立面。

本楼房有两个单元，楼层层高 2 800 mm。用一次阵列命令可一步生成立面框架。具体操作如下：

输入“AR”执行阵列命令。在跳出的“阵列”对话框中选中“矩形阵列”复选框，然后设置阵列参数，行为“5”，列为“2”，行偏移“2800”，列偏移“21800”，单击“选择对象”按钮，切换到绘图窗口，窗选二层的 6 个门窗，按回车返回“阵列”对话框，单击“确定”按钮完成阵列。结果如图 7-23。

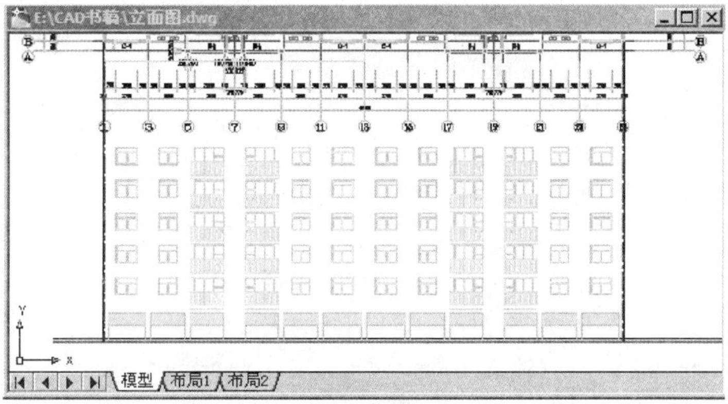

图 7-23

6. 绘制立面柱、墙和雨水管

Step01 绘制立面柱和墙。

新建“柱”图层，颜色为“黄色”，线形为“Continuous”，并将“柱”图层设置为当前图层。输入“L”执行直线命令，从平面图引绘柱和墙线，然后将 4 根墙线移入“墙线”图层。显示“辅助线”图层。按顶层辅助线修剪，结果如图 7-24 所示。

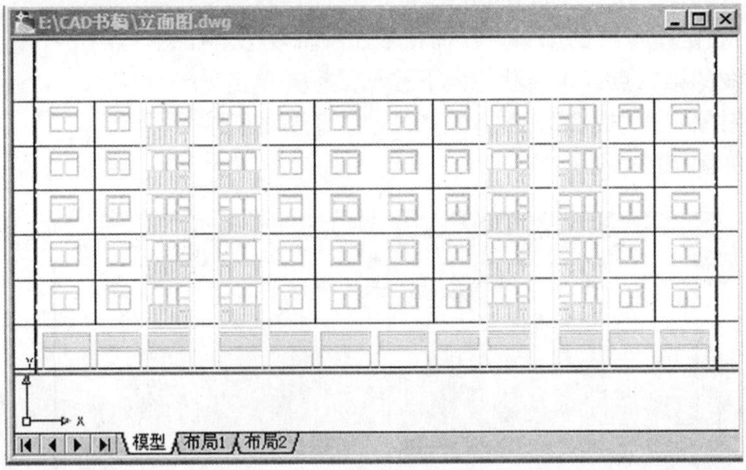

图 7-24

Step02 绘制雨水管。

新建“雨水管”图层，颜色为“洋红色”，线形为“Continuous”，并将“雨水管”图层设置为当前图层。

(1) 绘制雨水斗

输入“REC”执行矩形命令，绘制一个 300 mm×200 mm 的矩形，继续执行矩形命令，绘制一个 150 mm×50 mm 的矩形，调整两个矩形之间的间距为 80 mm。用直线将两个矩形角点连接，结果如图 7-25 所示。

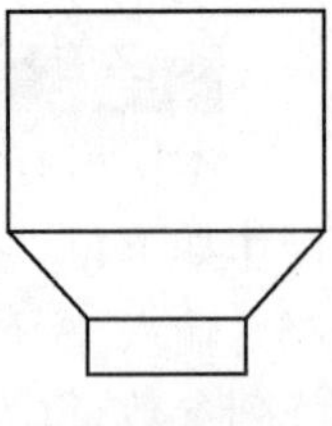

图 7-25

(2) 绘制雨水管

将阁楼地面辅助线向下偏移 100 mm 得雨水斗顶端辅助线。此时可以算得雨水管总长为 17 000 mm，除去雨水斗的高度 330 mm，水管长 16 670 mm。输入“ML”执行多线命令，绘制水管。操作如下：

命令：ML

MLINE

当前设置：对正＝上，比例＝20.00，样式＝STANDARD

指定起点或[对正(J)/比例(S)/样式(ST)]：(输入 J)

输入对正类型[上(T)/无(Z)/下(B)]＜上＞：(输入 Z)

当前设置：对正＝无，比例＝20.00，样式＝STANDARD

指定起点或[对正(J)/比例(S)/样式(ST)]：(输入 S)

输入多线比例＜20.00＞：(输入 100)

当前设置：对正＝无，比例＝100.00，样式＝STANDARD

指定起点或[对正(J)/比例(S)/样式(ST)]:(捕捉雨水斗最下端水平线的中点)

指定下一点:(正交状态下输入 16670)

指定下一点或[放弃(U)]:(直接回车)

(3) 安装落水管

将上步绘制的雨水管复制到③轴和⑮轴墙线的右侧以及⑪轴和㉓轴墙线的左侧。结果如图 7-26 所示。

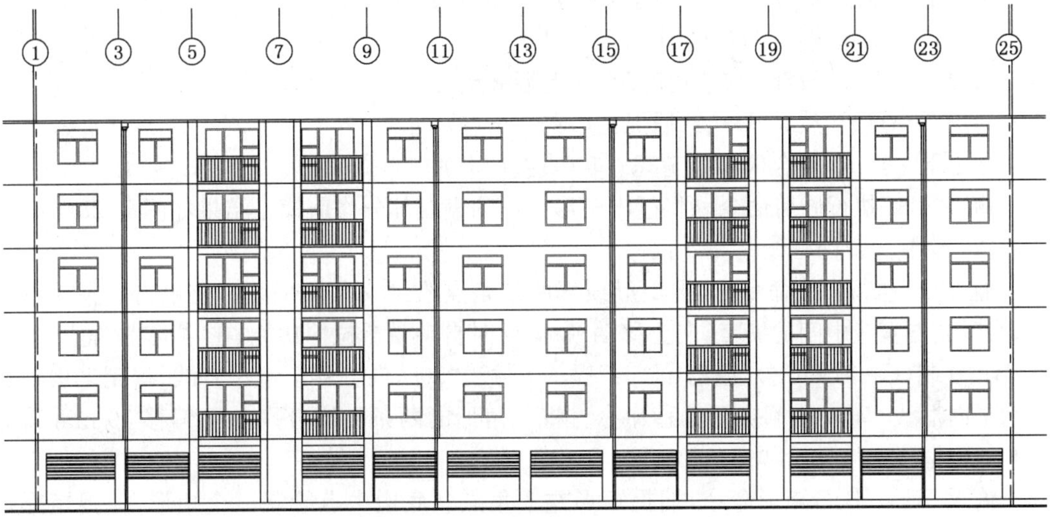

图 7-26

7. 绘制屋顶

Step01 坡屋顶要素。

屋顶采用双坡屋顶,其要素包括檐口、天窗、烟囱、卫生间的透气孔等。

Step02 绘制檐口。

设置"墙线"图层为当前图层。输入"O"执行偏移命令。将阁楼地面辅助线向上偏移 250 mm 得一阶挑檐,挑檐辅助线向上偏移 300 mm 得檐口辅助线。一级挑檐挑出外墙线 300 mm,檐口挑出外墙线 450 mm。将"辅助线"图层和"定位轴线"图层隐蔽。结果如图 7-27 所示。

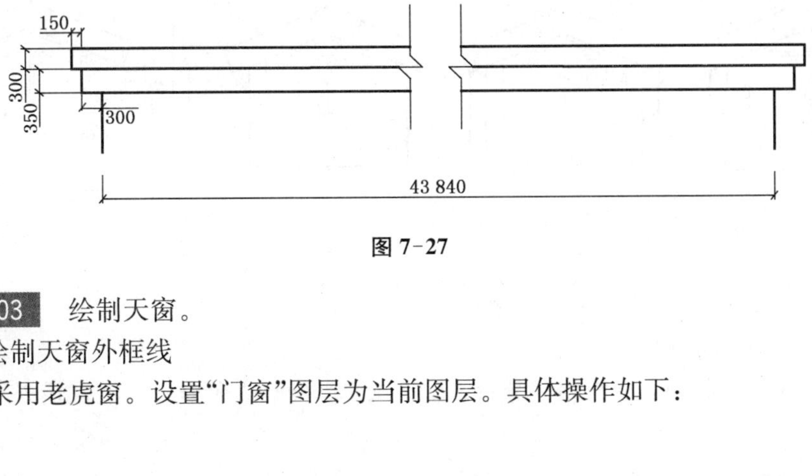

图 7-27

Step03 绘制天窗。

(1) 绘制天窗外框线

天窗采用老虎窗。设置"门窗"图层为当前图层。具体操作如下:

命令：_rectang

指定第一个角点或[倒角(C)/标高(E)/圆角(F)/厚度(T)/宽度(W)]：(任意指定一点)

指定另一个角点或[面积(A)/尺寸(D)/旋转(R)]：(输入相对坐标@1500，1050)

命令：_line 指定第一点：(任意指定一点)

指定下一点或[放弃(U)]：(输入 1350)

指定下一点或[放弃(U)]：(直接回车)

命令：_line 指定第一点：(捕捉矩形左上角点)

指定下一点或[放弃(U)]：(捕捉直线上端端点)

指定下一点或[放弃(U)]：(捕捉矩形右上角点)

指定下一点或[闭合(C)/放弃(U)]：(直接回车)

输入"TR"执行修剪命令。将超出矩形顶边的直线部分修剪掉。结果如图 7-28(a)。

(2) 绘制天窗内框线

输入"L"执行直线命令，捕捉矩形顶部两个角点绘制一条水平线。先单击选择该水平线，然后点击直线中间的夹点，向上移动鼠标，此时自动激活拉伸功能，在"指定拉伸点或[基点(B)/复制(C)/放弃(U)/退出(X)]："提示下输入"50"，向上移动水平直线，得到老虎窗亮子水平内框线。输入"O"执行偏移命令。将三角形的两条腰线分别向下偏移 50 mm 得亮子倾斜内框线。修剪后如图 7-28(b)。

输入"REC"执行矩形命令，捕捉矩形左上角点和底边中点绘制一个矩形，捕捉矩形顶边中点和右下角点绘制另一个矩形。输入"O"执行偏移命令。在提示"指定偏移距离或[通过(T)/删除(E)/图层(L)]："下，输入偏移距离"50"。分别点选刚刚绘制的两个矩形，向内侧偏移生成内窗框，如图 7-28(c)。

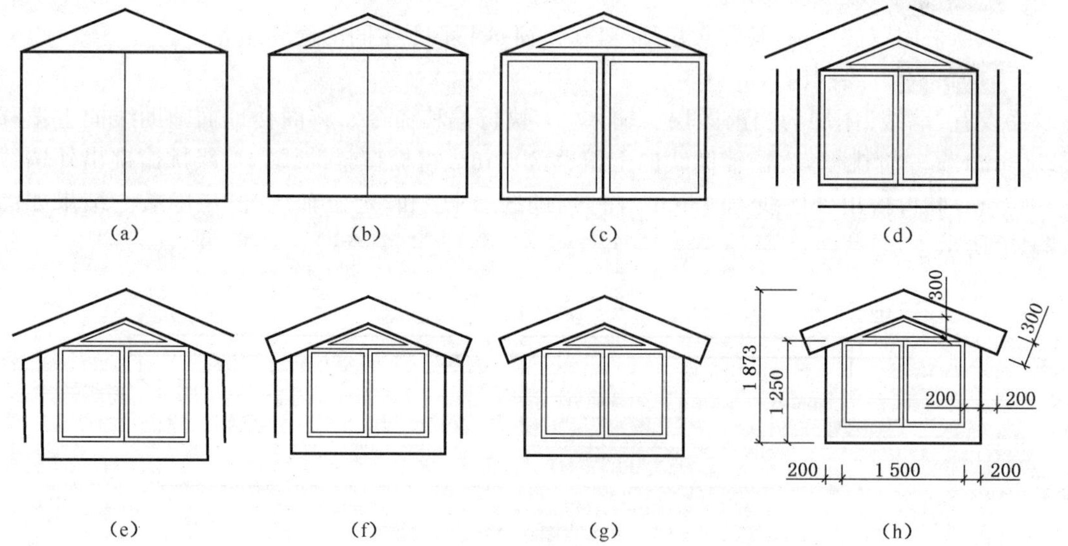

图 7-28

(3) 绘制天窗周围墙线

选中上述绘制好的老虎窗将其分解。输入"O"执行偏移命令。将老虎窗外框线中的左边、右边分别向外偏移 200 mm 和 400 mm，下边线向外偏移 200 mm，上边线向外偏移 300 mm。结果如图7-28(d)。运用“圆角”命令修剪，修剪成图 7-28(e)。运用直线命令绘制两根直线，结果如图 7-28(f)。将最外侧两根垂线擦除，并将外轮廓线放到“墙线”图层，如图 7-28(g)。标注尺寸后如图 7-28(h)。

(4) 将天窗放置到屋顶对应位置

天窗位于檐口线以上 1 m 高处，分别设置在阳台位置的正上方。

设置“辅助线”图层为当前图层。输入“O”执行偏移命令。先将檐口线向上偏移 1 000 得老虎窗底面辅助线，再从六楼窗户和阳台中点向其作垂线，然后将绘制好的老虎窗复制到上述直线的交点。隐蔽“辅助线”图层和“定位轴线”图层。结果如图 7-29 所示。

图 7-29

Step04 绘制烟囱。

设置“墙线”图层为当前图层。烟囱的形状及尺寸如图 7-30 所示。操作步骤如下：

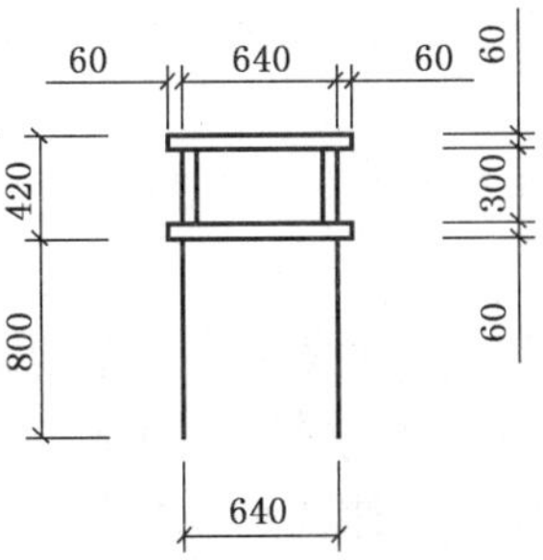

图 7-30

图 7-31

绘制一个 760 mm×60 mm 的矩形。

捕捉矩形的左下角点向下绘制一根长 300 mm 的直线，然后将其向右移动 60 mm。再将其向右侧偏移 60 mm。

选中这两根直线，以矩形的顶边和底边中点为镜像线进行镜像，得到烟囱帽。

复制上述绘好的矩形，复制距离为 360 mm。得到烟囱身。

Step05 绘制卫生间透气管。

透气管用直径 75 mm 的 PVC 管，伸出屋面 0.5 m。如图 7-31 所示。

Step06 安置烟囱和卫生间透气管。

将阁楼地面辅助线向上偏移 3 900 mm 得屋脊线。从平面图③轴、⑤轴、⑨轴、⑪轴引绘屋脊线的垂线。将绘制好的烟囱放在⑤轴、⑨轴与屋脊线的交点处，将卫生间透气管放在③轴、⑪轴与屋脊线的交点处。然后以⑬轴为镜像线对烟囱和透气管进行镜像。

Step07 立面图的完善。

将二层阳台栏杆下面的封边梁线擦除，补绘屋顶山墙线。将屋脊线、挑檐、外墙线用多段线加粗。隐蔽"辅助线"图层和"定位轴线"图层。将屋顶部分用"LINE"填充。结果如图 7-32 所示。

图 7-32

8. 尺寸标注

Step01 创建图层。

创建"标高"图层和"文字"图层，前者颜色为绿色，后者颜色为白色，线形均为 Continuous。

Step02 绘制标高符号。

设置"标高"图层为当前图层。输入"L"执行直线命令。先绘制一根 900 mm 长的水平线。输入"L"执行直线命令。捕捉水平线中点，下移鼠标，输入"450"，绘制长度为 450 mm 的竖线，如图 7-33(a)。输入"L"执行直线命令。捕捉水平线左端点、竖线下端点、水平线右端点，完成命令，如图 7-33(b)。删除竖线，将水平线向下偏移 450 mm，如图 7-33(c)。单击选择上面一根水平线，再单击选择 3 个夹点中的右夹点，夹点颜色变成红色，右移鼠标输入"1800"。同理拉伸下面一根水平线，拉伸 600 mm。结果如图 7-33(d)。

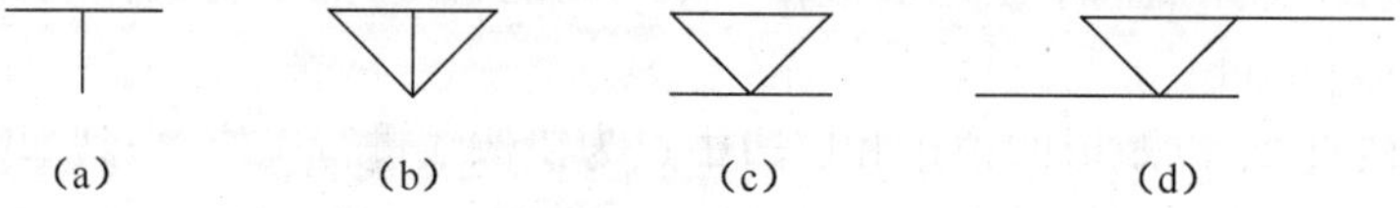

图 7-33

Step03 标注标高值。

设置“文字”图层为当前图层。输入“T”执行文字命令。设置文字高度为“500”，输入“2.200”。结果如图 7-34 所示。

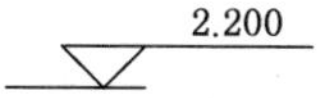

图 7-34

Step04 标注标高。

显示“辅助线”图层和“定位轴线”图层。设置“辅助线”图层为当前图层。绘制窗底和窗顶处水平辅助线用于标注标高。将绘制好的标高模板复制到窗顶、窗底、楼层、老虎窗顶、老虎窗底、屋脊、烟囱顶等的水平辅助线的合适位置，并修改标高数值。标注定位轴线的编号，并标注图名。隐蔽“辅助线”图层和“定位轴线”图层。结果如图 7-35 所示。

四、课后练习

根据图 7-1，绘制建筑东立面图。

五、实训报告要求及成绩评定

1. 认真填写实训报告表中的各项内容。
2. 按照实际操作的顺序把实训步骤掌握好。
3. 实训成绩是根据绘制的图形的完成程度与效果及熟练程度评定的。

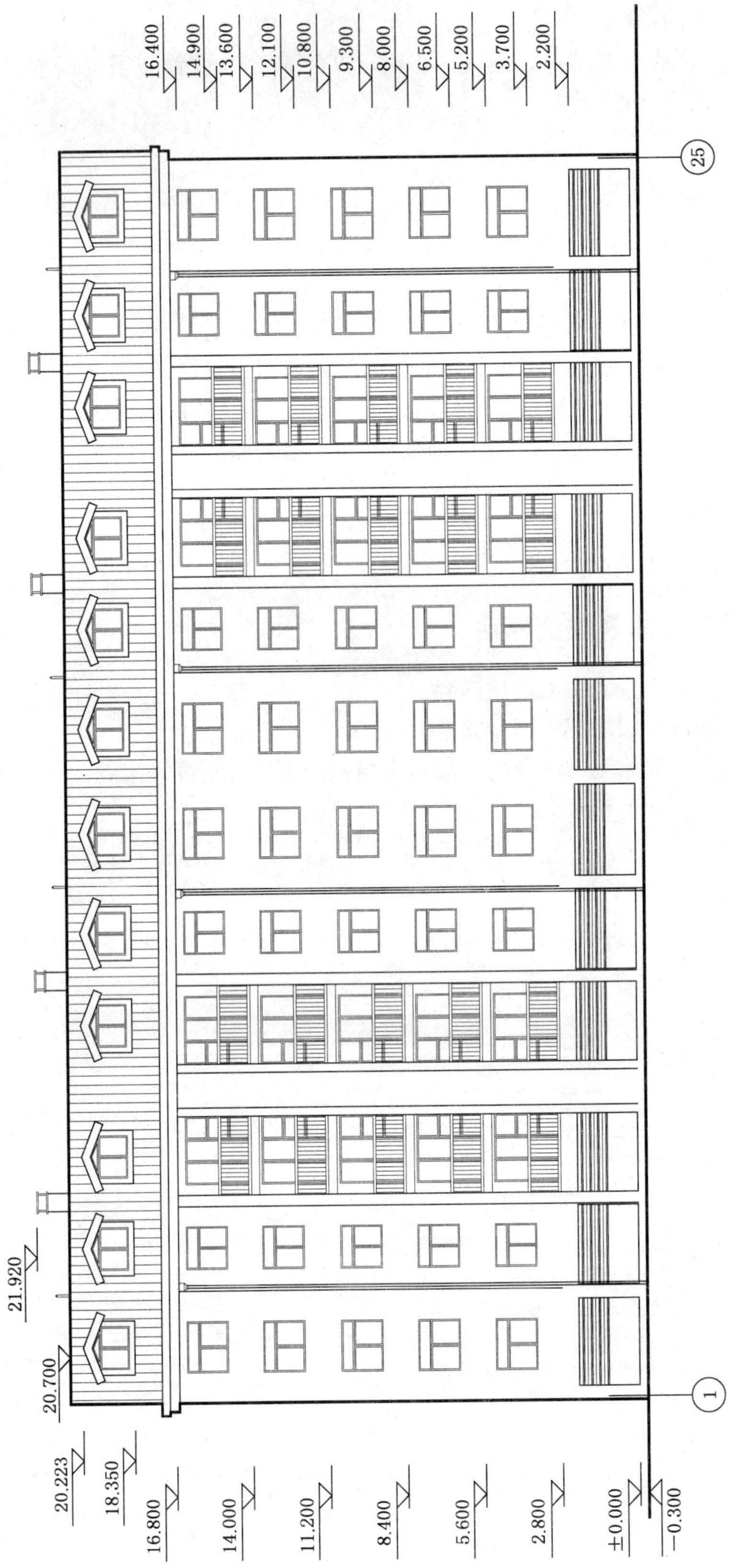

①～㉕轴立面图 1:100

图 7-35

附表一　课内实训成绩记录

成绩：

项次	项　　目	要　求	配　分	得　分
1	室外地坪线、定位轴线	完成程度与效果	10	
		熟练程度	5	
2	门窗	完成程度与效果	30	
		熟练程度	5	
3	阳台、柱、墙、雨水管	完成程度与效果	10	
		熟练程度	5	
4	屋顶	完成程度与效果	15	
		熟练程度	5	
5	尺寸标注	完成程度与效果	10	
		熟练程度	5	

附表二　学生学习情况信息反馈

在掌握、基本掌握、未掌握处对应打“√”。

项次	项　　目	掌　握	基本掌握	未掌握
1	室外地坪线、定位轴线			
2	门　窗			
3	阳台、柱、墙、雨水管			
4	屋　顶			
5	尺寸标注			

实训八　建筑剖视图的绘制

一、实训目的要求

通过本章的学习，要求能够熟练运用 AutoCAD 绘制建筑的剖视图。

二、实训项目

绘制图 8-1 中 1-1 剖面的剖视图。

三、实训步骤

1. 设置绘图环境

Step01　执行“格式”|“图形界限”命令，AutoCAD2007 给出如下提示：

命令：_limits

重新设置模型空间界限：

指定左下角点或[开(ON)/关(OFF)]＜0.0000，0.0000＞：(直接回车)

指定右上角点＜420.0000，297.0000＞：(输入 42000，29700)

Step02　执行“工具”|“草图设置”命令，弹出“草图设置”对话框，在该对话框中选中“启用对象捕捉”和“启用对象捕捉追踪”复选框。在“对象捕捉模式”选项组中选中“端点”、“中点”、“交点”、“垂足”、“最近点”等复选框。

2. 绘制定位轴线、辅助构造线和地坪线

在绘制建筑剖视图之前，应该先熟悉平面图。建筑底层平面图和标准层平面图分别如图 8-1 和图 8-2 所示。下面讲述底层平面图中 1-1 剖面剖视图的绘制。

Step01　导入“立面图”图形文件。

单击工具按钮，弹出“选择文件”对话框，找到立面图的保存路径，然后选择“立面图”文件名，最后单击“打开”按钮。

执行下拉菜单“文件”|“另存为”，在弹出的“图形另存为”对话框中，在“文件名”后的文本框中输入“剖视图”。

单击“保存”按钮，当前文件名由“立面图”另存为“剖视图”。修改文件名是为了使文件名更直观。

立面图中创建的图层在绘制剖视图时仍然可用，不再重复创建已有的图层。

Step02　绘制定位轴线。

设置“定位轴线”图层为当前图层。输入“L”执行直线命令。在立面图右侧合适位置绘制一根长 25 000 mm 的竖直线。输入“O”执行偏移命令。让竖直线连续分别向右偏移 800 mm、700 mm、3 800 mm、1 000 mm、1 500 mm、3 600 mm、900 mm、1 200 mm，得到竖向方向的定位轴线。如图 8-3 所示。

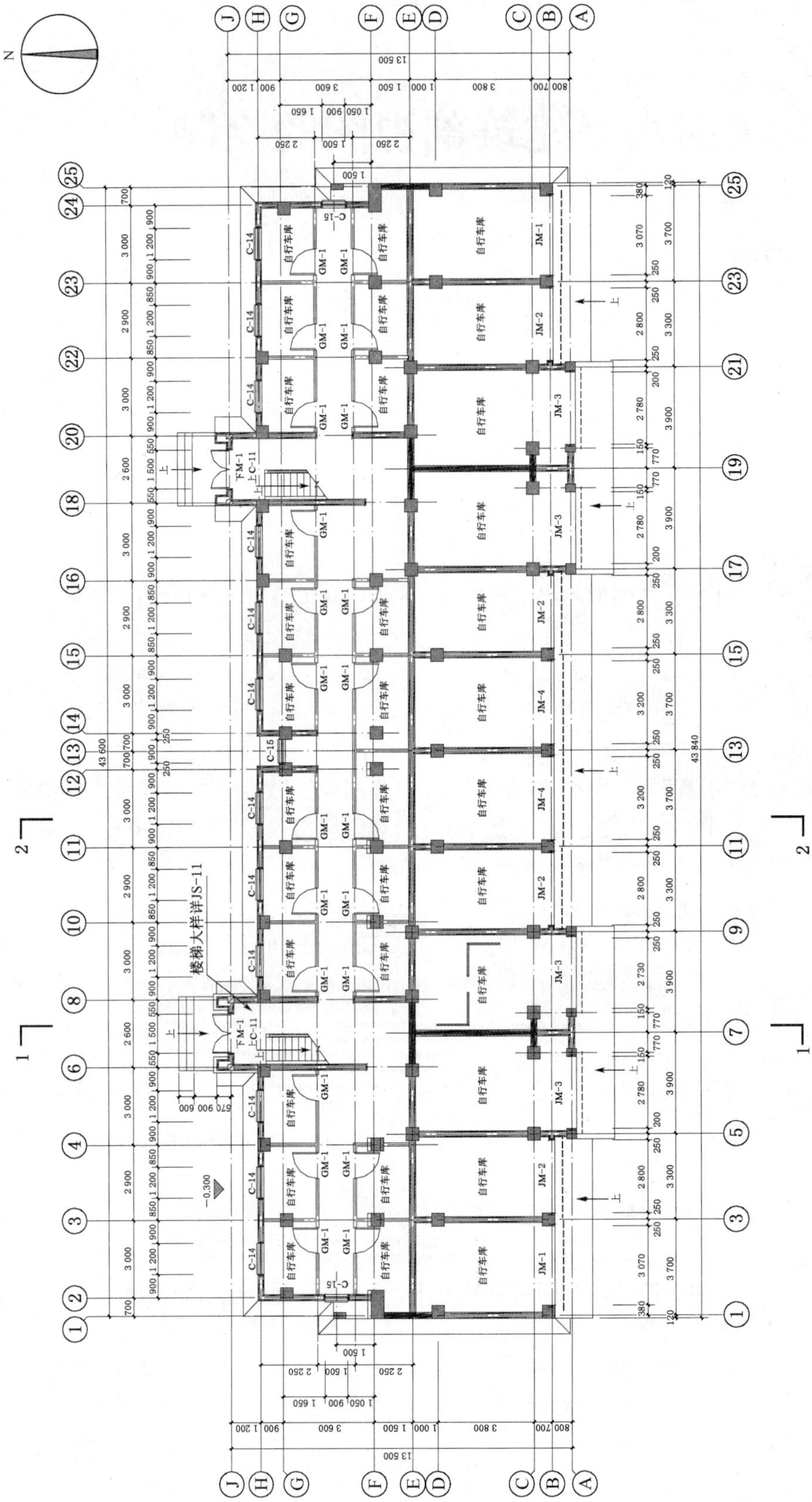

底层平面图 1:100

说明：Ⓔ轴~Ⓗ轴之间自行车库分隔墙均为半砖墙

图 8-1

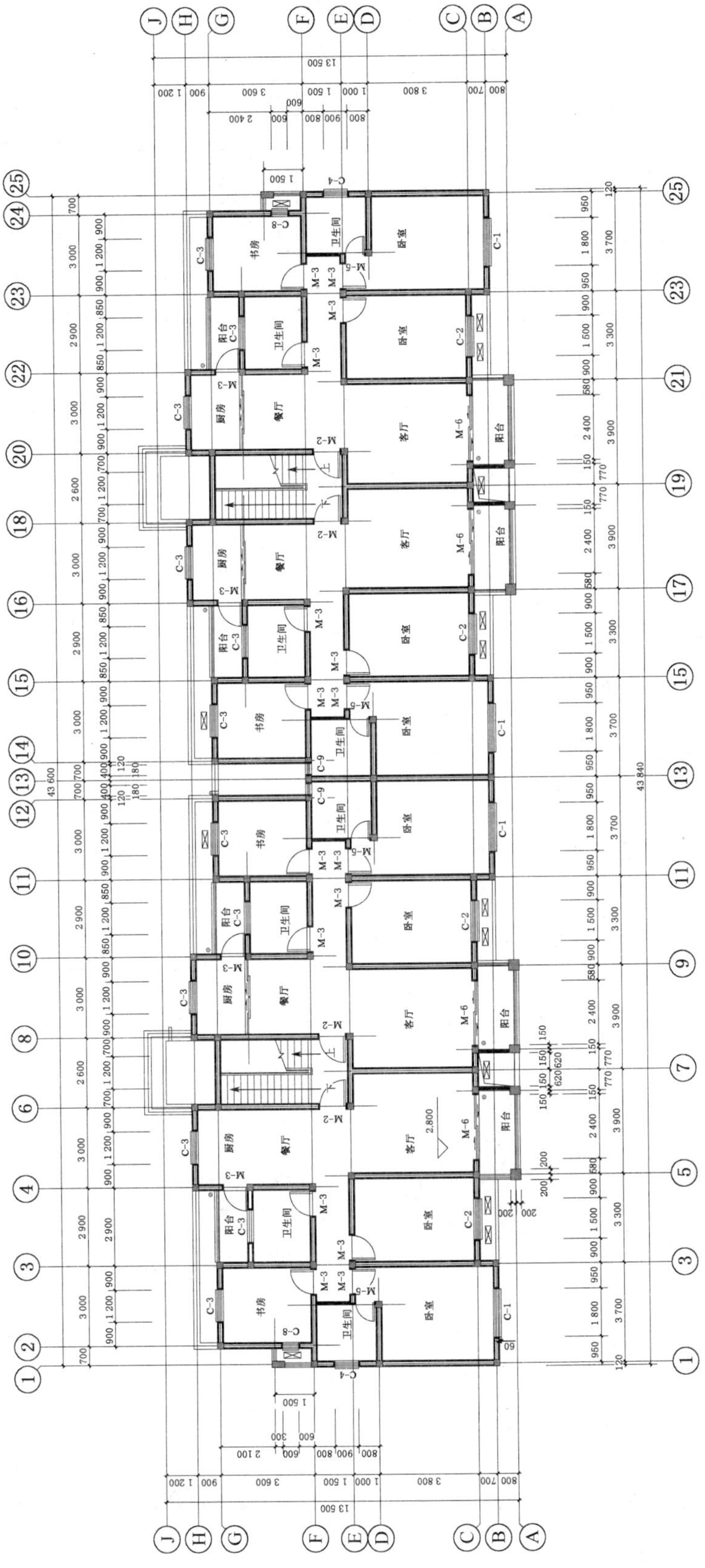

二层平面图 1:100

图 8-2

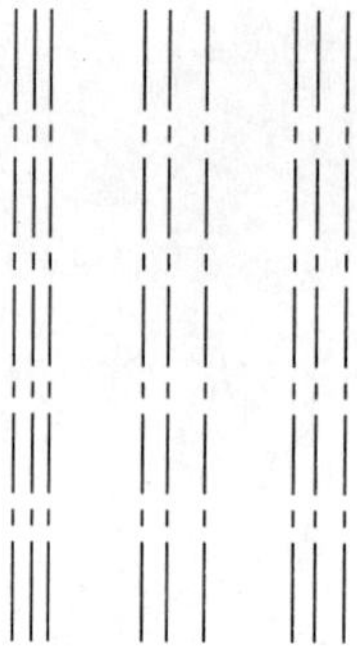

图 8-3

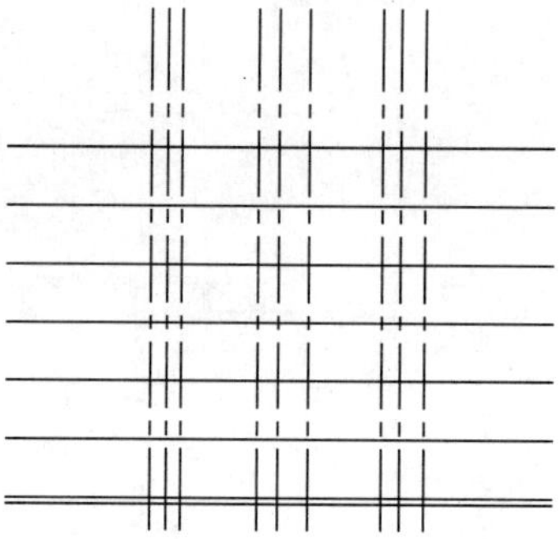

图 8-4

Step03 绘制辅助构造线。

设置“辅助线”图层为当前图层。输入“L”执行直线命令。从立面图的室外地坪线引绘一根水平线。让水平线连续分别向上偏移 300 mm、2 800 mm、2 800 mm、2 800 mm、2 800 mm、2 800 mm、2 800 mm，得到水平方向的辅助构造线。如图 8-4 所示。

Step04 绘制室内外地坪线。

将“地坪线”图层设置为当前图层，运用“多段线”命令绘制室内外地坪线。输入“PL”执行多段线命令。具体操作如下：

命令：_pline

指定起点：(在绘图区中任意点取一点)

当前线宽为 0.0000

指定下一个点或 [圆弧(A)/半宽(H)/长度(L)/放弃(U)/宽度(W)]：(输入 w)

指定起点宽度 <0.0000>：(输入 60)

指定端点宽度 <60.0000>：(直接回车)

指定下一个点或 [圆弧(A)/半宽(H)/长度(L)/放弃(U)/宽度(W)]：(输入@5000，0)

指定下一个点或 [圆弧(A)/闭合(C)/半宽(H)/长度(L)/放弃(U)/宽度(W)]：(输入@1500，300)

指定下一个点或 [圆弧(A)/闭合(C)/半宽(H)/长度(L)/放弃(U)/宽度(W)]：(输入@15290，0)

指定下一个点或 [圆弧(A)/闭合(C)/半宽(H)/长度(L)/放弃(U)/宽度(W)]：(输入@0，−100)

指定下一个点或 [圆弧(A)/闭合(C)/半宽(H)/长度(L)/放弃(U)/宽度(W)]：(输入@300，0)

指定下一个点或 [圆弧(A)/闭合(C)/半宽(H)/长度(L)/放弃(U)/宽度(W)]：(输入@0，−100)

指定下一个点或 [圆弧(A)/闭合(C)/半宽(H)/长度(L)/放弃(U)/宽度(W)]：(输入@300，0)

指定下一个点或 [圆弧(A)/闭合(C)/半宽(H)/长度(L)/放弃(U)/宽度(W)]：(输入@0，−100)

指定下一个点或［圆弧(A)/闭合(C)/半宽(H)/长度(L)/放弃(U)/宽度(W)］：(输入@5000，0)

指定下一个点或［圆弧(A)/闭合(C)/半宽(H)/长度(L)/放弃(U)/宽度(W)］：(直接回车)

绘制的地坪线如图 8-5 所示。

图 8-5

运用“移动”命令将上述绘制好的地坪线移动到对应位置。输入“M”执行移动命令。具体操作如下：

命令：MOVE

选择对象：(选择地坪线，提示“找到 1 个”)

选择对象：(回车)

指定基点或[位移(D)]<位移>：(捕捉斜坡与室内地坪线的交点)　指定第二个点或<使用第一个点作为位移>：(捕捉室内地坪线与最左侧定位轴线的交点)

命令：MOVE

选择对象：(选择地坪线，提示“找到 1 个”)

选择对象：(回车)

指定基点或[位移(D)]<位移>：(捕捉斜坡与室内地坪线的交点)　指定第二个点或<使用第一个点作为位移>：(输入@－200，0)

移动后的地坪线如图 8-6 所示。

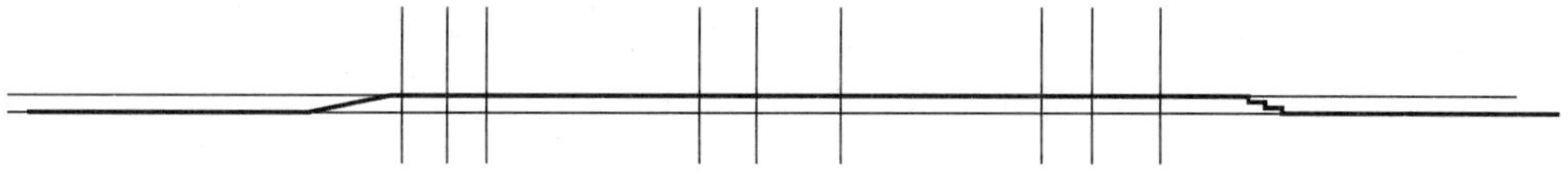

图 8-6

3. 绘制剖面墙体、柱、楼板、梁

Step01　绘制剖面墙体。

设置“墙线”图层为当前图层。输入“O”执行偏移命令。将第五根和第七根定位轴线分别向左、右两侧偏移 120 mm 得墙线。将偏移的 4 根线放入“墙线”图层，并修剪掉超出室内地坪线部分。如图 8-7 所示。

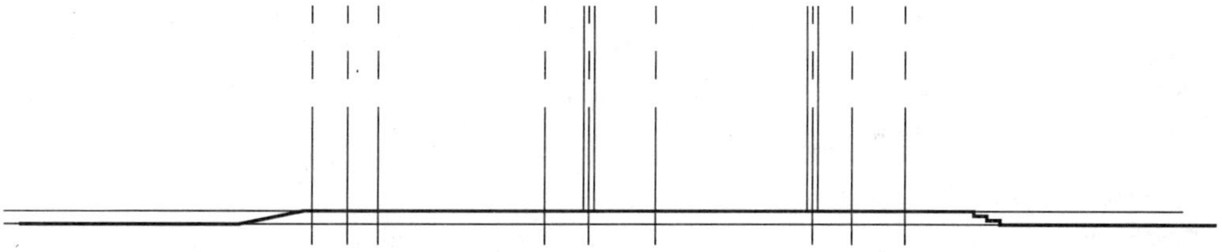

图 8-7

Step02　绘制柱。

设置“柱”图层为当前图层。输入“O”执行偏移命令。将第一根定位轴线分别向左、右两侧偏移 200 mm 得柱子轮廓线。将第三根和第五根定位轴线分别向左、右两侧偏移 250 mm 得柱子轮廓线。将偏移的 6 根线放入“柱”图层。第三根和第五根轴线处的柱子只在第一层时看得见(尺寸超出墙线),所以修剪掉二层以上柱线。结果如图 8-8 所示。

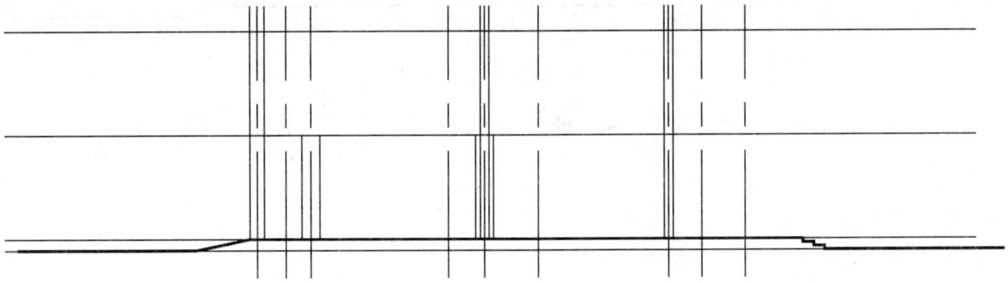

图 8-8

Step03　绘制剖面楼板。

设置“楼地面”图层为当前图层。将各楼层辅助线向下偏移 100 mm 得楼板。将楼层辅助线和偏移的楼板线放入“楼地面图层”。修剪后如图 8-9 所示。

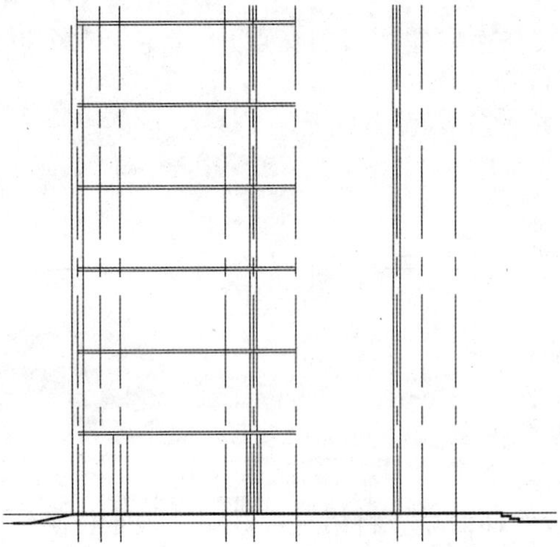

图 8-9

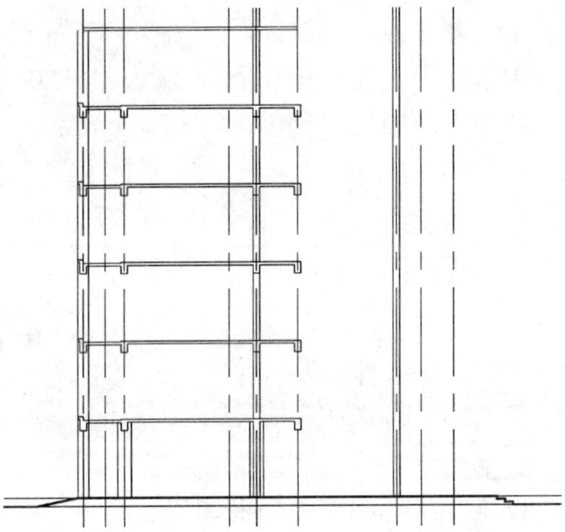

图 8-10

Step04　绘制剖面梁。

在第一、三、五、六轴线处绘制剖面梁,梁的尺寸为 240 mm×400 mm。第一根轴线处阳台踢脚板外挑 60 mm,踢脚板宽 180 mm,高 100 mm。为了满足排水需求,阳台地面比室内地面低 30 mm。结果如图 8-10 所示。

4. 绘制剖面楼梯

Step01　新建图层。

创建“楼梯”图层,颜色为“黄色”,线形为 Continuous,并设置“楼梯”图层为当前图层。

Step02　绘制底层楼梯梯段。

底层为直跑楼梯。踏宽 260 mm，踏高 164.7 mm，共 17 阶。其余各层为双跑楼梯。踏宽 260 mm，踏高 155.5 mm，每跑 9 阶。下面以底层梯段为例讲述梯段的绘制过程。运用“直线”命令和“复制”命令绘制。具体操作如下：

命令：L

LINE　指定第一点：

指定下一点或[放弃(U)]：(输入@0，−164.7)

指定下一点或[放弃(U)]：(输入@260，0)

指定下一点或[闭合(C)/放弃(U)]：(直接回车)

命令：CO

COPY

选择对象：(选择刚绘制的竖向踏步线，CAD 提示找到 1 个)

选择对象：(选择刚绘制的水平踏步线，CAD 提示找到 1 个，总计 2 个)

选择对象：(回车)

指定基点或[位移(D)]＜位移＞：(选择竖线上端点)　指定第二个点或＜使用第一个点作为位移＞：(选择水平线右端点)

指定第二个点或［退出(E)/放弃(U)]＜退出＞：(接下去每次都选择刚复制好的那根水平线的右端点，直至到达室内地坪线)

绘制好的踏步如图 8-11 所示。

捕捉踏步的下转折点绘制直线，由于梯段板厚 100 mm，将直线向下偏移 100 mm 得梯段板，再把偏移母线删除。修剪后如图 8-12 所示。

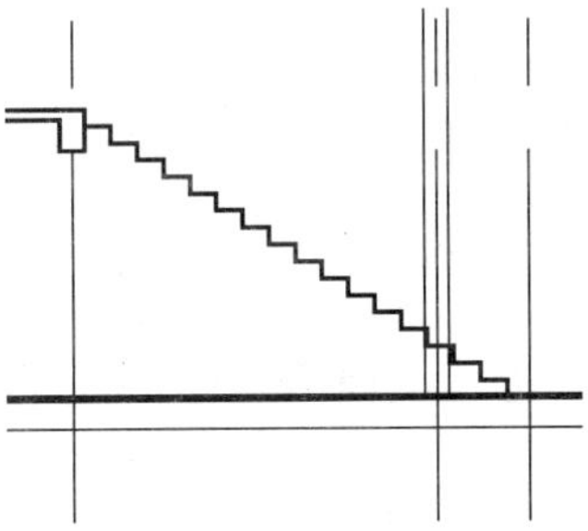

图 8-11　绘制楼梯踏步线

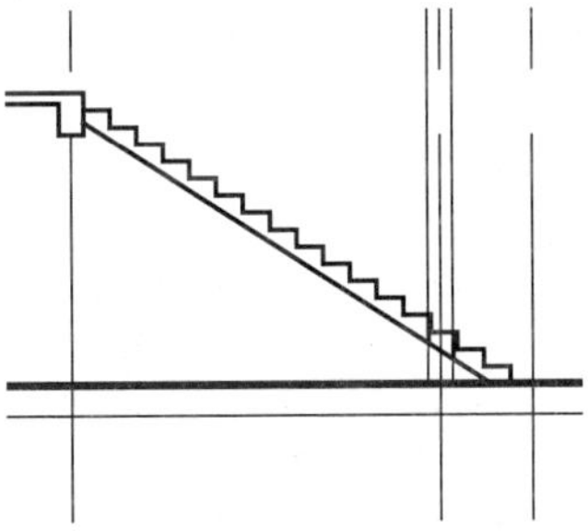

图 8-12　绘制底层梯段板

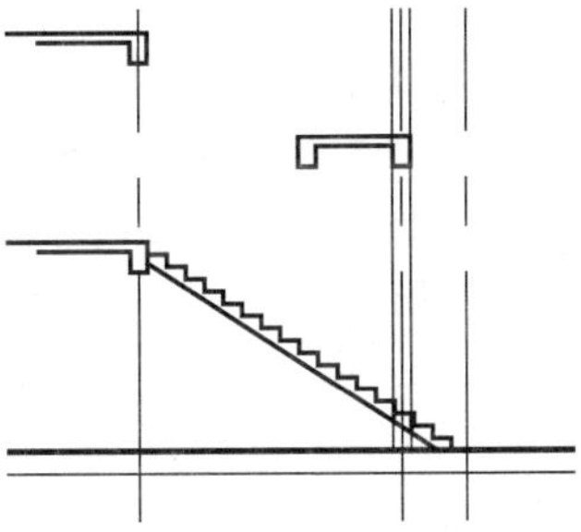

图 8-13　绘制平台梁和平台板

Step03　绘制二楼平台板和平台梁。

平台板厚 100 mm，宽 1 400 mm，平台梁尺寸为 240 mm×400 mm。

将室内地坪线的辅助线向上偏移 4 200 mm 得二楼楼梯平台板辅助线，将平台板辅助线向下偏移 100 mm 得平台板。修剪平台板并绘制平台梁。结果如图 8-13 所示。

Step04　绘制二～五层楼梯。

绘制二楼梯段的方法同绘制底层梯段。然后以二楼楼梯为模板复制得到三～五层楼梯。结果如图 8-14 所示。

Step05　绘制楼梯栏杆。

在踏步外侧 130 mm 的地方绘制 1 000 mm 的直线，顺序连接各直线上的端点，得到楼梯的栏杆。结果如图 8-15 所示。

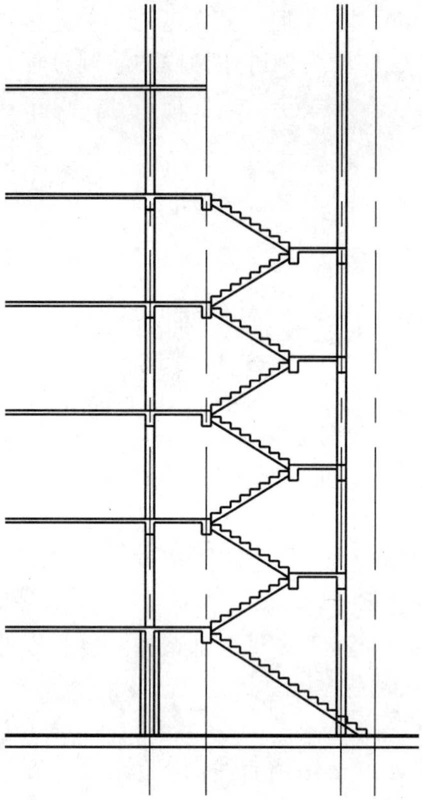

图 8-14

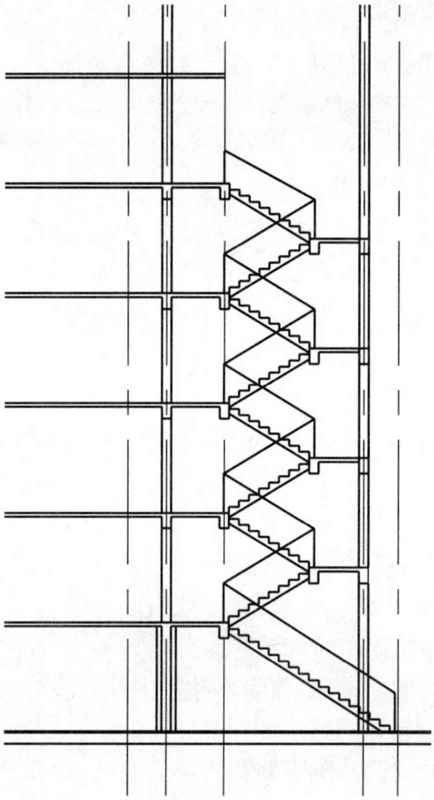

图 8-15

5. 绘制剖面屋顶

Step01 剖面屋顶要素。

剖面屋顶要素包括阁楼地面、挑檐、外檐沟、屋面板、天窗、烟囱等。

Step02 绘制阁楼地面、挑檐。

设置"墙线"图层为当前图层。在第一、三、四、五、七轴线处绘制剖面梁，梁的尺寸为 240 mm×400 mm。

在第一根轴线处绘制挑檐。一级挑檐挑出阳台封边梁 100 mm，高 350 mm；二级挑檐再向外挑 150 mm，高 300 mm。檐口宽 370 mm。绘制好的阁楼地面和挑檐如图 8-16 所示。

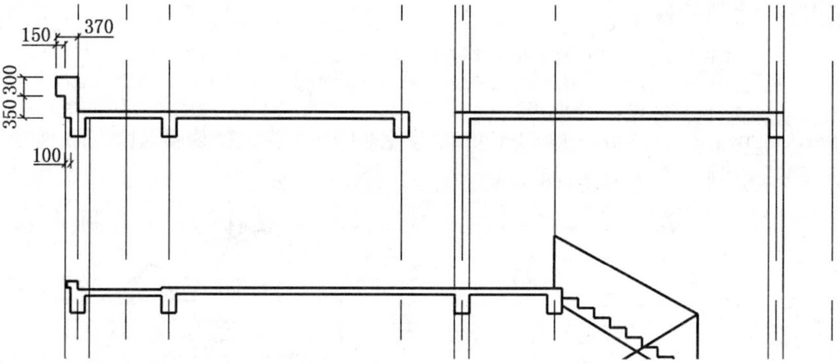

图 8-16

Step03 绘制外檐沟。

将阁楼地面辅助线向上偏移 250 mm 得檐沟底的辅助线。外檐沟挑出屋檐 450 mm，檐沟侧面板厚 100 mm，底板厚 80 mm，深 220 mm。檐沟位于第三根和第七根轴线的外侧。绘制好的外檐沟如图 8-17 所示。

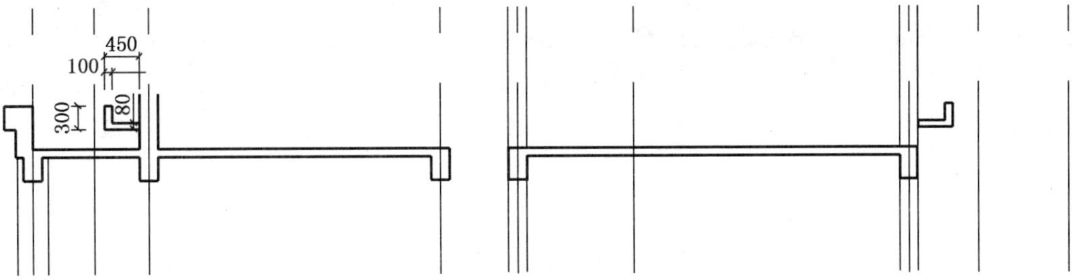

图 8-17

Step04 绘制屋面板。

以阁楼地面辅助线为模板，向上偏移 550 mm 得屋檐线，偏移 3 900 mm 得屋顶辅助线。将第五根轴线向右偏移 150 mm，偏移线与屋顶辅助线的交点即为屋脊位置。分别捕捉屋檐线与第三根轴线处外墙线的交点、屋顶辅助线与偏移线的交点、屋檐线与第七根轴线处外墙线的交点，得到屋面板的外轮廓线。将屋面板外轮廓线向内侧偏移 100 mm 得屋面板。修剪屋面板与墙线相交处多余线段并绘制屋脊处剖面梁。隐藏“辅助线”和“定位轴线”图层。结果如图8-18 所示。

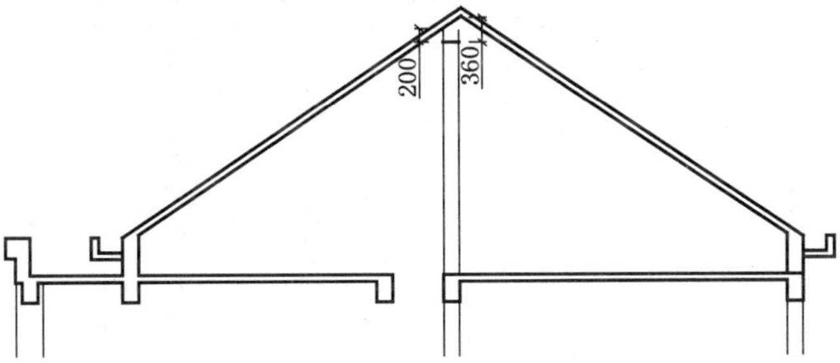

图 8-18

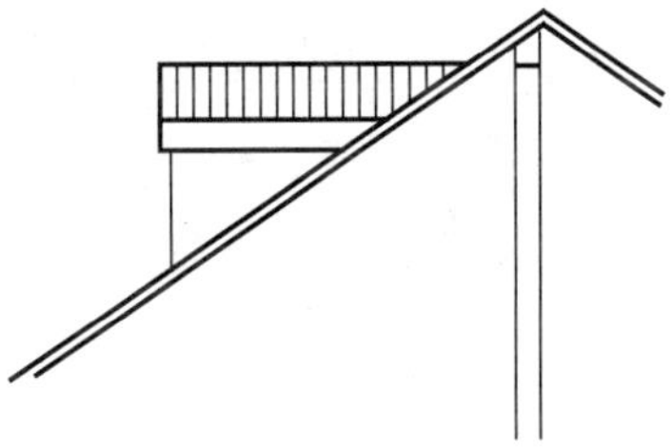

图 8-19

Step05 绘制天窗。

显示“辅助线”和“定位轴线”图层。设置“门窗”图层为当前图层。将屋檐线向上偏移 1 000 mm 得老虎窗底辅助线，将老虎窗底辅助线向上偏移 1 873 mm 得窗顶辅助线。捕捉窗底辅助线与屋面板的交点，向窗顶作垂线得老虎窗轮廓线。窗户檐板厚度从立面图引绘。檐板外挑 100 mm。隐藏“辅助线”和“定位轴线”图层。结果如图 8-19 所示。

Step06 绘制烟囱。

将立面图的烟囱复制到屋脊上，并延伸烟囱两边轮廓线与屋面板相交。结果如图 8-20 所示。

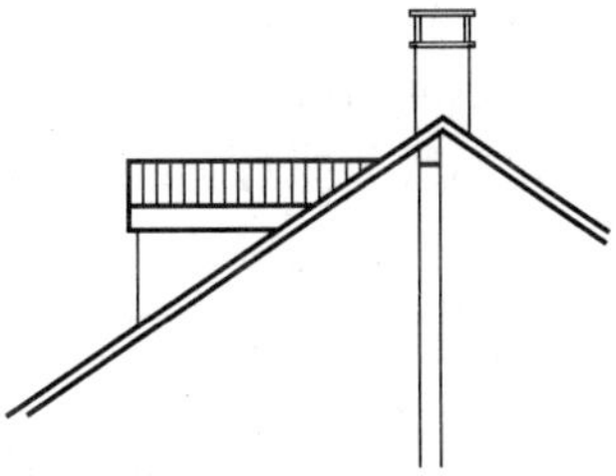

图 8-20

6. 绘制剖面门窗、雨篷、阳台

Step01 绘制卷帘门、推拉门和楼梯间窗。

输入“L”执行直线命令。绘制一个高 1 000 mm、宽 240 mm 的矩形。选择矩形的左边，连续向右偏移 80 mm、80 mm，得到剖面门窗的模板，将其制作成“剖面门窗”图块。

第一根轴线底层卷帘门高 2 200 mm，插入“门窗”块时令“Y=2. 2”，插入基点为剖面梁中点下方 200 mm 处。第三根轴线上的推拉门高 2 400 mm，插入“门窗”块时令“Y=2. 4”，插入基点为剖面梁的中点。第七根轴线上的窗高 1 500 mm，插入“门窗”块时令“Y=1. 5”，六楼窗户的插入基点在楼层梁下方 1 400 mm 处，其余各层插入基点为剖面梁的中点。操作结果如图 8-21 所示。

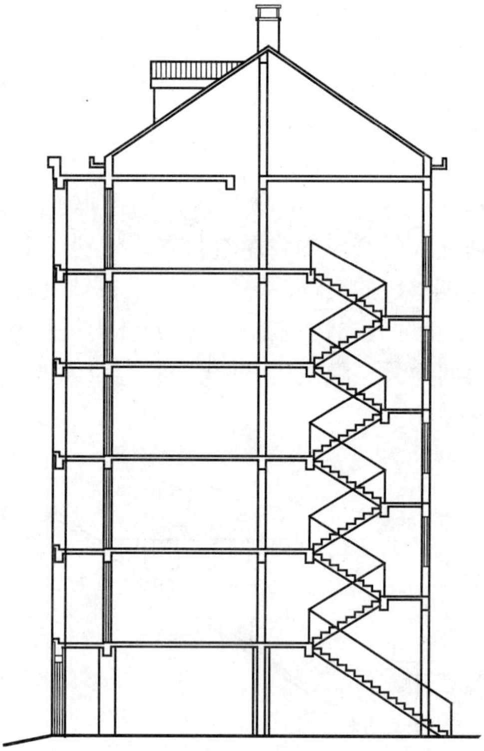

图 8-21

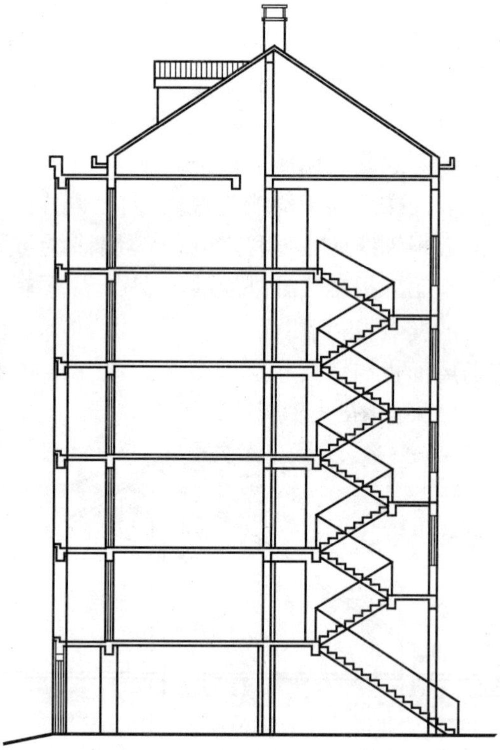

图 8-22

Step02 绘制入户门。

入户门高 2 400 mm，宽 1 000 mm，距离第五根轴线 180 mm。输入“L”执行直线命令。捕捉六楼第五根轴线处剖面梁的中点为直线起点，向下绘制一根长 2 400 mm 的竖线。将此直线向右移动 180 mm 得入户门左侧轮廓线。将左侧轮廓线向右偏移 1 000 mm 得到右侧轮廓线。执行直线命令，捕捉左、右轮廓线的上部端点得到门顶部轮廓线。复制六楼入户门得到二～五层入户门。结果如图 8-22 所示。

Step03 绘制雨篷。

由于底层采用的是直跑式楼梯，伸出外墙较多，所以单元门雨篷采用柱支承式大型雨篷。雨篷板厚 100 mm，宽 1 860 mm；雨篷上部挑檐板厚 300 mm，宽 840 mm。雨篷板比二楼平台板低 30 mm。过程如下：

执行直线命令，绘制一根长 1 860 mm 的水平线，将此水平线向下移动 30 mm 得到雨篷板板顶，将雨篷板顶向下偏移 100 mm 得雨篷板板底。执行直线命令，捕捉板顶右端点为直线起点，向上绘制一根长 200 mm 的竖线，接着向右绘制一根长 840 mm 的水平线，再向下绘制一根长 300 mm 的竖线，连接板底右端点即完成雨篷的绘制。如图 8-23 所示。

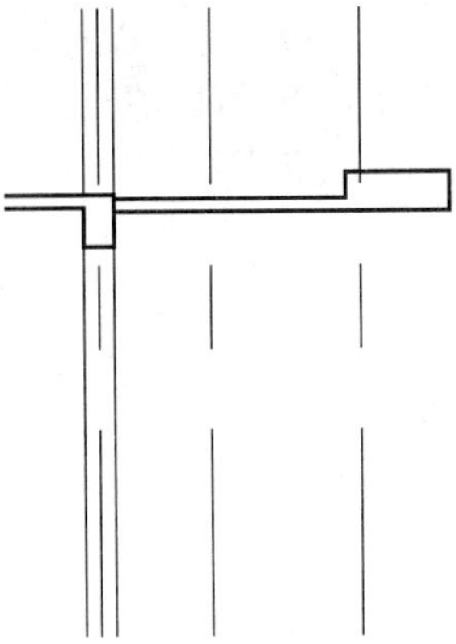

图 8-23

Step04 绘制单元门和窗。

将第九根轴线分别向左、向右偏移 120 mm 得单元门墙线辅助线，将墙线辅助线移入“墙线”图层，并修剪超出雨篷和室内地坪部分。

将雨篷板板底向下偏移 900 mm 得到窗底辅助线，继续向下偏移 770 mm 得到单元门顶部辅助线，修剪掉超出墙线部分。

插入门窗。窗户高 900 mm，插入“门窗”块时令“Y=0.9”，插入基点为雨篷挑檐板底与第九根轴线的交点。单元门高 2 400 mm，插入“门窗”块时令“Y=2.4”，插入基点为单元门顶部辅助线与第九根轴线的交点。操作结果如图 8-24 所示。

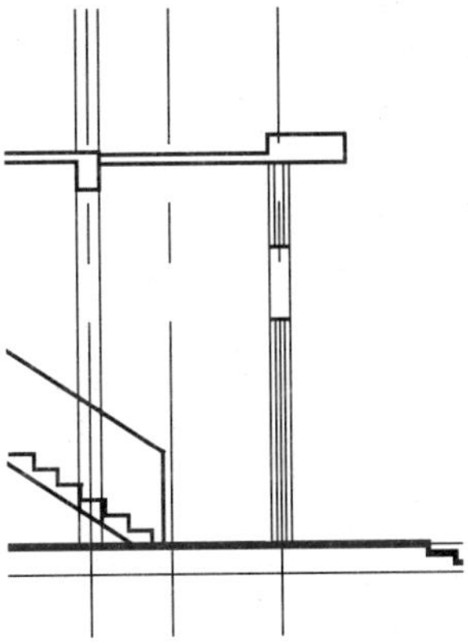

图 8-24

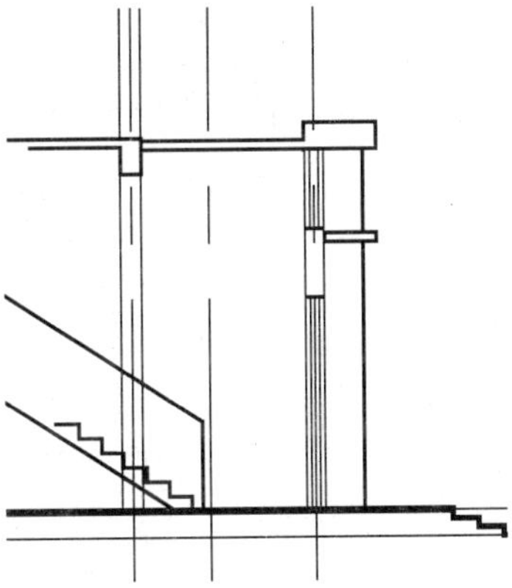

图 8-25

Step05 绘制门窗间小雨篷和单元门侧面外墙。

小雨篷为悬挑式雨篷，挑出尺寸为 600 mm，板厚 100 mm，顶面标高比窗底低 50 mm。单元门侧面外墙宽 450 mm。修剪掉第七根轴线处平台梁以下墙线。结果如图 8-25 所示。

Step06 绘制阳台栏杆。

设置“阳台”图层为当前图层。由立面图可知阳台栏杆高 1 100 mm，扶手高 100 mm。在绘图区空白处绘制一个半径为 50 mm 的圆，得到扶手投影。输入“ML”执行多线命令。将参数设置为：“对正=无，比例=30.00，样式=STANDARD”，捕捉圆底部的象限点为多线起点，向下绘制长为 1 000 mm 的多线。将此多线分解，上部延伸到圆身，即得到阳台栏杆。将阳台栏杆复制到各层踢脚板中间位置。结果如图 8-26 所示。

Step07 图案填充。

将所有剖切到的构件，包括屋面板、挑檐、楼面板、踢脚板、梁、墙体、楼梯梯段、平台板、平台梁、雨篷等用多段线加粗。墙线用 40 线宽，楼板等用 20 线宽。结果如图 8-27 所示。

建筑剖视图一般需要填充。钢筋混凝土一般采用混凝土图案填充，如果相对于图纸来说截面比较小，可以填充为黑色；剖切的墙体一般采用细斜线来填充。创建“填充”图层，颜色为167，线形为 Continuous。设置“填充”图层为当前图层。填充的具体步骤如下：

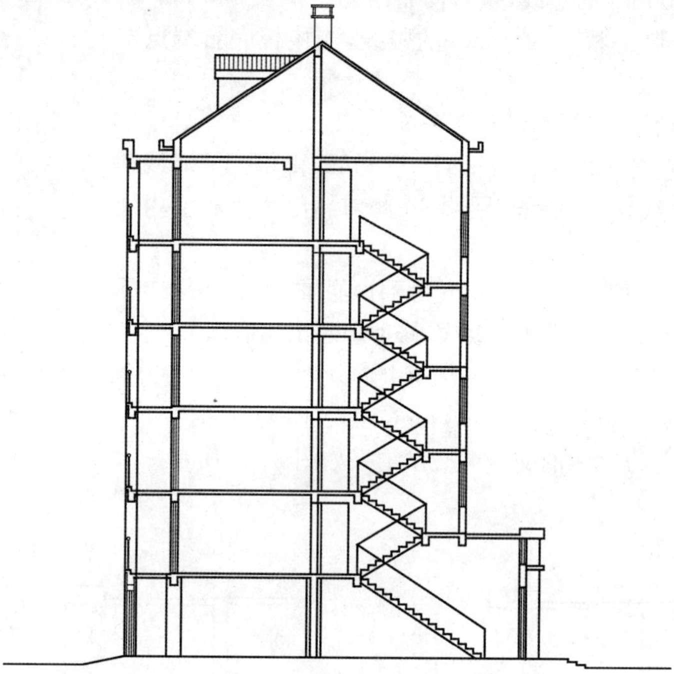

图 8-26

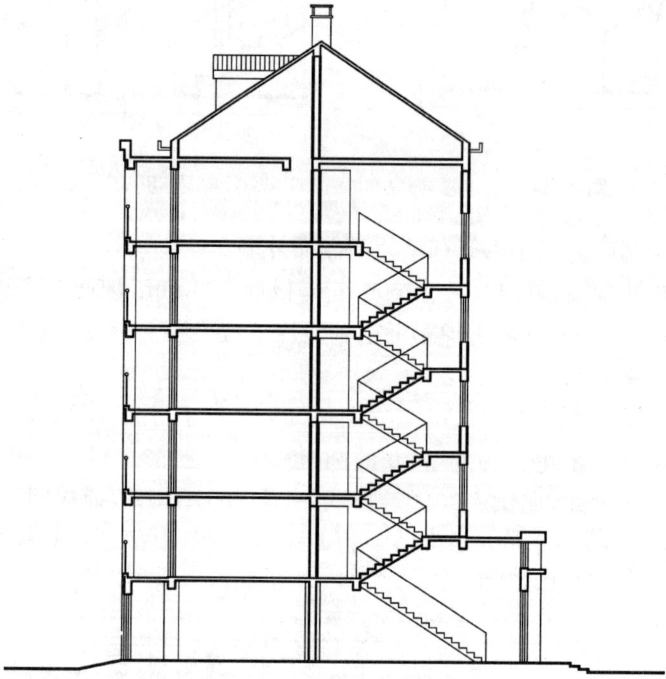

图 8-27

输入"BH"执行填充命令。系统弹出"图案填充和渐变色"对话框，单击"图案"后面的图标，则系统弹出"填充图案选项板"对话框，选择"其他预定义"选项卡，选择其中的"SOLID"图标，如图 8-28 所示。单击下面的"确定"按钮返回"图案填充和渐变色"对话框。此时"图案填充和渐变色"对话框如图 8-29 所示。单击"添加:拾取点"前面的按钮，返回

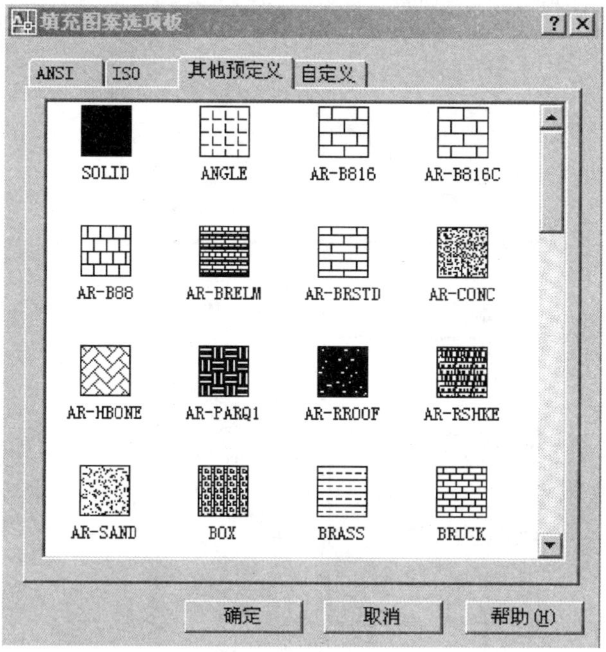

图 8-28

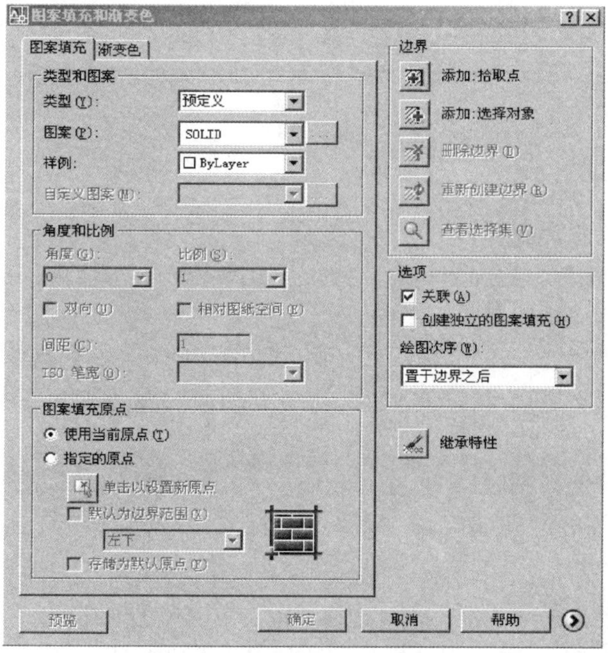

图 8-29

绘图区。在前述绘制好的任意一条封闭楼板线中点取一点，回车，此时又弹出“图案填充和渐变色”对话框，单击下面的“确定”按钮即完成图案填充。同理填充其他楼板和屋面板、雨篷等。填充墙线时，只需在“填充图案选项板”对话框中选择“ANSI”选项卡，然后选择其中的“ANSI31”图标，单击确定后，返回“图案填充和渐变色”对话框，设置其中的“比例”为 50。接下来的步骤同填充楼板。填充结果如图 8-30 所示。

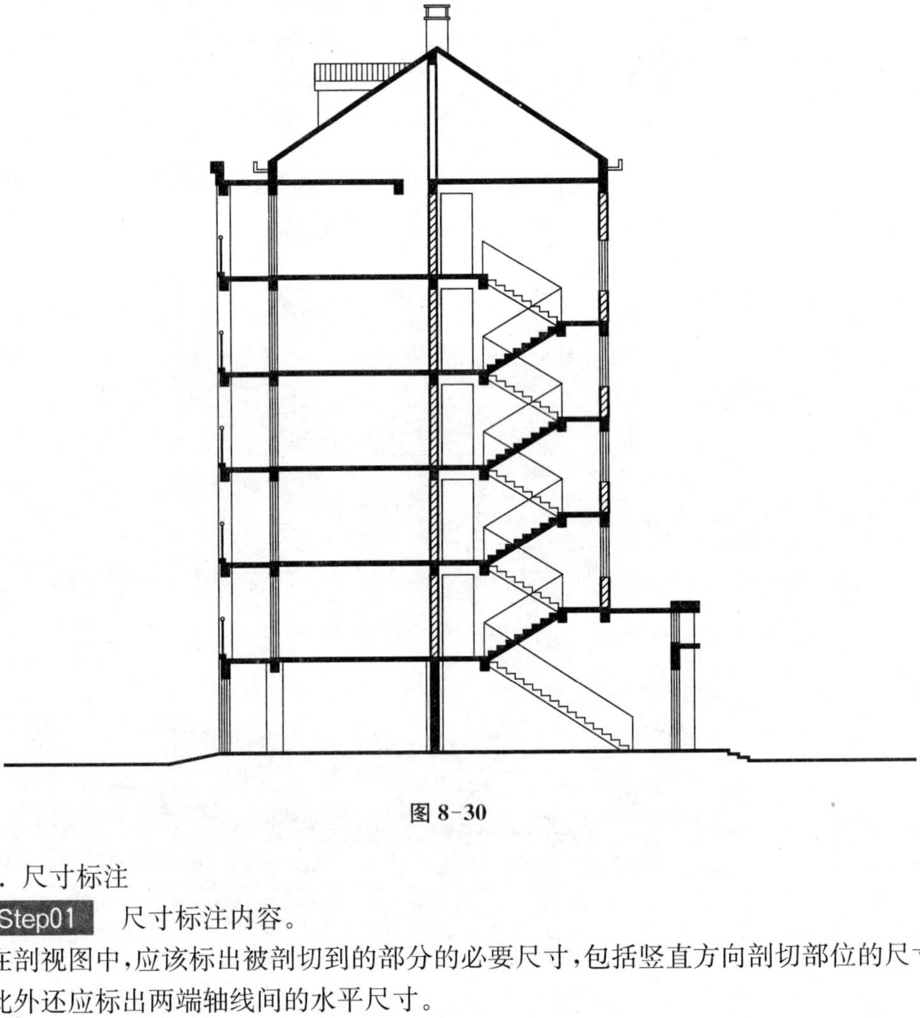

图 8-30

7. 尺寸标注

Step01　尺寸标注内容。

在剖视图中，应该标出被剖切到的部分的必要尺寸，包括竖直方向剖切部位的尺寸和标高。此外还应标出两端轴线间的水平尺寸。

外墙的竖直尺寸需要标注门、窗洞以及洞间墙的高度尺寸。还需要标注层高尺寸，即各层到上层楼面的高度差。同时，还应该注出室内外地面的高度差以及建筑物的总高。这些尺寸分 3 道标出。

除此之外，建筑剖视图还需注明室外地面、室内地面、楼面、楼梯休息平台面、梁、雨篷、屋檐压顶面等处的建筑标高，标注这些标高时应注意要与立面图上标注的高度一致。

Step02　创建图层。

创建“尺寸标注”图层，颜色为绿色，线形为 Continuous，并将“尺寸标注”图层设为当前图层。

Step03 尺寸标注。

在进行尺寸标注之前，先要对“标注样式”进行修改。在命令栏输入“D”，回车，系统弹出“标注样式管理器”对话框，在该对话框中单击“修改”按钮弹出如图 8-31 所示的“修改标注样式：ISO-25”对话框。对该对话框中的各选项进行如下设置：

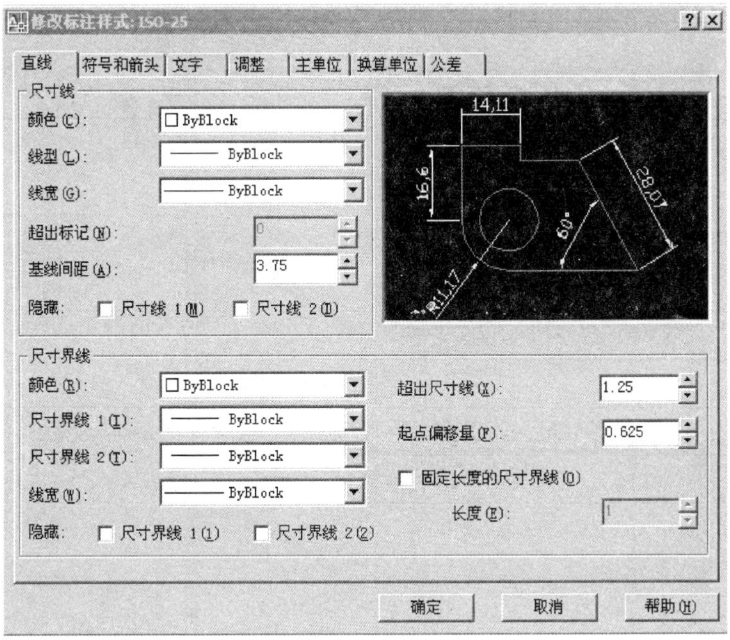

图 8-31

“直线”选项卡、“换算单位”选项卡、“公差”选项卡：不变。

“符号和箭头”选项卡：在该选项卡中，选择“第一项(T)”和“第二个(D)”下拉列表框中的“建筑标记”作为箭头样式。其他不变。

“文字”选项卡：在该选项卡中的“文字颜色(C)”的下拉列表框中选择“白色”。其他不变。

“调整”选项卡：在 “调整选项(F)”选项中，选择“文字始终保持在尺寸界线之间”复选框。在“文字位置”选项中，选择“尺寸线上方，不带引线(O)”复选框。在“标注特征比例”选项中，选择“使用全局比例”复选框，并将全局比例改为“100”。其他不变。

“主单位”选项卡：在 “线性标注”选项中，在“精度(P)”下拉列表框中选择“0”。其他不变。

最后单击“确定”按钮，退出“修改标注样式：ISO-25”对话框，返回“标注样式管理器”对话框，在该对话框中单击“置为当前”按钮，最后单击对话框下方的“关闭”按钮，回到绘图区，此时已经完成“标注样式”的修改，执行“线性标注”和“继续标注”即可进行尺寸标注。

左侧和右侧各标注 3 道尺寸线，并且在右侧标出每一梯段所包含的踏步数及梯段高。图形下方标注两道尺寸，并标注轴线编号和图名。此外，图形内部还要标出细部尺寸，诸如门高、梯段长度、平台板宽度等。标注的结果如图 8-32 所示。

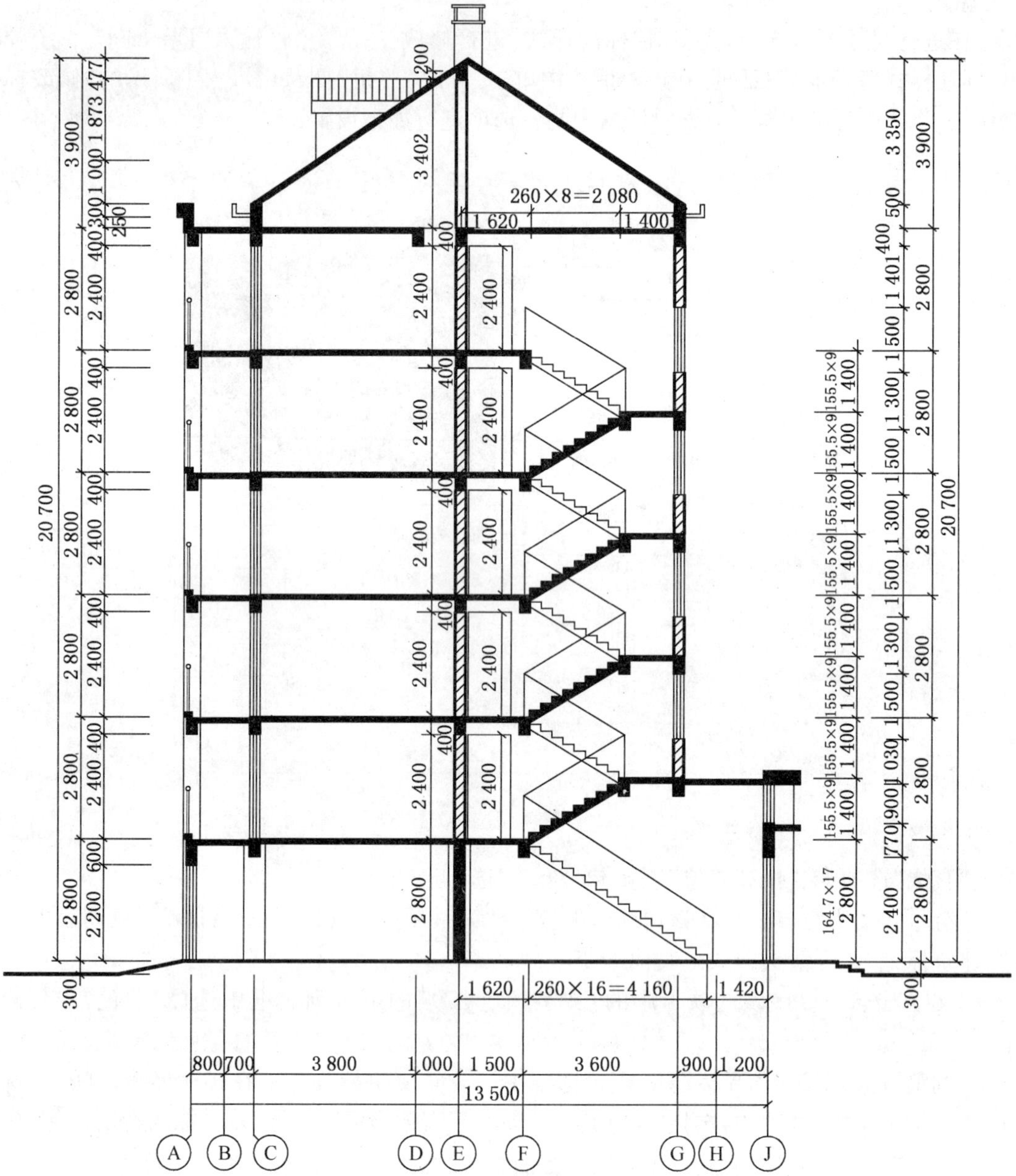

1-1剖面图 1:100

图 8-32

Step04 标高标注。

可以从立面图里复制标高模板过来，然后将标高数字改成各构件的标高。为了应用方便，也可以将绘制好的标高模板定义成块，以后可以多次使用。

标注室外地面、室内地面、楼层、平台板、檐口、天窗底、天窗顶、屋脊、烟囱顶、阳台、雨篷板等处的标高。标注的结果如图 8-33 所示。

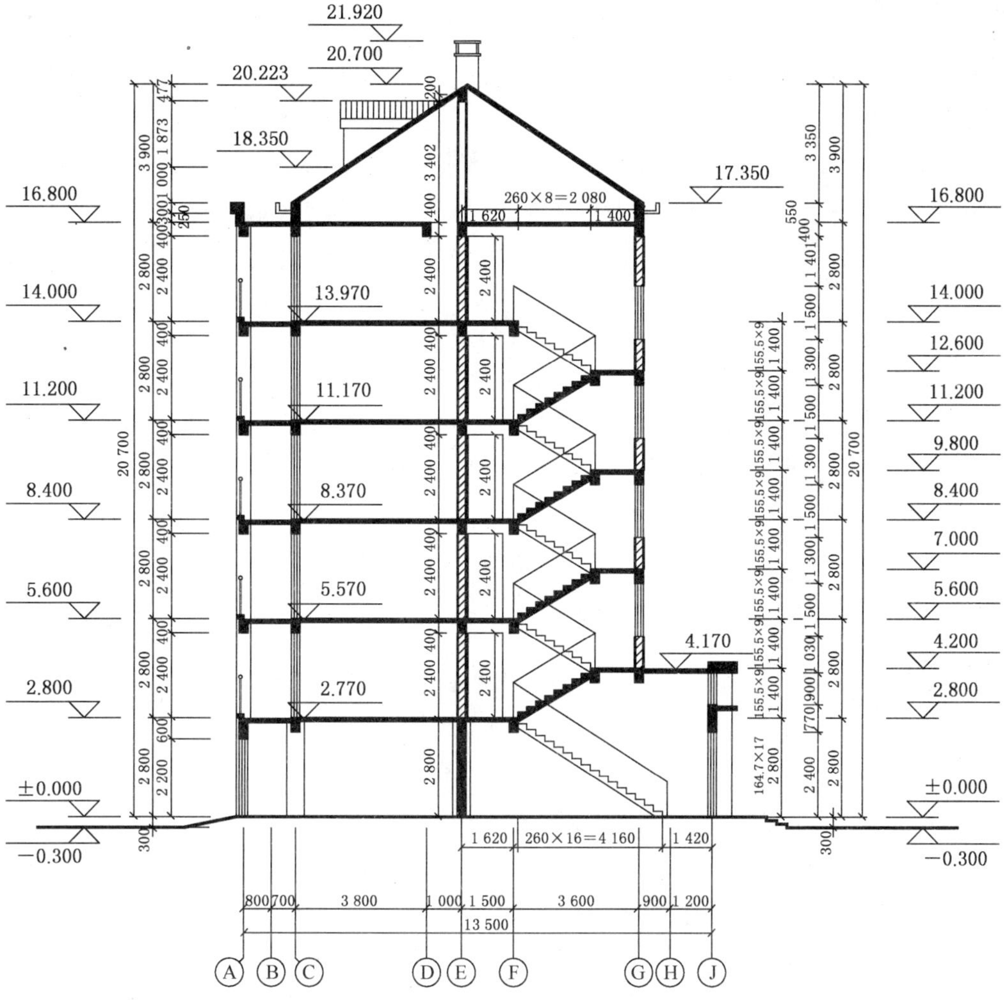

1-1剖面图 1:100

图 8-33

四、课后练习

根据图 8-1 和图 8-2 所示平面图，绘制 2-2 剖面的剖视图。

五、实训报告要求及成绩评定

1. 认真填写实训报告表中的各项内容。
2. 按照实际操作的顺序把实训步骤掌握好。
3. 实训成绩是根据绘制的图形的完成程度与效果熟练程度评定的。

附表一 课内实训成绩记录

成绩：

项次	项 目	要 求	配 分	得 分
1	定位轴线、辅助构造线和地坪线	完成程度与效果	10	
		熟练程度	5	
2	墙体、柱、楼板、梁、屋顶	完成程度与效果	20	
		熟练程度	5	
3	楼梯	完成程度与效果	20	
		熟练程度	5	
4	门窗、雨篷、阳台	完成程度与效果	15	
		熟练程度	5	
5	尺寸标注	完成程度与效果	10	
		熟练程度	5	

附表二 学生学习情况信息反馈

在掌握、基本掌握、未掌握处对应打“√”。

项次	项 目	掌 握	基本掌握	未掌握
1	定位轴线、辅助构造线和地坪线			
2	墙体、柱、楼板、梁、屋顶			
3	楼梯			
4	门窗、雨篷、阳台			
5	尺寸标注			

实训九　建筑详图的绘制

一、实训目的要求

1. 能够运用多段线绘制墙体轮廓。
2. 能够使用填充命令进行砖墙、钢筋混凝土、素土夯实等建筑图例的填充。
3. 熟练运用文字尺寸标注。
4. 通过绘制建筑节点详图能够进一步熟悉节点图纸，提高读图识图的能力。

二、实训项目

绘制建筑墙身详图。（如图 9-1）

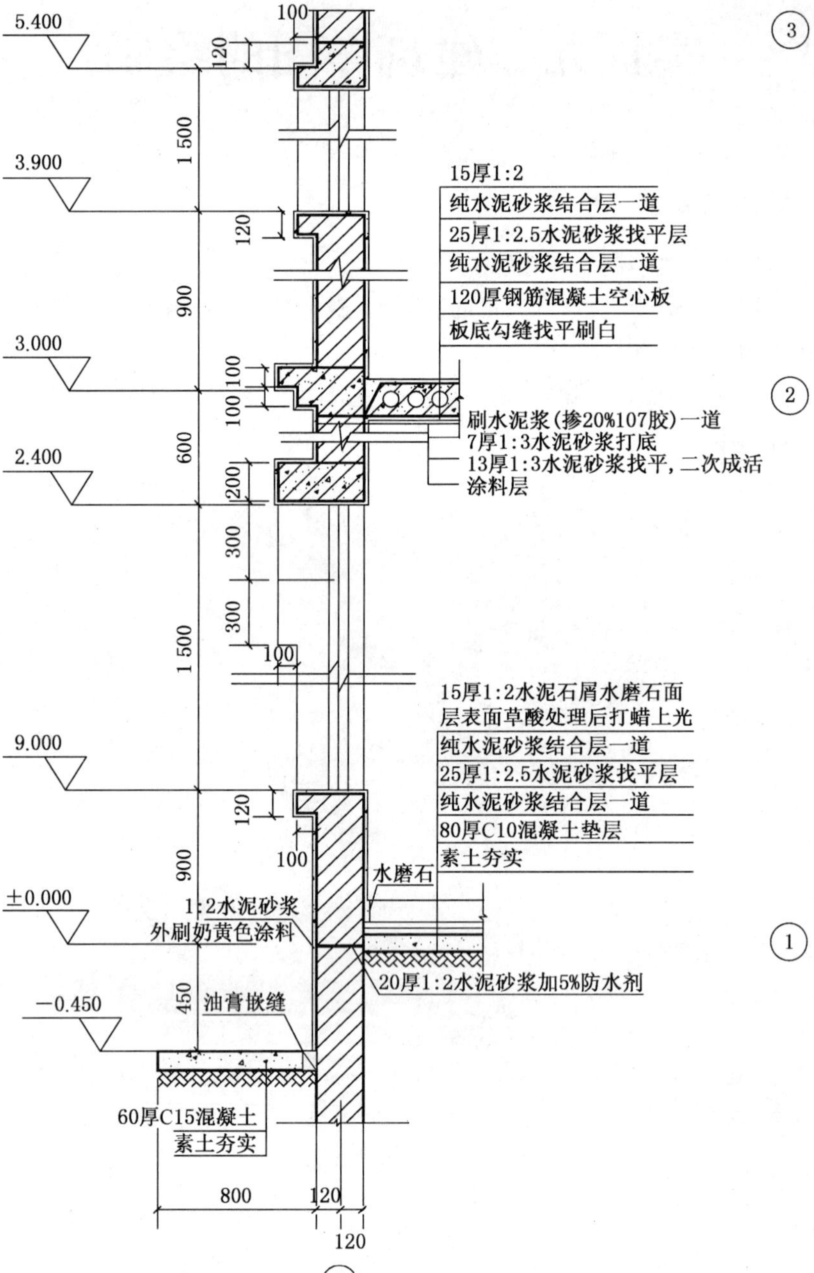
5.400
3.900
3.000
2.400
9.000
±0.000
−0.450
100
120
1 500
900
100
100
600
200
300
300
1 500
100
120
900
100
450
800
120
120
③
②
①
Ⓐ
15厚1:2
纯水泥砂浆结合层一道
25厚1:2.5水泥砂浆找平层
纯水泥砂浆结合层一道
120厚钢筋混凝土空心板
板底勾缝找平刷白
刷水泥浆(掺20%107胶)一道
7厚1:3水泥砂浆打底
13厚1:3水泥砂浆找平，二次成活
涂料层
15厚1:2水泥石屑水磨石面
层表面草酸处理后打蜡上光
纯水泥砂浆结合层一道
25厚1:2.5水泥砂浆找平层
纯水泥砂浆结合层一道
80厚C10混凝土垫层
素土夯实
水磨石
1:2水泥砂浆
外刷奶黄色涂料
20厚1:2水泥砂浆加5%防水剂
油膏嵌缝
60厚C15混凝土
素土夯实

图 9-1

三、实训步骤

Step01 绘制墙体轮廓使用“多段线”(以详图①为例)。(如图 9-2)

命令：pl

PLINE

指定起点：

当前线宽为 10.0000

指定下一个点或［圆弧(A)/半宽(H)/长度(L)/放弃(U)/宽度(W)］：w

指定起点宽度 <10.0000>：10

指定端点宽度 <10.0000>：10

指定下一个点或［圆弧(A)/半宽(H)/长度(L)/放弃(U)/宽度(W)］：<正交 开>(输入外轮廓线段长度)

指定下一个点或［圆弧(A)/闭合(C)/半宽(H)/长度(L)/放弃(U)/宽度(W)］：

使用绘制直线命令绘制折断符号(直线与斜线的切换符号是 F8)。

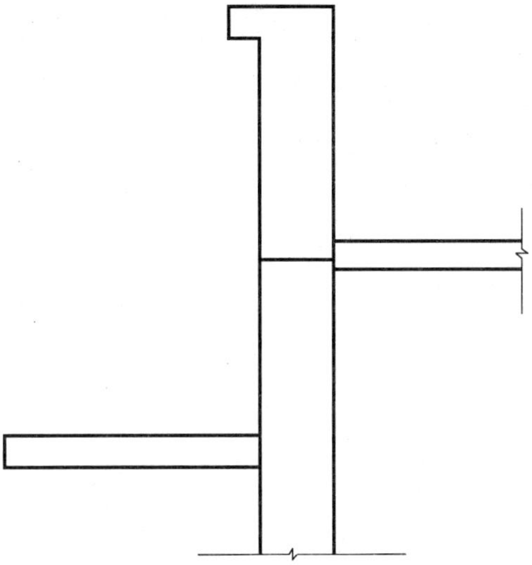

图 9-2

Step02 使用“偏移”命令绘制出墙体粉刷层，并用“分解”命令点击粉刷层轮廓线，分解后成为细实线。(如图 9-3)

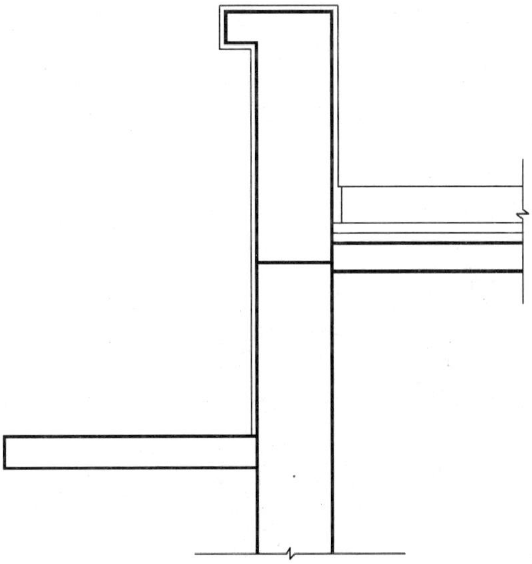

图 9-3

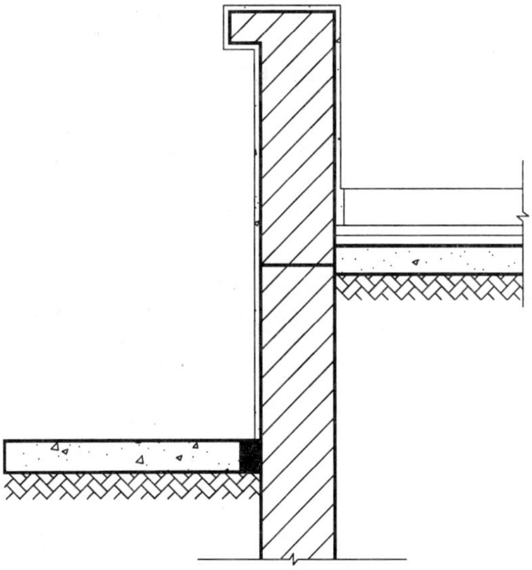

图 9-4

Step03 使用“填充”命令进行各种填充命令的绘制(填充图案样式和比例适当调整)。(如图 9-4、图 9-5)

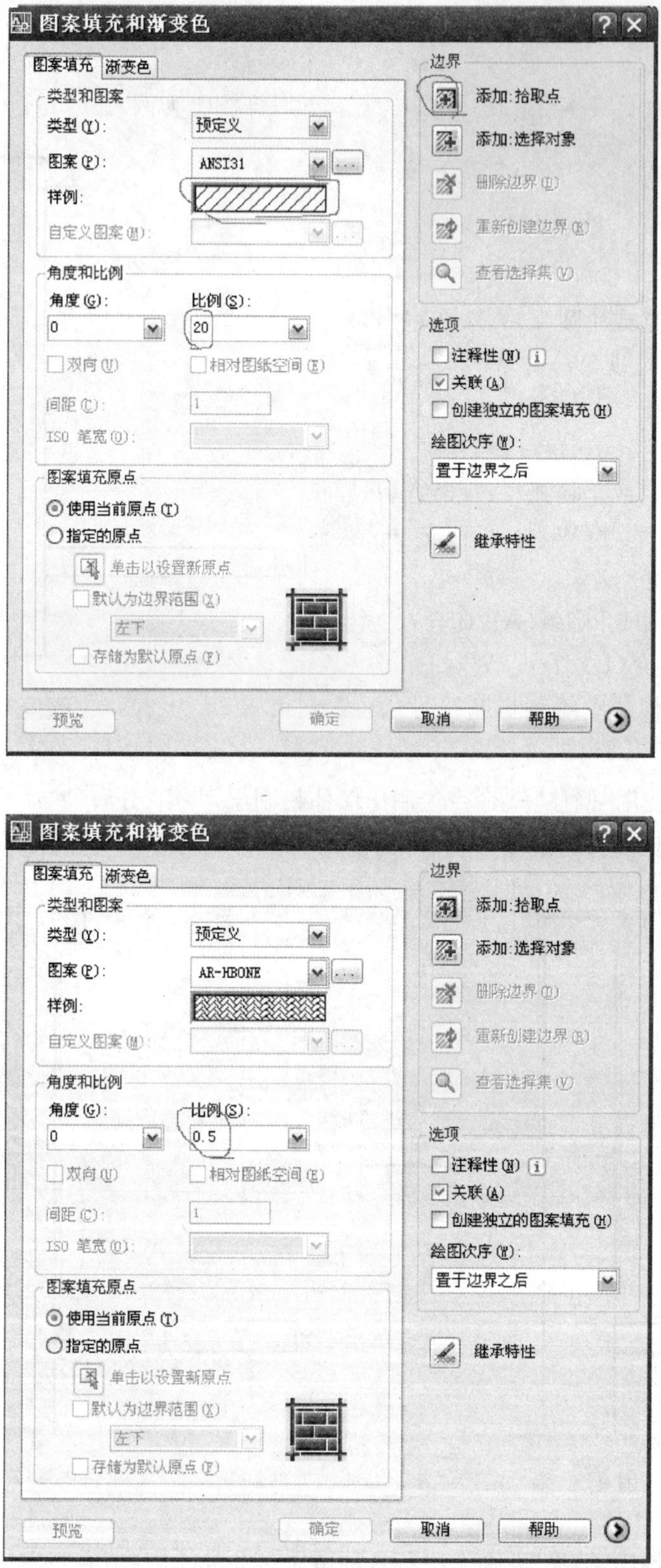
图案填充和渐变色
图案填充
渐变色
类型和图案
类型(Y):
预定义
图案(P):
ANSI31
样例:
自定义图案(M):
角度和比例
角度(G):
0
比例(S):
20
双向(U)
相对图纸空间(E)
间距(C):
1
ISO 笔宽(O):
图案填充原点
使用当前原点(T)
指定的原点
单击以设置新原点
默认为边界范围(X)
左下
存储为默认原点(F)
边界
添加:拾取点
添加:选择对象
删除边界(D)
重新创建边界(R)
查看选择集(V)
选项
注释性(N)
关联(A)
创建独立的图案填充(H)
绘图次序(W):
置于边界之后
继承特性
预览
确定
取消
帮助
图案填充和渐变色
图案填充
渐变色
类型和图案
类型(Y):
预定义
图案(P):
AR-HBONE
样例:
自定义图案(M):
角度和比例
角度(G):
0
比例(S):
0.5
双向(U)
相对图纸空间(E)
间距(C):
1
ISO 笔宽(O):
图案填充原点
使用当前原点(T)
指定的原点
单击以设置新原点
默认为边界范围(X)
左下
存储为默认原点(F)
边界
添加:拾取点
添加:选择对象
删除边界(D)
重新创建边界(R)
查看选择集(V)
选项
注释性(N)
关联(A)
创建独立的图案填充(H)
绘图次序(W):
置于边界之后
继承特性
预览
确定
取消
帮助

图 9-5

Step04　尺寸的标注和文字的标注。(如图 9-6)

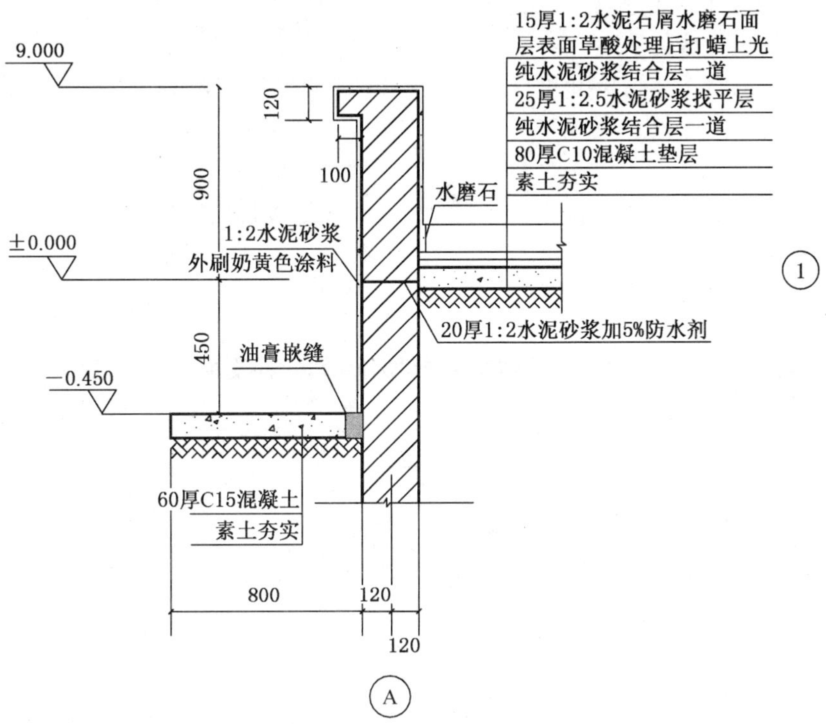

图 9-6

因为在墙身剖切详图绘制过程中使用了折断符号,所以尺寸与实际尺寸数字不符,在标注时要使用标注文字内容的修改如下。(如图 9-7)

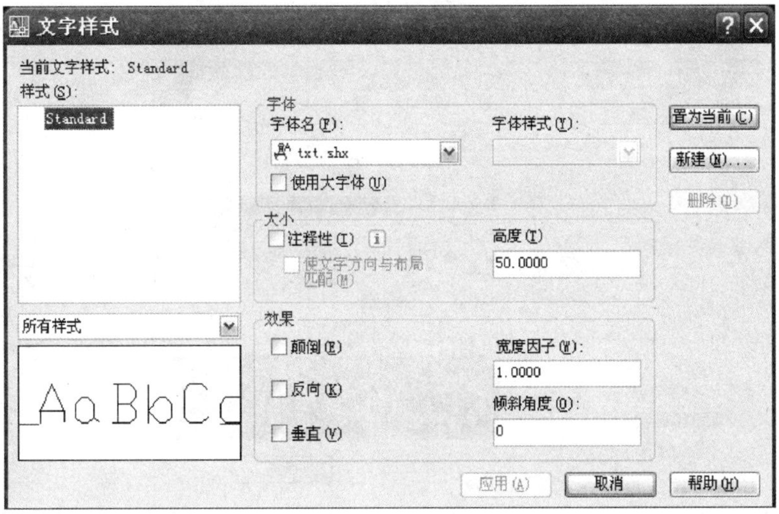

图 9-7　设置文字样式

命令:_dimlinear(线性标注)

指定第一条尺寸界线原点或＜选择对象＞：
指定第二条尺寸界线原点：
指定尺寸线位置或
[多行文字(M)/文字(T)/角度(A)/水平(H)/垂直(V)/旋转(R)]：t
输入标注文字 ＜807＞：900
指定尺寸线位置或
[多行文字(M)/文字(T)/角度(A)/水平(H)/垂直(V)/旋转(R)]：
文字的标注如下：
使用“多行文字”A 标注文字。(如图 9-8)

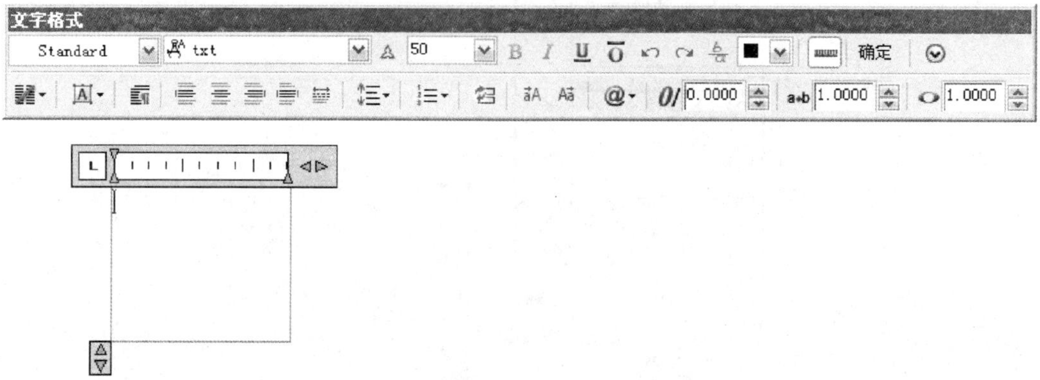

图 9-8

Step05 绘制详图编号和标高符号。

绘制详图编号：格式→文字样式→绘制圆环→书写多行文字 A (文字高度可调整)。(如图 9-9)

图 9-9

命令：_donut

两点(2P)/三点(3P)/半径—相切—相切(RTT)/＜圆环体内径＞＜500＞：(圆的内径可自己调整)

圆环体外径＜550＞：520(圆的外径可自己调整)

圆环体中心：

圆环体中心：

绘制标高符号(如图 9-10、9-11)，或插入标高符号

命令：l

LINE 指定第一点：

指定下一点或[放弃(U)]：＜正交开＞

指定下一点或[放弃(U)]：

命令：l

LINE 指定第一点：

指定下一点或[放弃(U)]：＜正交关＞

指定下一点或[放弃(U)]：

命令：_mirror

选择对象：指定对角点：找到 1 个

选择对象：

指定镜像线的第一点：指定镜像线的第二点：＜正交开＞

要删除源对象吗？[是(Y)/否(N)]＜N＞：

命令：l

LINE 指定第一点：

指定下一点或[放弃(U)]：

指定下一点或[放弃(U)]：

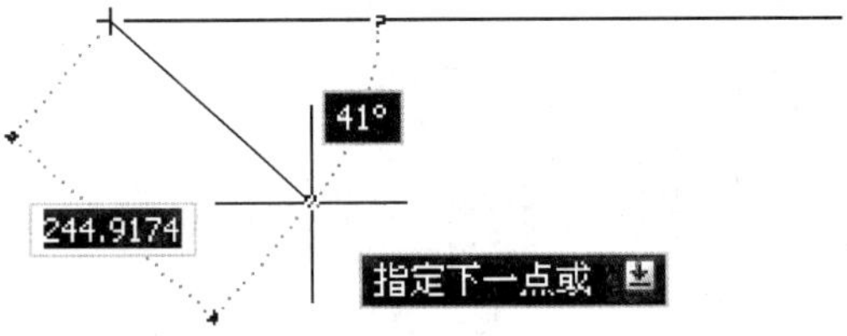

图 9-10

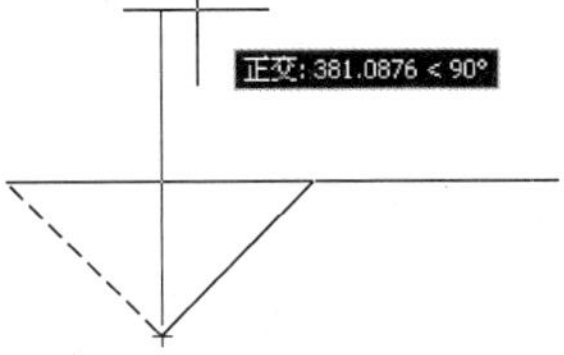

图 9-11

Step06　依照以上步骤绘制出墙身详图②③。

四、课后练习

1. 绘制山墙檐口大样。

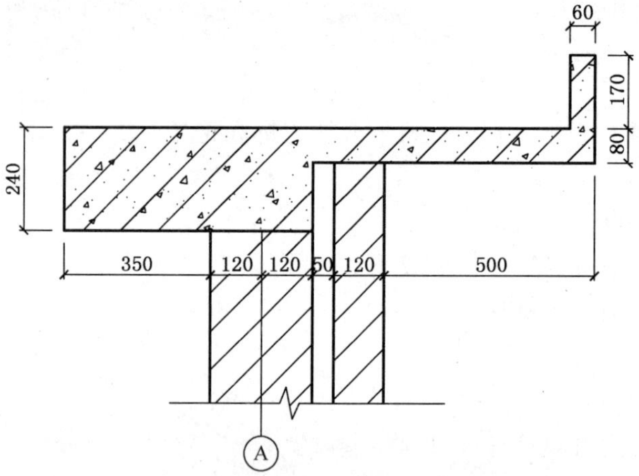

山墙檐口大样

2. 绘制墙身大样。

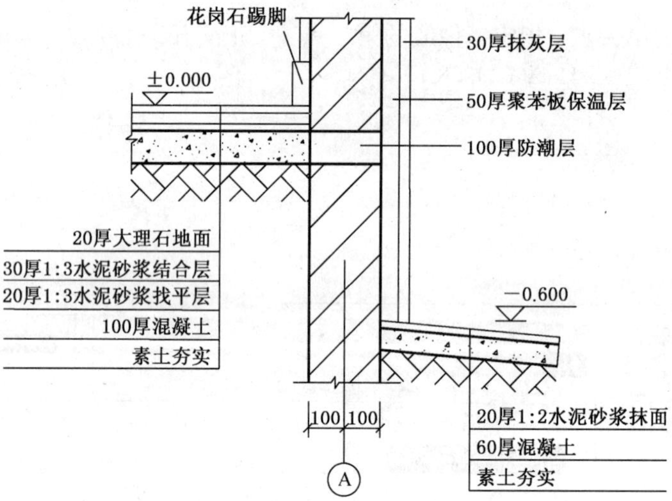

墙身大样 1:20

五、实训报告要求及成绩评定

1. 认真填写实训报告表中的各项内容。
2. 按照实际操作的顺序把实训步骤掌握好。
3. 实训成绩是根据绘制的图形的完成程度与效果及熟练程度评定的。

附表一 课内实训成绩记录

成绩：

项次	项目	要求	配分	得分
1	墙体轮廓绘制	完成程度与效果	20	
		熟练程度	5	
2	填充命令	完成程度与效果	20	
		熟练程度	5	
3	墙体轮廓多段线加粗	完成程度与效果	15	
		熟练程度	5	
4	标高符号	完成程度与效果	10	
		熟练程度	5	
5	文字及尺寸标注	完成程度与效果	10	
		熟练程度	5	

附表二 学生学习情况信息反馈

在掌握、基本掌握、未掌握处对应打“√”。

项次	项目	掌握	基本掌握	未掌握
1	墙体轮廓绘制			
2	填充命令			
3	墙体轮廓多段线加粗			
4	标高符号			
5	文字及尺寸标注			

实训十　基础平面图的绘制

一、实训目的要求

1. 熟练运用阵列命令绘制建筑基础图。
2. 掌握填充命令在基础绘制中的运用。
3. 进一步深化基础平面图和详图的结构关系。

二、实训项目

1. 绘制典型建筑基础平面图(如图 10-1)。

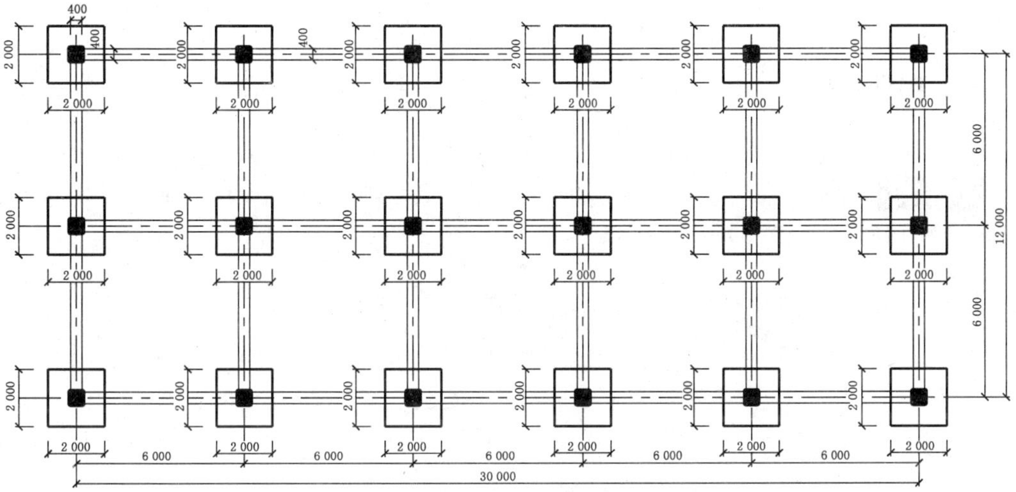

图 10-1

2. 基础详图绘制(如图 10-2、10-3)。

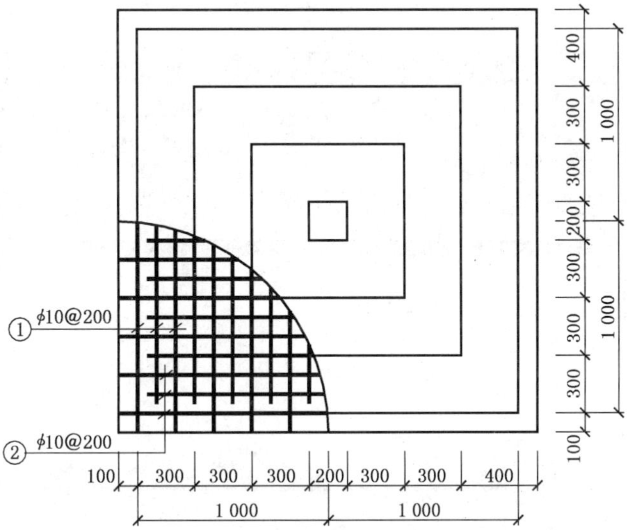

图 10-2

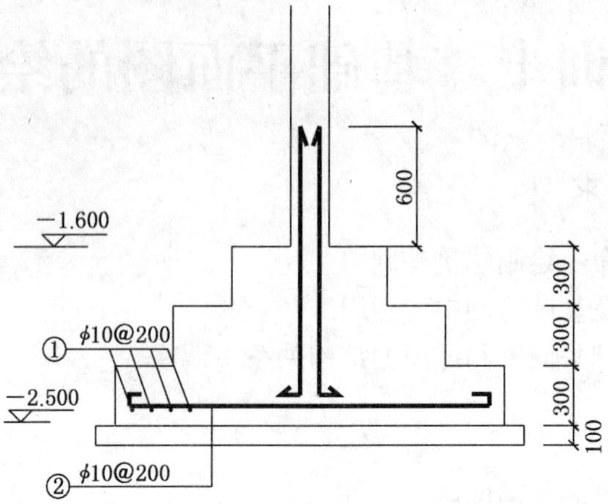

图 10-3

三、实训步骤

1. 绘制典型建筑基础平面图

Step01 使用"直线"、"偏移"命令绘制建筑基础轴线，当前层为轴线层，并加载线型。(如图 10-4、图 10-5)

图 10-4

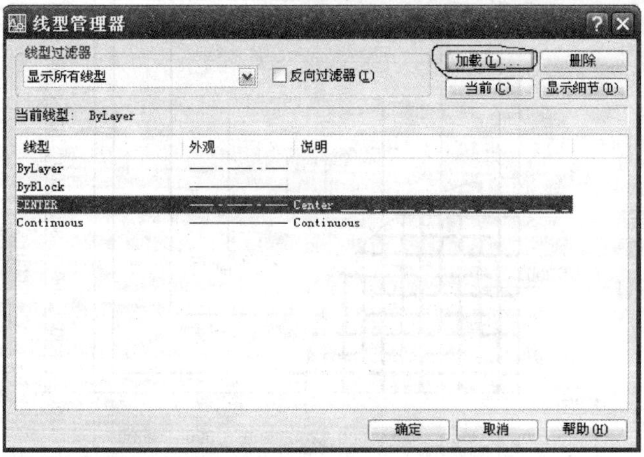

图 10-5

命令：OFFSET
当前设置：删除源=否　图层=源　OFFSETGAPTYPE=0
指定偏移距离或[通过(T)/删除(E)/图层(L)]<6000.00>：
选择要偏移的对象，或[退出(E)/放弃(U)]<退出>：
指定要偏移的那一侧上的点，或[退出(E)/多个(M)/放弃(U)]<退出>：
选择要偏移的对象，或[退出(E)/放弃(U)]<退出>：
指定要偏移的那一侧上的点，或[退出(E)/多个(M)/放弃(U)]<退出>：
选择要偏移的对象，或[退出(E)/放弃(U)]<退出>：
指定要偏移的那一侧上的点，或[退出(E)/多个(M)/放弃(U)]<退出>：
选择要偏移的对象，或[退出(E)/放弃(U)]<退出>：
格式→线型→加载单点划线→
点击“特性”选择轴线线型改成单点划线，比例 50。(如图 10-6)

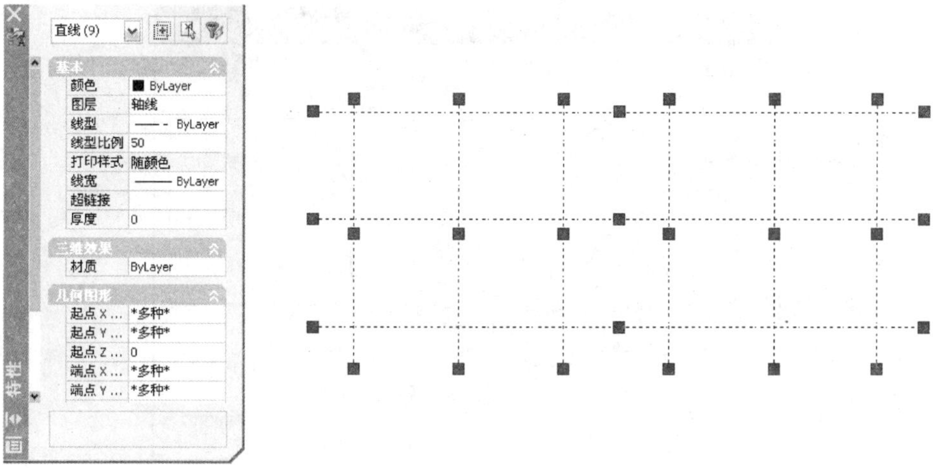

图 10-6

Step02　绘制柱体：把柱设为当前层。(如图 10-7)
命令：_rectang
指定第一个角点或[倒角(C)/标高(E)/圆角(F)/厚度(T)/宽度(W)]：
指定另一个角点或[面积(A)/尺寸(D)/旋转(R)]：@400,400
命令：_bhatch
拾取内部点或[选择对象(S)/删除边界(B)]：正在选择所有对象...
正在选择所有可见对象...
正在分析所选数据...
正在分析内部孤岛...
拾取内部点或[选择对象(S)/删除边界(B)]：
命令：_rectang
指定第一个角点或[倒角(C)/标高(E)/圆角(F)/厚度(T)/宽度(W)]：
指定另一个角点或[面积(A)/尺寸(D)/旋转(R)]：@2000, 2000

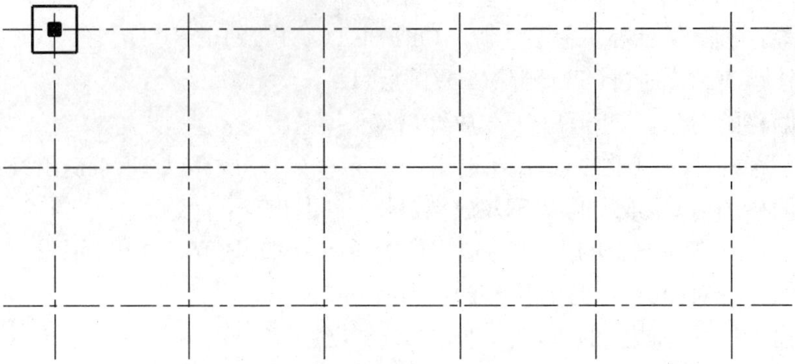

图 10-7

Step03　使用“阵列”命令绘制所有的柱体。(如图 10-8、图 10-9)

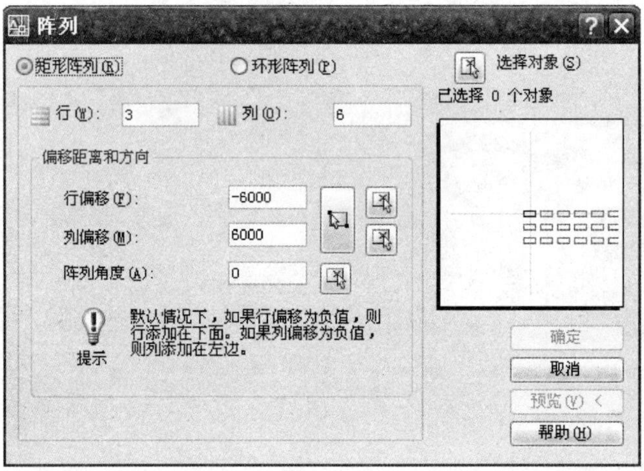

图 10-8

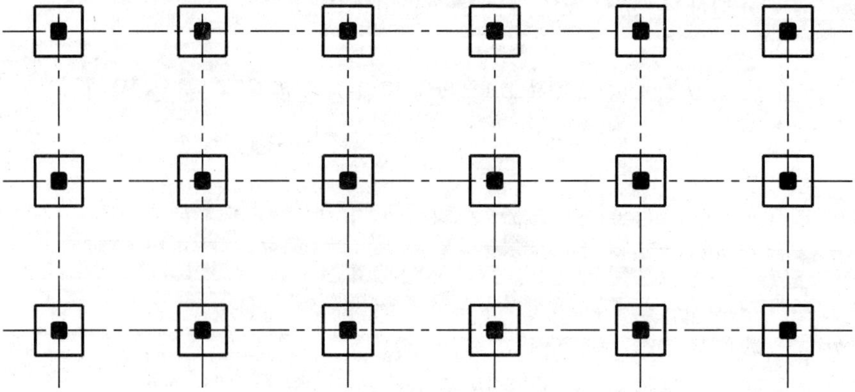

图 10-9

Step04　使用多线命令绘制基础梁。(如图 10-10)

命令：_mline
当前设置：对正=上，比例=1.00，样式=STANDARD
指定起点或［对正(J)/比例(S)/样式(ST)］：j
输入对正类型［上(T)/无(Z)/下(B)］<上>：z
当前设置：对正=无，比例=1.00，样式=STANDARD
指定起点或［对正(J)/比例(S)/样式(ST)］：s
输入多线比例 <1.00>：400
当前设置：对正=无，比例=400.00，样式=STANDARD
指定起点或［对正(J)/比例(S)/样式(ST)］：
指定下一点：<正交 开>
指定下一点或［放弃(U)］：

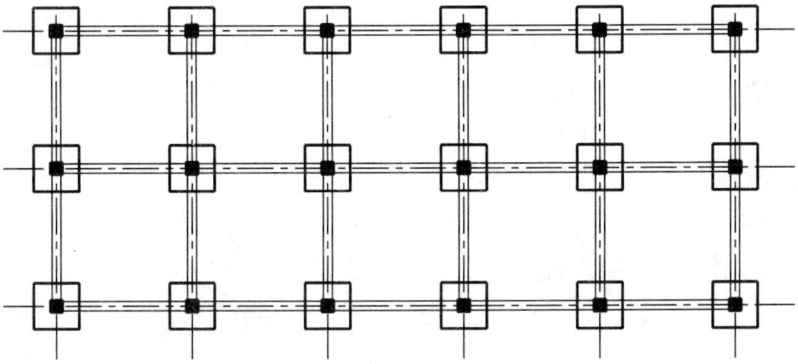

图 10-10

Step05 标注尺寸及文字：格式→标注样式设置、格式→文字样式设置后对基础平面进行标注。（如图 10-11）

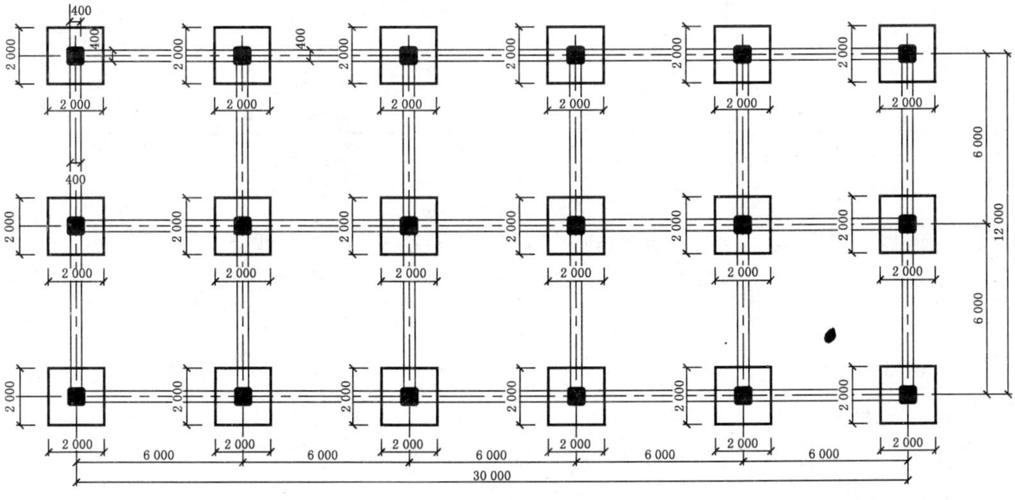

基础平面图 1:100

图 10-11

2. 基础详图绘制

Step01 绘制基础轮廓线：选择“基础轮廓线”为当前层绘制承台。（如图 10-12）

命令：_rectang

指定第一个角点或［倒角(C)/标高(E)/圆角(F)/厚度(T)/宽度(W)］：

指定另一个角点或［面积(A)/尺寸(D)/旋转(R)］：@2000，300

命令：_line 指定第一点：

指定下一个点或［放弃(U)］：300

指定下一个点或［放弃(U)］：300

指定下一个点或［闭合(C)/放弃(U)］：300

指定下一个点或［闭合(C)/放弃(U)］：300

指定下一个点或［闭合(C)/放弃(U)］：300

指定下一个点或［闭合(C)/放弃(U)］：300

指定下一个点或［闭合(C)/放弃(U)］：

指定下一个点或［闭合(C)/放弃(U)］：

命令：_mirror（打开捕捉到中点）

选择对象：指定对角点：找到 7 个

选择对象：

指定镜像线的第一点：指定镜像线的第二点：

要删除源对象吗？［是(Y)/否(N)］<N>：

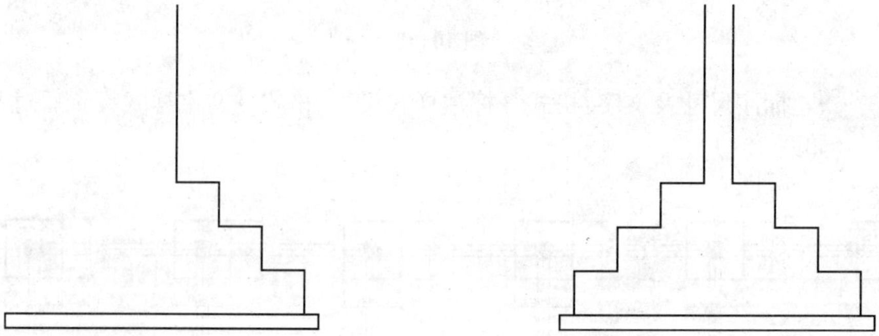

图 10-12

Step02 绘制钢筋：利用“多段线”命令绘制分布钢筋。（如图 10-13）

命令：pl

PLINE

指定起点：

当前线宽为 20.00

指定下一个点或［圆弧(A)/半宽(H)/长度(L)/放弃(U)/宽度(W)］：w

指定起点宽度 <20.00>：

指定端点宽度 <20.00>：

指定下一个点或［圆弧(A)/半宽(H)/长度(L)/放弃(U)/宽度(W)］：

指定下一个点或［圆弧(A)/闭合(C)/半宽(H)/长度(L)/放弃(U)/宽度(W)］：
命令：_donut
指定圆环的内径 <0.50>：0
指定圆环的外径 <1.00>：20
指定圆环的中心点或 <退出>：
指定圆环的中心点或 <退出>：

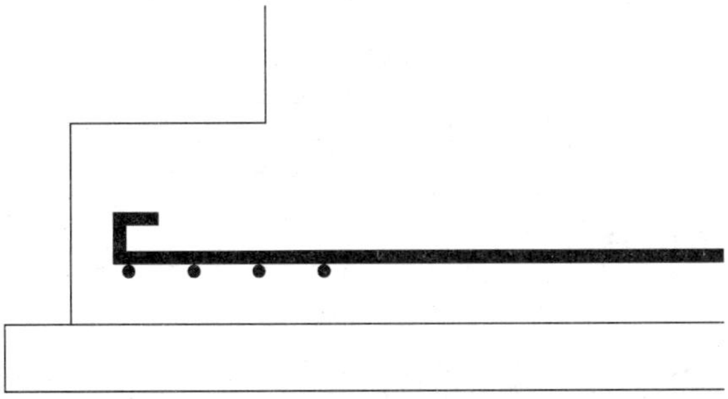

图 10-13

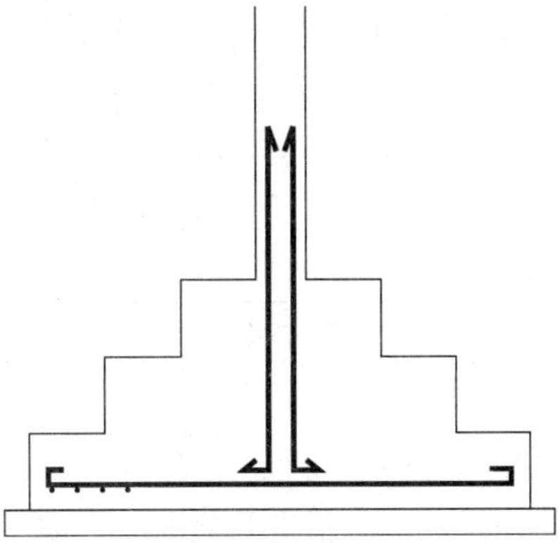

图 10-14

Step03　绘制柱插入基础的钢筋，距柱边缘 50 mm 处绘制钢筋，钢筋插入基础底部，每边向外延伸 100 mm，柱内钢筋距基础顶面 600 mm。首先绘制其中的一根竖钢筋，然后使用镜像命令绘制出对称的另一根钢筋。(如图 10-14)

Step04　绘制平面详图。(如图 10-15)
命令：_rectang
指定第一个角点或［倒角(C)/标高(E)/圆角(F)/厚度(T)/宽度(W)］：
指定另一个角点或［面积(A)/尺寸(D)/旋转(R)］：@2200,2200
命令：o
OFFSET
当前设置：删除源＝否　图层＝源　OFFSETGAPTYPE＝0
指定偏移距离或［通过(T)/删除(E)/图层(L)］<300.00>：100
选择要偏移的对象，或［退出(E)/放弃(U)］<退出>：
指定要偏移的那一侧上的点，或［退出(E)/多个(M)/放弃(U)］<退出>：
选择要偏移的对象，或［退出(E)/放弃(U)］<退出>：
命令：OFFSET
当前设置：删除源＝否　图层＝源　OFFSETGAPTYPE＝0
指定偏移距离或［通过(T)/删除(E)/图层(L)］<100.00>：300
选择要偏移的对象，或［退出(E)/放弃(U)］<退出>：
指定要偏移的那一侧上的点，或［退出(E)/多个(M)/放弃(U)］<退出>：
选择要偏移的对象，或［退出(E)/放弃(U)］<退出>：
指定要偏移的那一侧上的点，或［退出(E)/多个(M)/放弃(U)］<退出>：
选择要偏移的对象，或［退出(E)/放弃(U)］<退出>：

指定要偏移的那一侧上的点,或[退出(E)/多个(M)/放弃(U)]<退出>:
选择要偏移的对象,或[退出(E)/放弃(U)]<退出>:

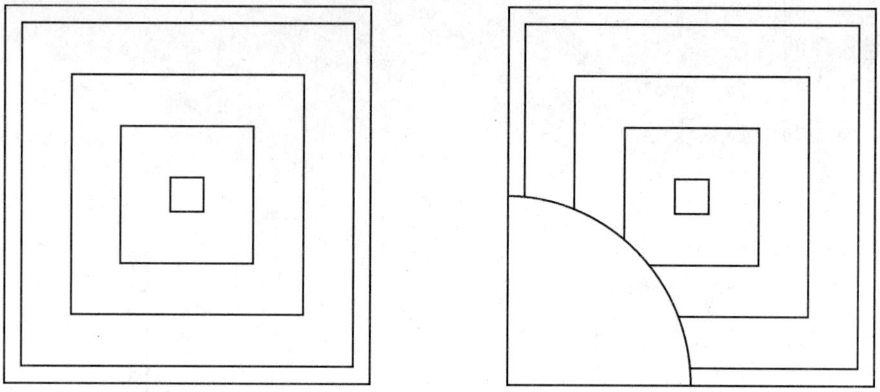

图 10-15

使用"圆弧"命令绘制弧线
命令:_arc 指定圆弧的起点或[圆心(C)]:(指定左下角点)
指定圆弧的第二个点或[圆心(C)/端点(E)]:(指定水平直线的中点)
指定圆弧的端点:(指定垂直直线的中点)

Step05 利用"多段线"命令绘制钢筋并修剪。(如图 10-16)

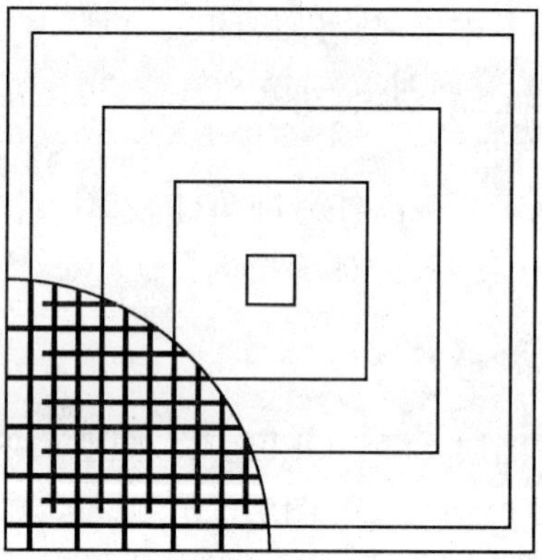

图 10-16

Step06 基础详图的绘制比例为 1∶20,而基础平面图的绘制比例为 1∶1 000,若打印时采用 1∶100 的比例,则基础详图的图形在标注之前将图形放大 5 倍,打印到图纸上的图形以实际的 1∶20 绘制。

命令:_scale
选择对象:指定对角点:找到 55 个
选择对象:
指定基点:
指定比例因子或[复制(C)/参照(R)]<1.00>:5

Step07 尺寸标注,文字标注。(如图 10-17、10-18,具体参见实训四章节)

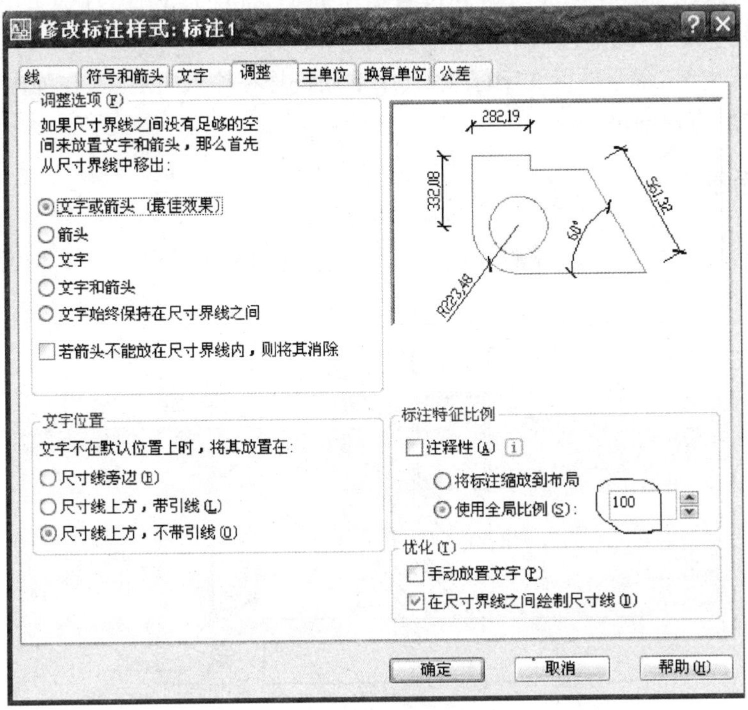
修改标注样式: 标注1
线
符号和箭头
文字
调整
主单位
换算单位
公差
调整选项 (F)
如果尺寸界线之间没有足够的空
间来放置文字和箭头，那么首先
从尺寸界线中移出:
文字或箭头 (最佳效果)
箭头
文字
文字和箭头
文字始终保持在尺寸界线之间
若箭头不能放在尺寸界线内，则将其消除
282,19
332,08
561,32
60°
R223,48
文字位置
文字不在默认位置上时，将其放置在:
尺寸线旁边 (B)
尺寸线上方，带引线 (L)
尺寸线上方，不带引线 (O)
标注特征比例
注释性 (A)
将标注缩放到布局
使用全局比例 (S):
100
优化 (T)
手动放置文字 (P)
在尺寸界线之间绘制尺寸线 (D)
确定
取消
帮助 (H)

图 10-17

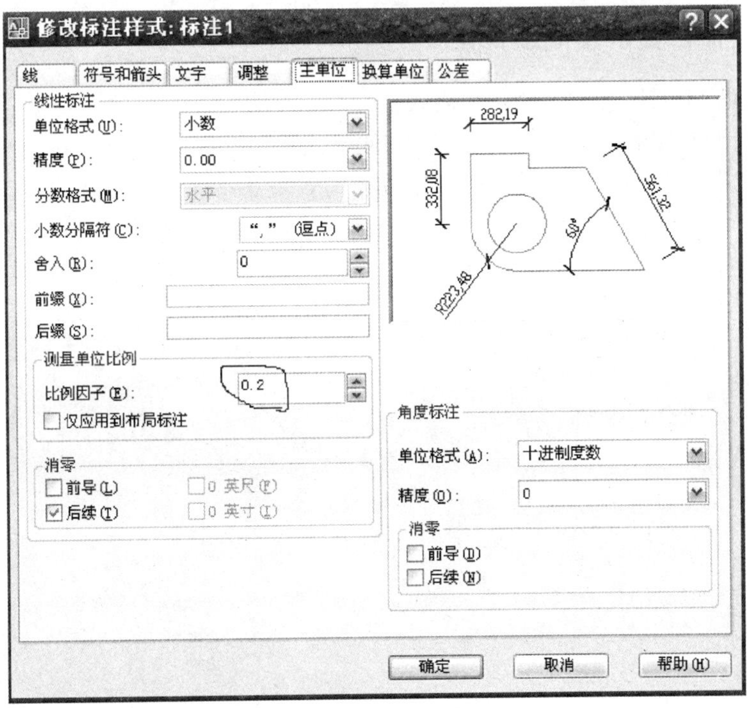
修改标注样式: 标注1
线
符号和箭头
文字
调整
主单位
换算单位
公差
线性标注
单位格式 (U):
小数
精度 (P):
0.00
分数格式 (M):
水平
小数分隔符 (C):
"," (逗点)
舍入 (R):
0
前缀 (X):
后缀 (S):
测量单位比例
比例因子 (E):
0.2
仅应用到布局标注
消零
前导 (L)
后续 (T)
0 英尺 (F)
0 英寸 (I)
282,19
332,08
561,32
60°
R223,48
角度标注
单位格式 (A):
十进制度数
精度 (O):
0
消零
前导 (D)
后续 (N)
确定
取消
帮助 (H)

图 10-18

由于图形放大 5 倍，在标注时另外设置一个新的“标注样式 1”，把“主单位”选项卡的“比例因子”设为 0.2。调整选项卡的全局比例为 100。

选择“多行文字”命令进行文字标注，其中钢筋符号在输入时右击，在弹出的快捷菜单中选择“符号”中的直径即可。

四、课后练习

绘制条形基础详图。

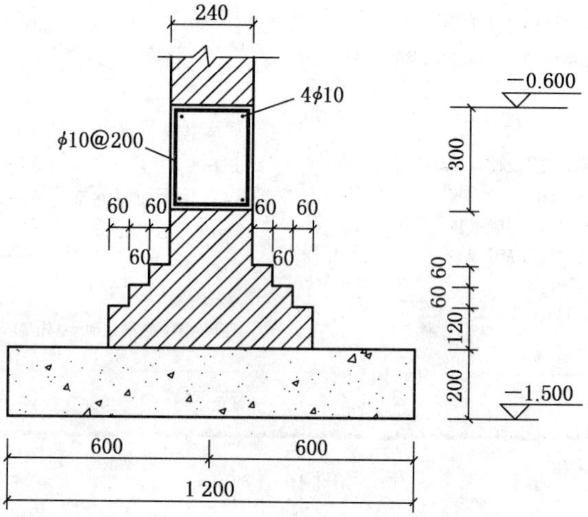

五、实训报告要求及成绩评定

1. 认真填写实训报告表中的各项内容。
2. 按照实际操作的顺序把实训步骤掌握好。
3. 实训成绩是根据绘制的图形的完成程度与效果及熟练程度评定的。

附表一 课内实训成绩记录

成绩：

项次	项 目	要 求	配 分	得 分
1	柱下独立基础绘制	完成程度与效果	20	
		熟练程度	5	
2	阵列命令使用	完成程度与效果	20	
		熟练程度	5	
3	多线、多段线使用	完成程度与效果	10	
		熟练程度	5	
4	钢筋绘制	完成程度与效果	15	
		熟练程度	5	
5	三合土、砖图例填充	完成程度与效果	10	
		熟练程度	5	

附表二 学生学习情况信息反馈

在掌握、基本掌握、未掌握处对应打“√”。

项次	项 目	掌 握	基本掌握	未掌握
1	柱下独立基础绘制			
2	阵列命令使用			
3	多线、多段线使用			
4	钢筋绘制			
5	三合土、砖图例填充			

实训十一　建筑结构平面施工图的绘制

一、实训目的要求

1. 掌握建筑结构图绘制的一般步骤和使用的命令。
2. 掌握建筑平面布置图中符号文字的输入。

二、实训项目

1. 建筑结构平面图。（如图 11-1）
2. 钢筋断面配筋详图。（如图 11-2）

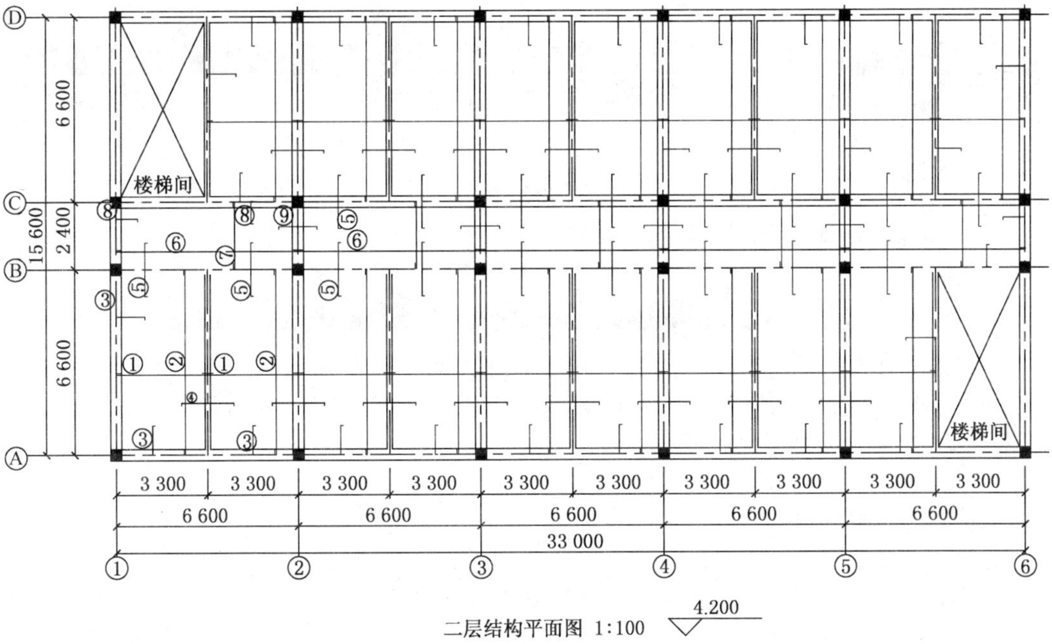

图 11-1

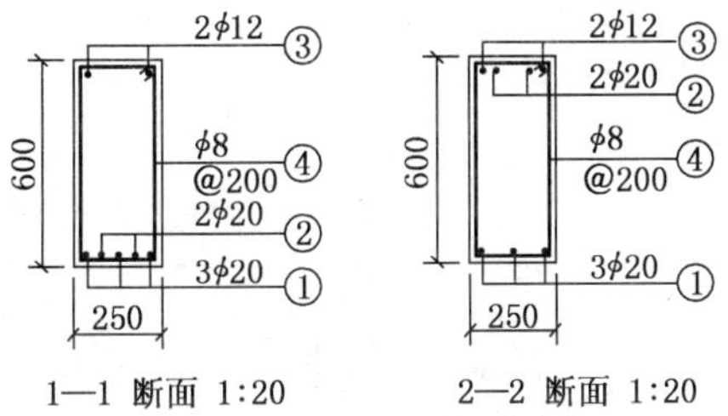

图 11-2

三、实训步骤

Step01 绘图环境设置。(如图 11-3)

命令:limits (绘图界限)

重新设置模型空间界限:

指定左下角点或[开(ON)/关(OFF)]<0.00,0.00>:

指定右上角点 <12.0000,9.0000>:59400.00,42000.00

图层线型设置:"格式"→图层

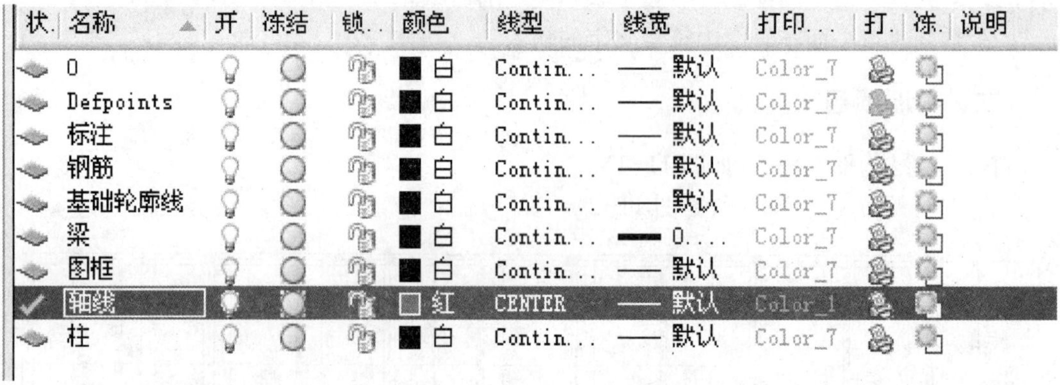

状.	名称	开	冻结	锁..	颜色	线型	线宽	打印...	打.	冻.	说明
	0				白	Contin...	—— 默认	Color_7			
	Defpoints				白	Contin...	—— 默认	Color_7			
	标注				白	Contin...	—— 默认	Color_7			
	钢筋				白	Contin...	—— 默认	Color_7			
	基础轮廓线				白	Contin...	—— 默认	Color_7			
	梁				白	Contin...	—— 0....	Color_7			
	图框				白	Contin...	—— 默认	Color_7			
✓	轴线				红	CENTER	—— 默认	Color_1			
	柱				白	Contin...	—— 默认	Color_7			

图 11-3

线型设置:"格式"→线型(如图 11-4)

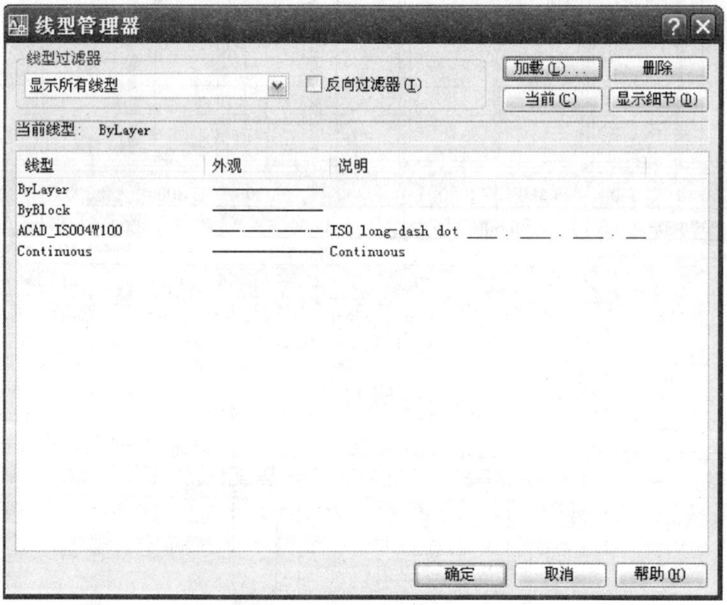

图 11-4

对象捕捉设置:单击图标(如图 11-5)

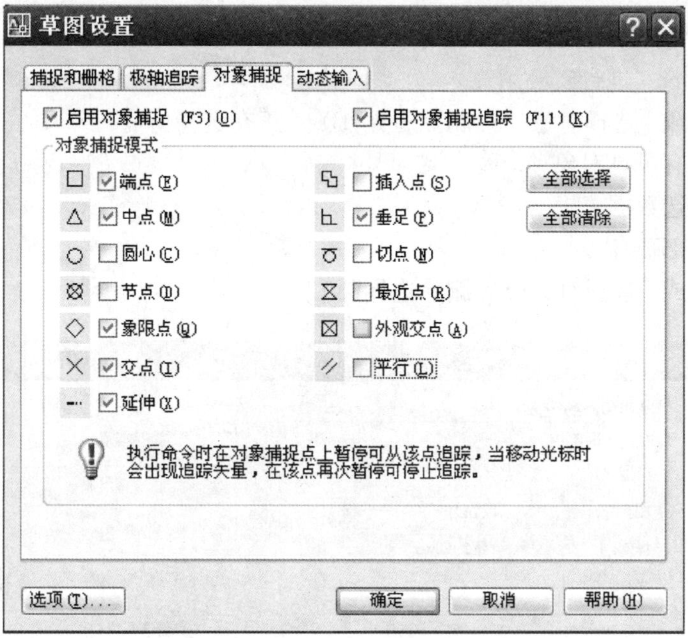

图 11-5

Step02　绘制轴线：使用画线、偏移命令，然后使用特性把线型修改成单点划线。(如图 11-6、图 11-7)

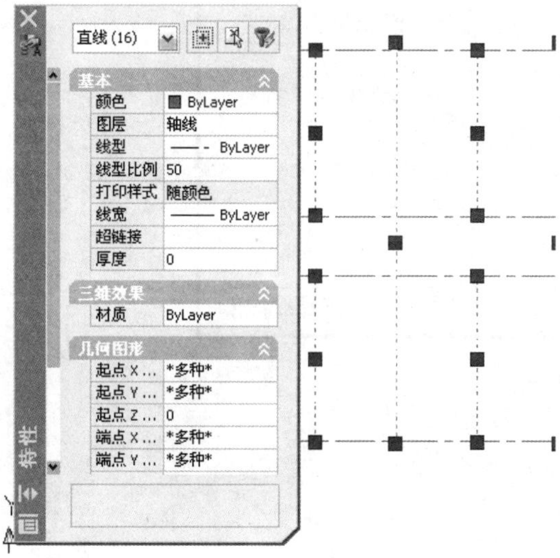

图 11-6

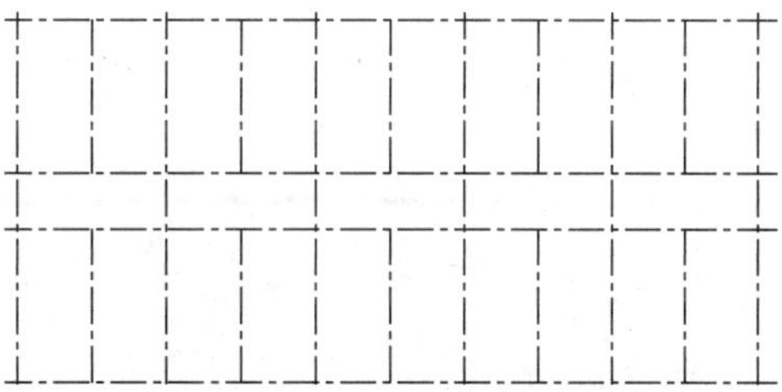

图 11-7

Step03　绘制出柱体：设置柱体为当前层，建立柱图块。(如图 11-8、11-9)

命令：_rectang

指定第一个角点或 [倒角(C)/标高(E)/圆角(F)/厚度(T)/宽

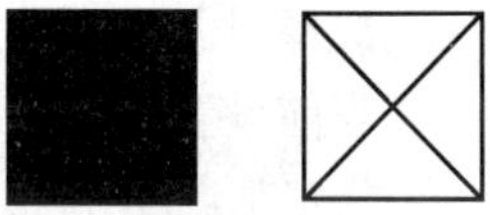

图 11-8

度(W)]：

指定另一个角点或[面积(A)/尺寸(D)/旋转(R)]：@400,400

命令：_bhatch (进行实心填充)

拾取内部点或[选择对象(S)/删除边界(B)]：正在选择所有对象...

正在选择所有可见对象...

正在分析所选数据...

正在分析内部孤岛...

拾取内部点或[选择对象(S)/删除边界(B)]：

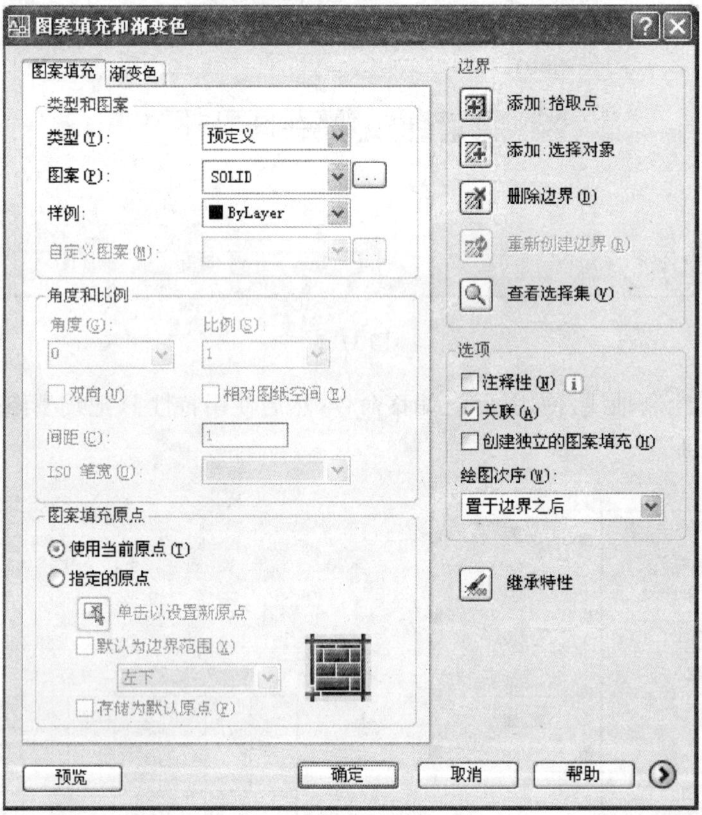

图 11-9

命令：_array (如图 11-10)

选择对象：指定对角点：找到 7 个

选择对象：

命令：_copy (如图 11-11)

选择对象:指定对角点:找到 89 个

选择对象：

当前设置:复制模式=多个

指定基点或[位移(D)/模式(O)]<位移>：指定第二个点或<使用第一个点作为位移>：

指定第二个点或[退出(E)/放弃(U)]<退出>：

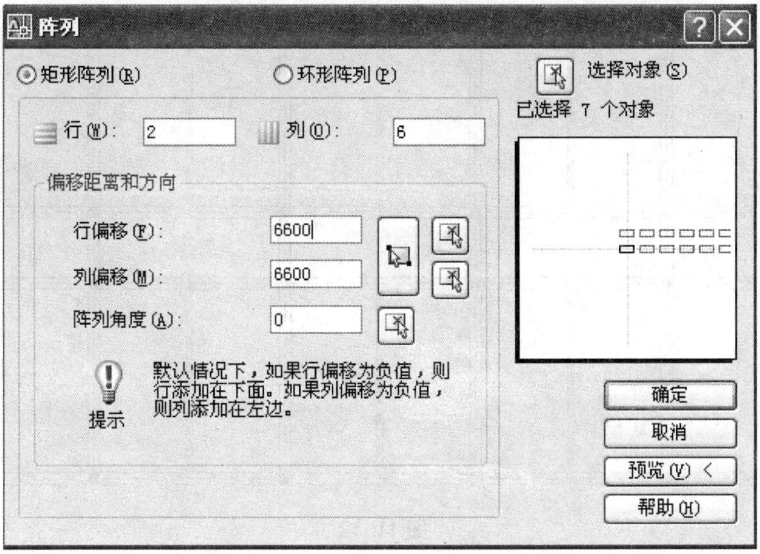

图 11-10

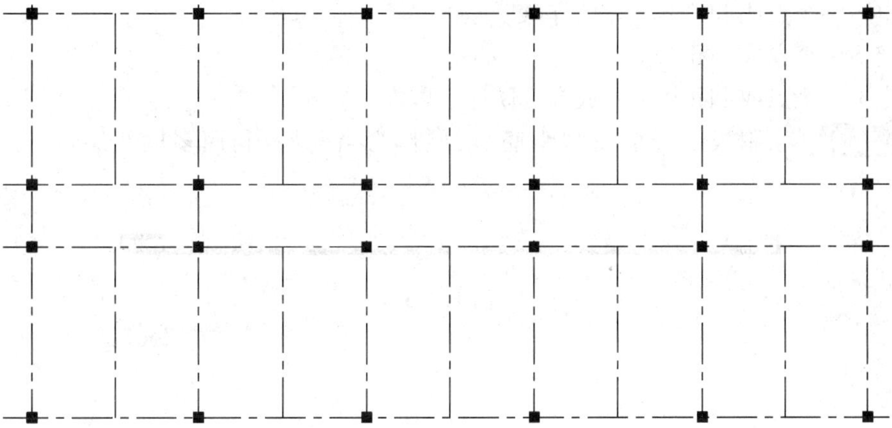

图 11-11

Step04　绘制梁:把“梁”图层作为当前层。(如图 11-12)

命令: _mline

当前设置: 对正=无,比例=200.00,样式=梁

指定起点或[对正(J)/比例(S)/样式(ST)]: j

输入对正类型[上(T)/无(Z)/下(B)]<无>: z

当前设置: 对正=无,比例=200.00,样式=梁

指定起点或[对正(J)/比例(S)/样式(ST)]: s

输入多线比例<1.00>: 200

当前设置: 对正=无,比例=1.00,样式=梁

指定起点或[对正(J)/比例(S)/样式(ST)]: * 取消 *

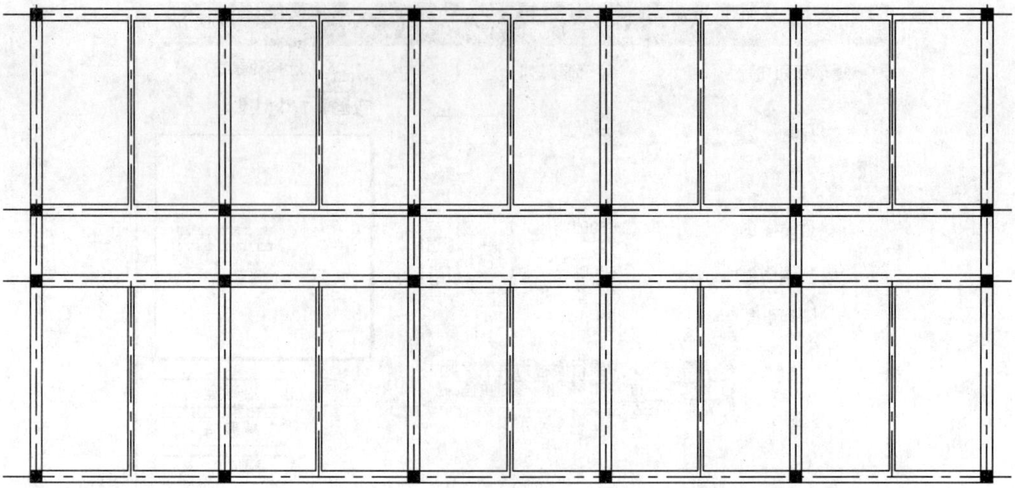

图 11-12

指定下一个点：

指定下一个点或［放弃(U)］：

指定下一个点或［闭合(C)/放弃(U)］：

指定下一个点或［闭合(C)/放弃(U)］：

指定下一个点或［闭合(C)/放弃(U)］：

Step05 绘制板的配筋：把“钢筋”图层作为当前层，利用多段线绘制。（如图 11-13）

图 11-13

命令：pl

PLINE

指定起点：

当前线宽为 0.0000

指定下一个点或［圆弧(A)/半宽(H)/长度(L)/放弃(U)/宽度(W)］：＜正交 开＞ w

指定起点宽度＜0.0000＞:25 （输入线型宽度）

指定端点宽度＜25.0000＞:25 （输入线型宽度）

指定下一个点或［圆弧(A)/半宽(H)/长度(L)/放弃(U)/宽度(W)］：

命令：pl

PLINE

指定起点：

当前线宽为 25.00

指定下一个点或［圆弧(A)/半宽(H)/长度(L)/放弃(U)/宽度(W)］:50（可在后面直接输入钢筋的长度尺寸）

指定下一个点或［圆弧(A)/闭合(C)/半宽(H)/长度(L)/放弃(U)/宽度(W)］：200（可在后面直接输入钢筋的长度尺寸）

指定下一个点或［圆弧(A)/闭合(C)/半宽(H)/长度(L)/放弃(U)/宽度(W)］：

用同样的方法绘制出分布钢筋、负钢筋。（如图 11-14、图 11-15）

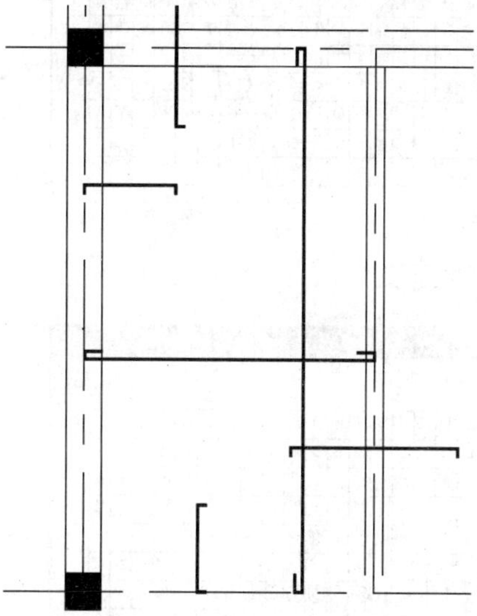

图 11-14

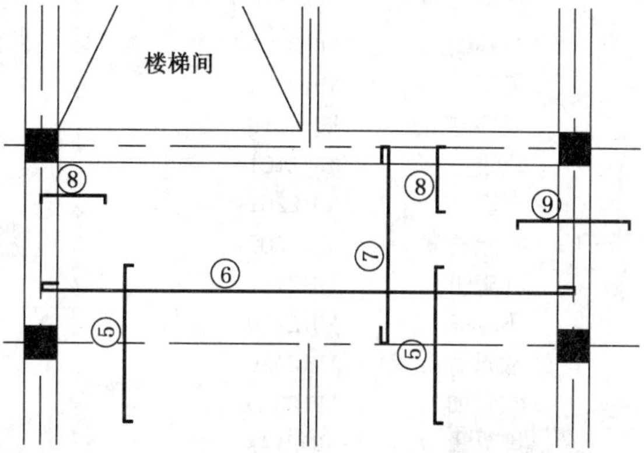

图 11-15

选择“多行文字”命令进行文字标注及编号标注。（如图 11-16～图 11-18）

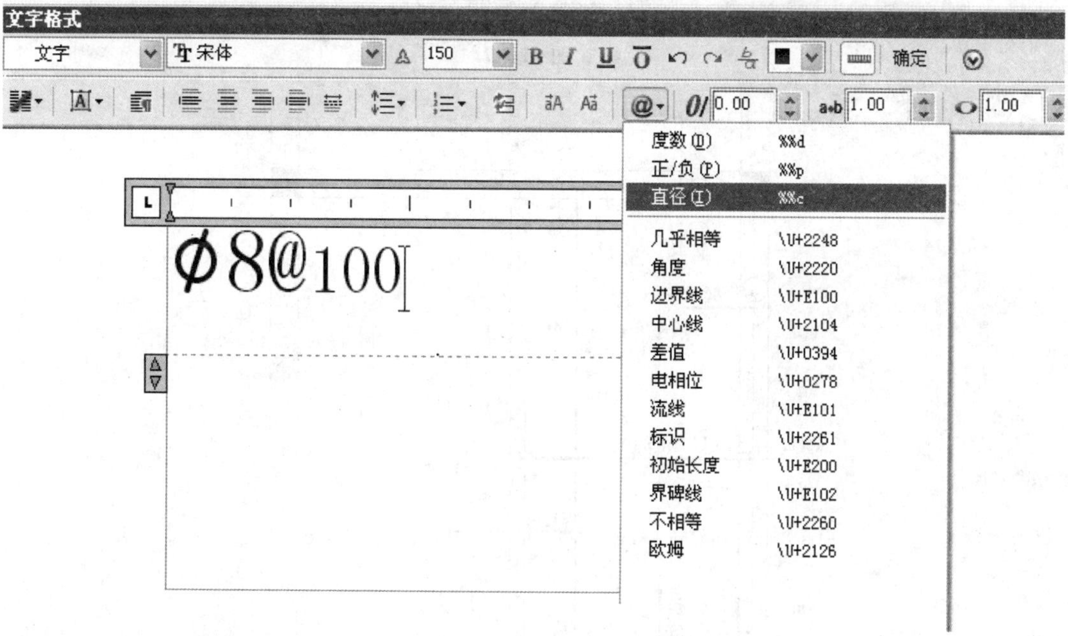

图 11-16

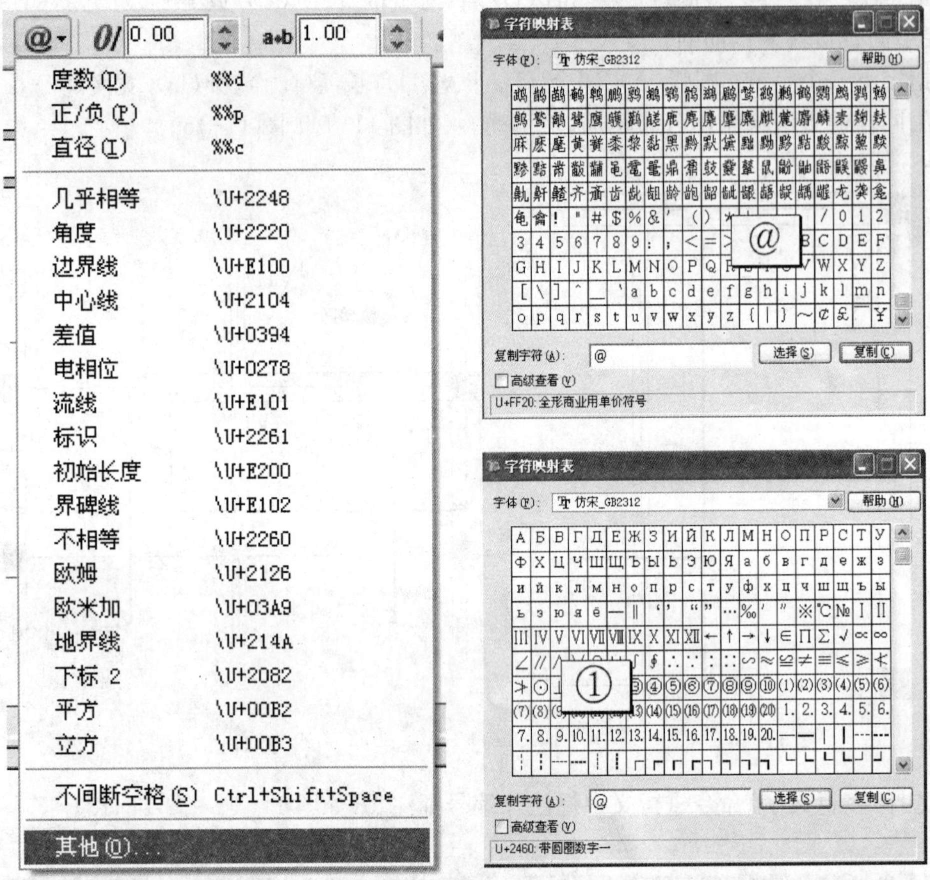
0.00
1.00
度数(D) %%d
正/负(P) %%p
直径(I) %%c
几乎相等 \U+2248
角度 \U+2220
边界线 \U+E100
中心线 \U+2104
差值 \U+0394
电相位 \U+0278
流线 \U+E101
标识 \U+2261
初始长度 \U+E200
界碑线 \U+E102
不相等 \U+2260
欧姆 \U+2126
欧米加 \U+03A9
地界线 \U+214A
下标 2 \U+2082
平方 \U+00B2
立方 \U+00B3
不间断空格(S) Ctrl+Shift+Space
其他(O)...
字符映射表
字体(F): 仿宋_GB2312
帮助(H)
@
复制字符(A): @
选择(S)
复制(C)
高级查看(V)
U+FF20: 全形商业用单价符号
字符映射表
字体(F): 仿宋_GB2312
帮助(H)
①
复制字符(A): @
选择(S)
复制(C)
高级查看(V)
U+2460: 带圆圈数字一

图 11-17

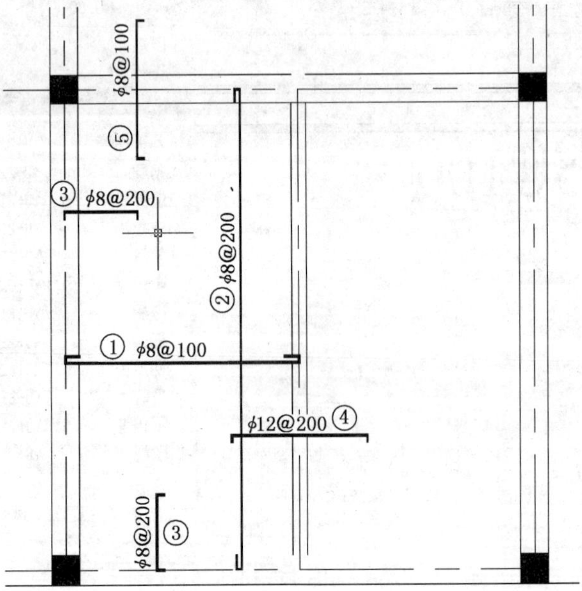
ϕ8@100
⑤
③ ϕ8@200
② ϕ8@200
① ϕ8@100
ϕ12@200 ④
ϕ8@200
③

图 11-18

相同的单元钢筋可使用整列命令绘制。

Step06 尺寸标注及标高符号:设置过程同前面章节。(如图 11-19(a)插入标高符号、图 11-19(b)符号特性修改、图 11-19(c)标高符号修改、图 11-19(d)绘制最终结果)

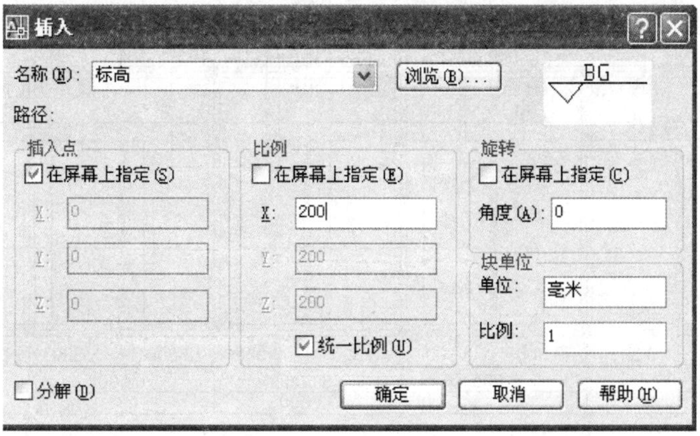

图 11-19(a)

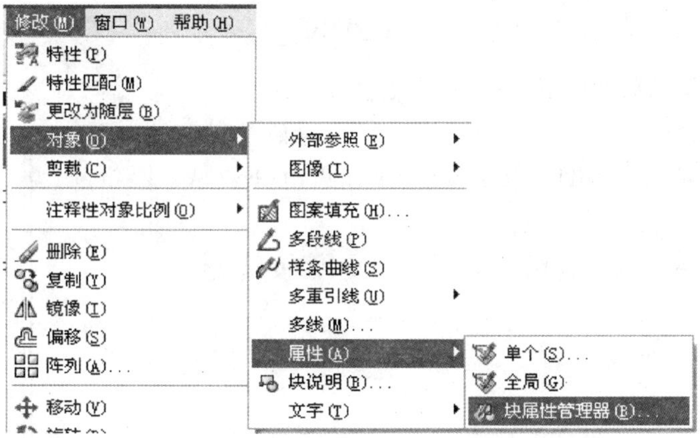

图 11-19(b)

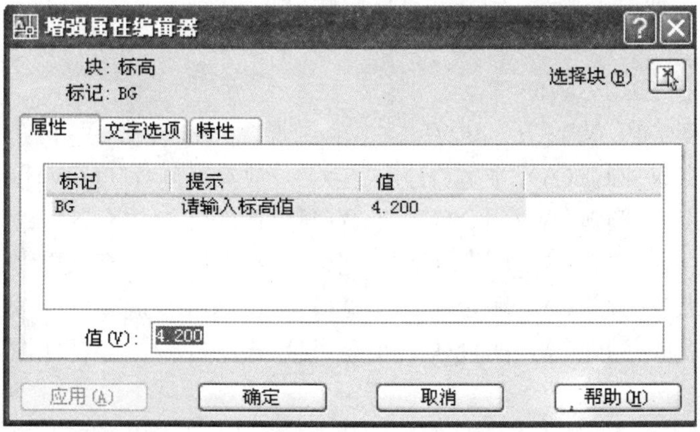

图 11-19(c)

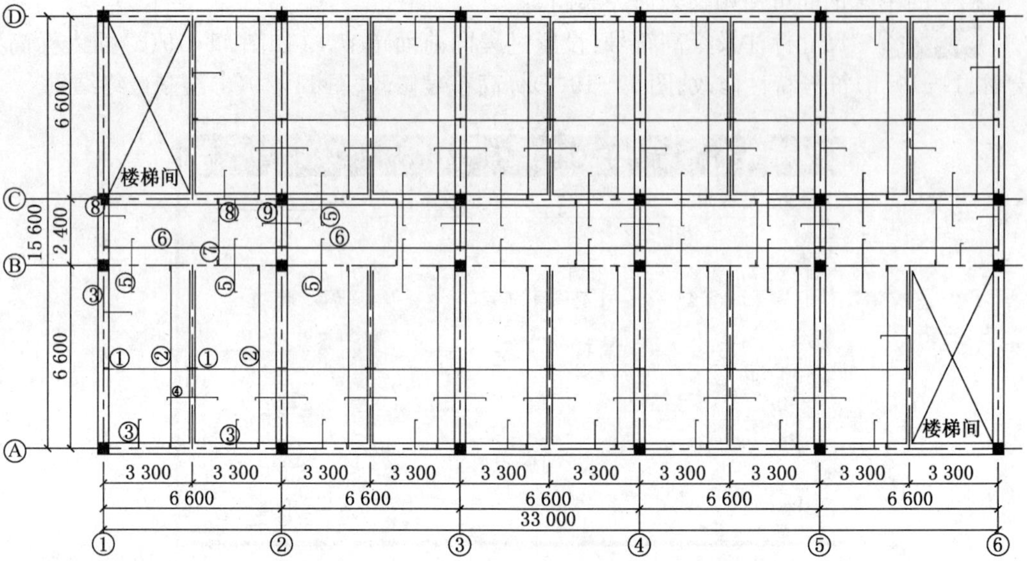

二层结构平面图 1:100 4.200

图 11-19(d)

Step07 梁的截面配筋图绘制。(如图 11-20)

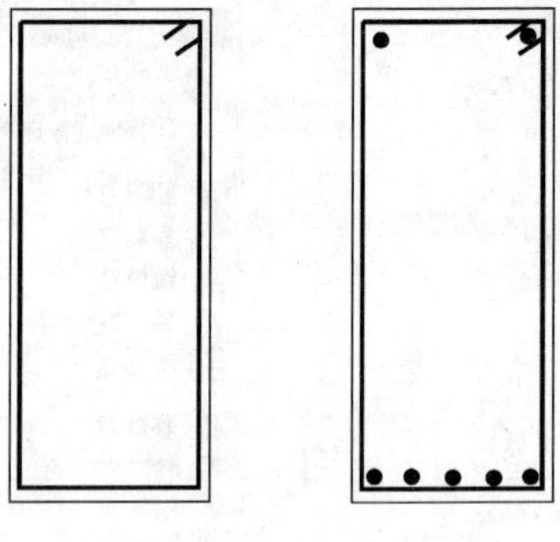

图 11-20

令：_rectang

指定第一个角点或［倒角(C)/标高(E)/圆角(F)/厚度(T)/宽度(W)］:

指定另一个角点或［面积(A)/尺寸(D)/旋转(R)］: @250,600

命令：pl

PLINE

指定起点：

当前线宽为 0.25

指定下一个点或［圆弧(A)/半宽(H)/长度(L)/放弃(U)/宽度(W)］: w

指定起点宽度<0.25>:5

指定端点宽度<10.00>:5

指定下一个点或［圆弧(A)/半宽(H)/长度(L)/放弃(U)/宽度(W)］:

指定下一个点或［圆弧(A)/闭合(C)/半宽(H)/长度(L)/放弃(U)/宽度(W)］:

指定下一个点或［圆弧(A)/闭合(C)/半宽(H)/长度(L)/放弃(U)/宽度(W)］:

指定下一个点或［圆弧(A)/闭合(C)/半宽(H)/长度(L)/放弃(U)/宽度(W)］:

指定下一个点或［圆弧(A)/闭合(C)/半宽(H)/长度(L)/放弃(U)/宽度(W)］:

命令：o

OFFSET

当前设置：删除源=否　图层=源　OFFSETGAPTYPE=0

指定偏移距离或[通过(T)/删除(E)/图层(L)]＜25.00＞:20
选择要偏移的对象,或[退出(E)/放弃(U)]＜退出＞:
命令:_donut (如图 11-21)
指定圆环的内径＜0.00＞:
指定圆环的外径＜25.00＞:20
指定圆环的中心点或＜退出＞:
指定圆环的中心点或＜退出＞:
指定圆环的中心点或＜退出＞:
指定圆环的中心点或＜退出＞:
指定圆环的中心点或＜退出＞:
指定圆环的中心点或＜退出＞:
指定圆环的中心点或＜退出＞:
标注文字及编号(具体方法同上)

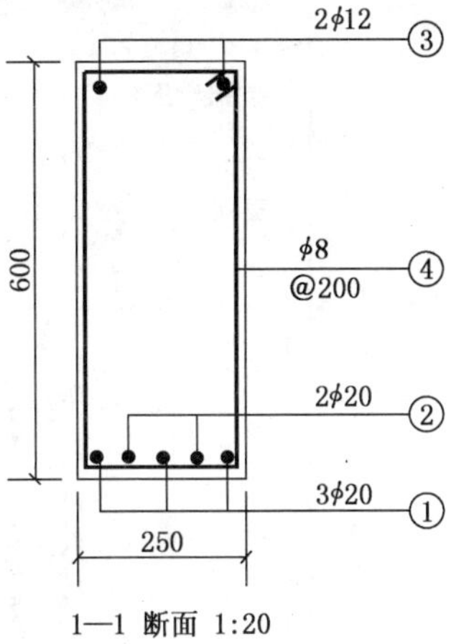

图 11-21

Step08 钢筋表的创建。(如图 11-22(a)～(f))

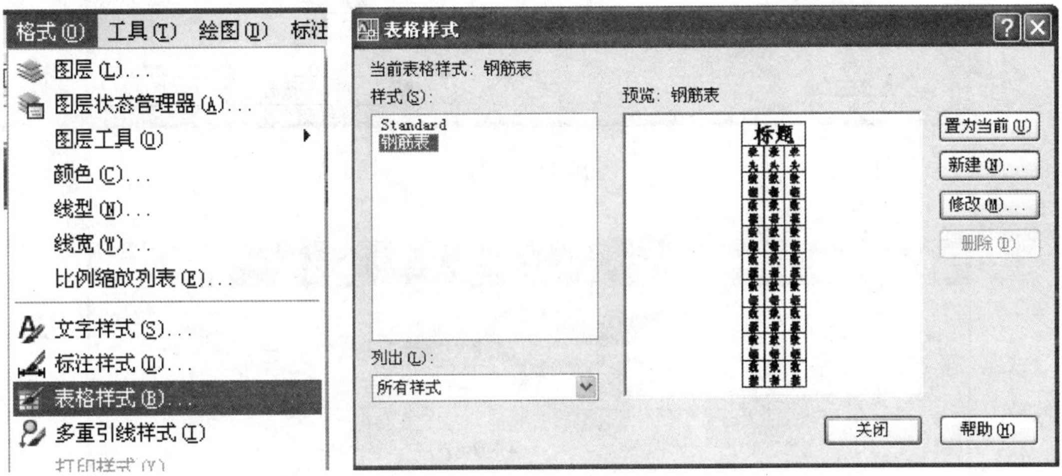

图 11-22(a)

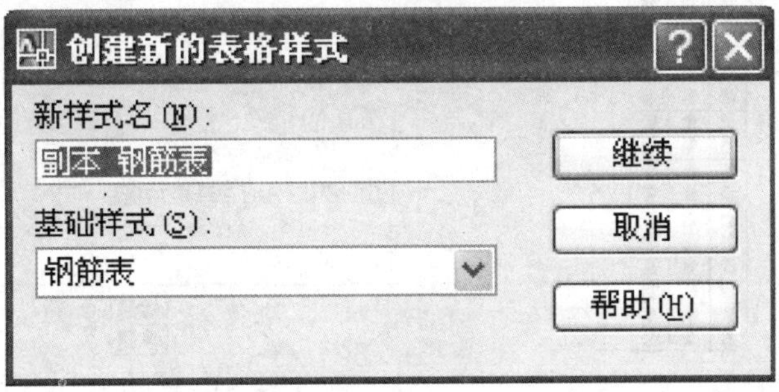

图 11-22(b)

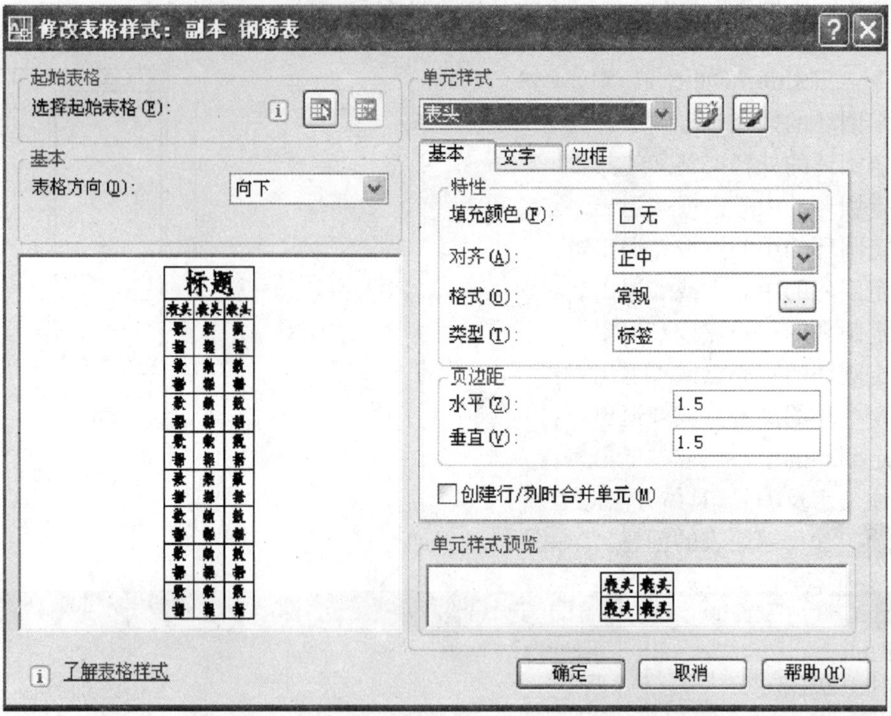

图 11-22(c)

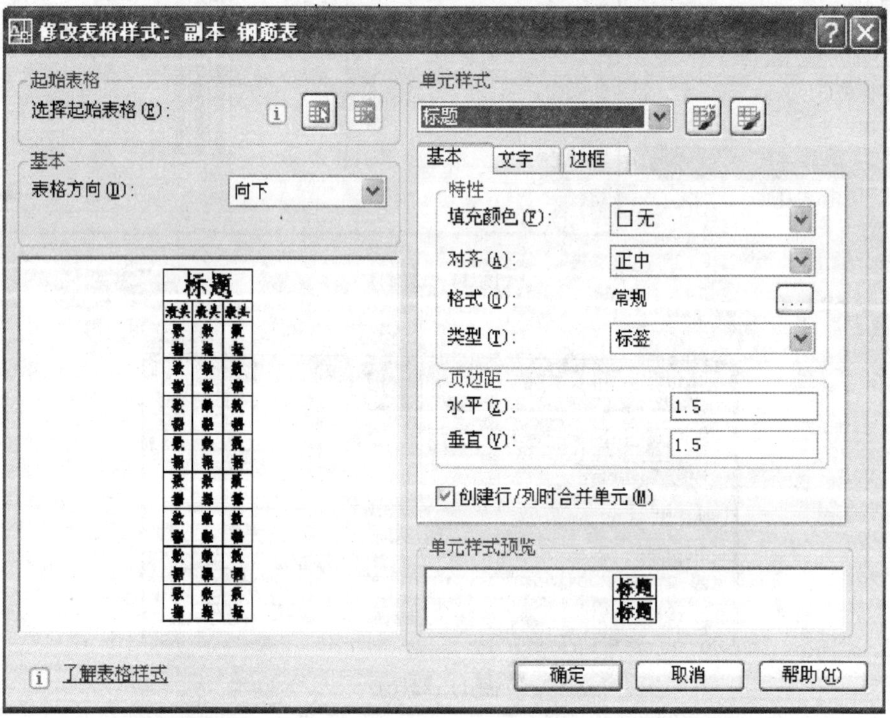

图 11-22(d)

选择绘图→表格命令，进行设置（如图 11-22(e)）

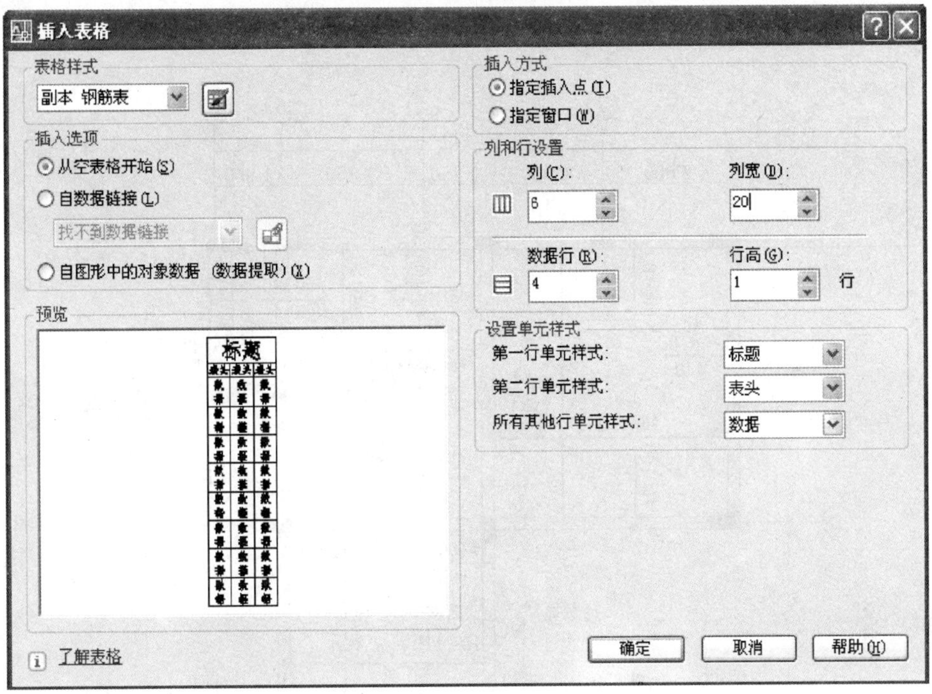

图 11-22(e)

点击“确定”完成表格绘制（如图 11-22(f)）

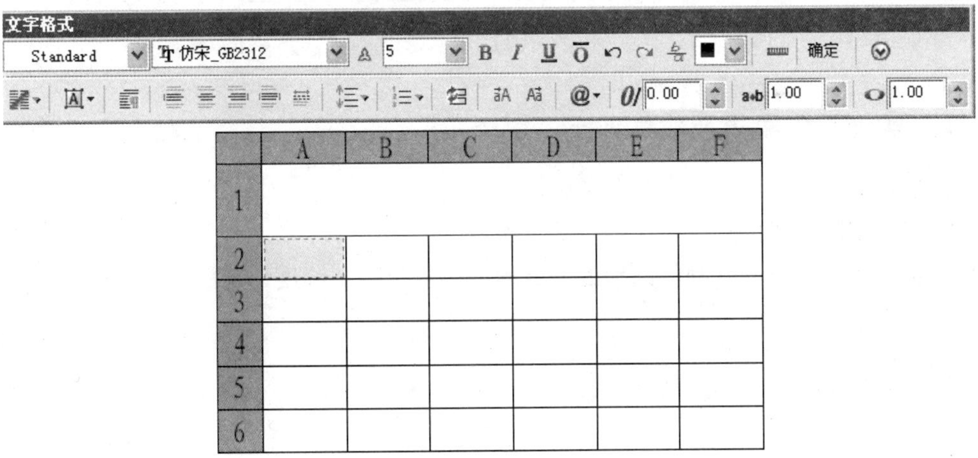

图 11-22(f)

四、课后练习

绘制梁配筋详图并建立钢筋表。

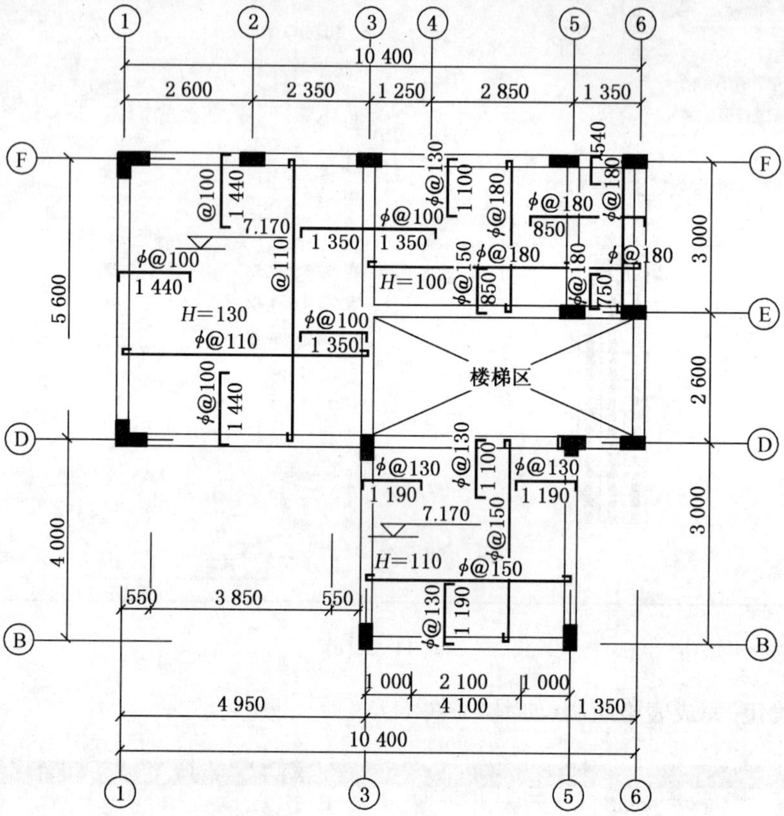

五、实训报告要求及成绩评定

1. 认真填写实训报告表中的各项内容。
2. 按照实际操作的顺序把实训步骤掌握好。
3. 实训成绩是根据绘制的图形的完成程度与效果熟练程度评定的。

附表一 课内实训成绩记录

成绩：

项次	项 目	要 求	配 分	得 分
1	建筑结构平面图绘制步骤	完成程度与效果	20	
		熟练程度	5	
2	梁的结构配筋详图绘制步骤	完成程度与效果	20	
		熟练程度	5	
3	多段线的设置与绘制	完成程度与效果	10	
		熟练程度	5	
4	钢筋表的创建	完成程度与效果	15	
		熟练程度	5	
5	符号编号的绘制	完成程度与效果	10	
		熟练程度	5	

附表二 学生学习情况信息反馈

在掌握、基本掌握、未掌握处对应打“√”。

项次	项 目	掌 握	基本掌握	未掌握
1	建筑结构平面图绘制步骤			
2	梁的结构配筋详图绘制步骤			
3	多段线的设置与绘制			
4	钢筋表的创建			
5	符号编号的绘制			

实训十二　室内平面布局图的绘制

一、实训目的要求

综合运用二维绘图和二维编辑命令，体会家庭装潢室内布局图的绘图思路，掌握其绘图技巧。

二、实训项目

绘制装饰平面布局图。（如图 12-1）

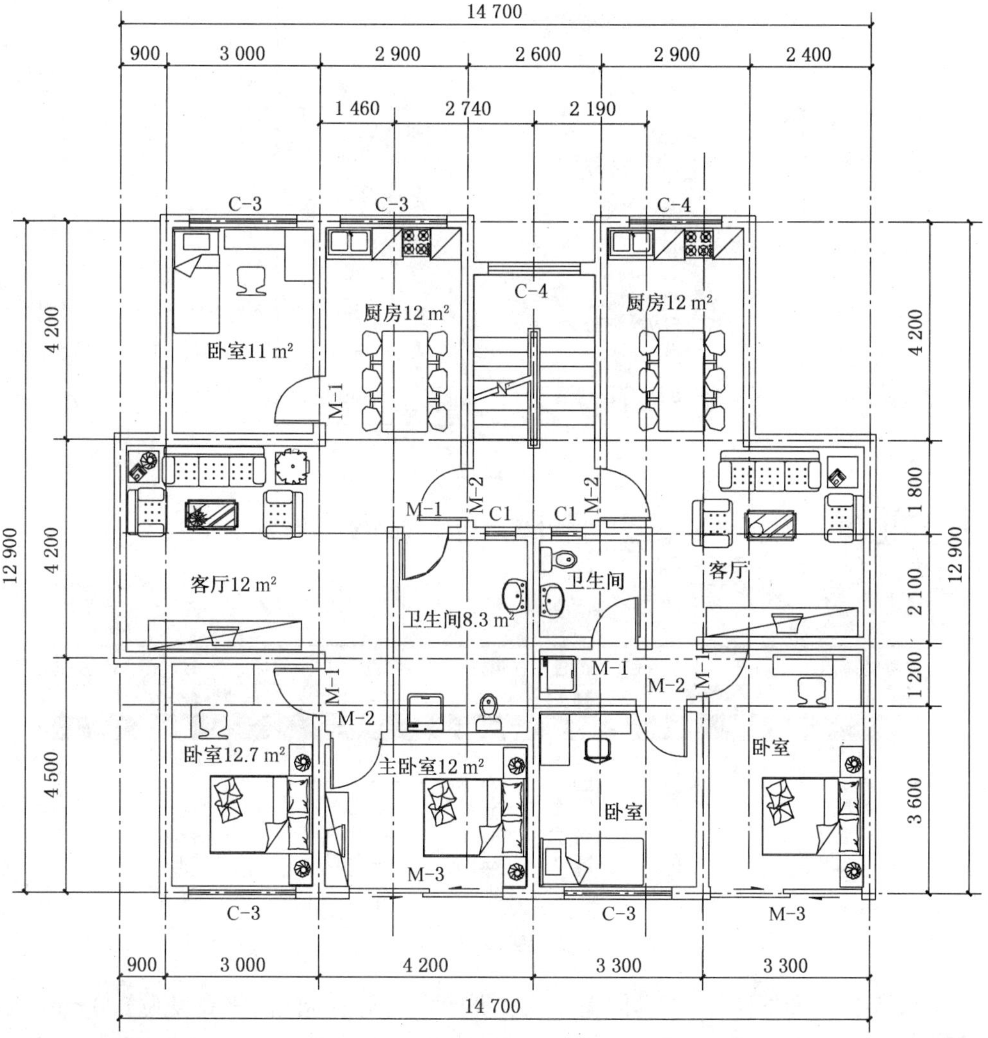

图 12-1

三、实训步骤

Step01 设置绘图环境主要包括：设置绘图界限、设置绘图单位、设置图层、设置文字样式及设置标注样式等。

设置绘图界限

选择“格式”下拉菜单“图形界限”，也可以在命令行中输入 limits 命令。(如图 12-2)

命令：limits

重新设置模型空间界限：

指定左下角点或[开(ON)/关(OFF)]<0,0>：

指定右上角点<420.0000，297.0000 >:20000，20000

设置单位

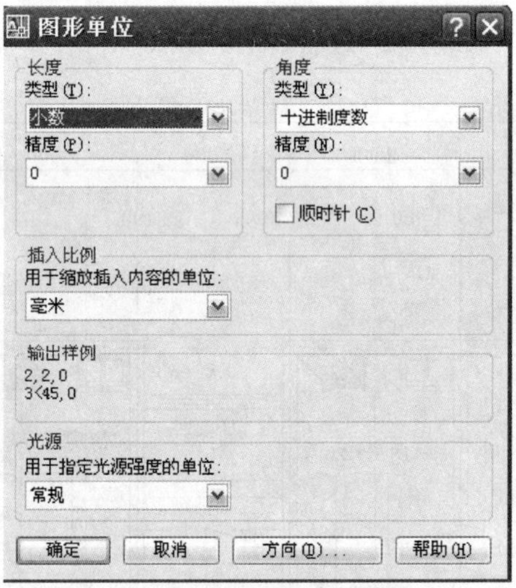

图 12-2

设置图层颜色：“格式”→“图层”，把当前层切换到轴线层。(如图 12-3)

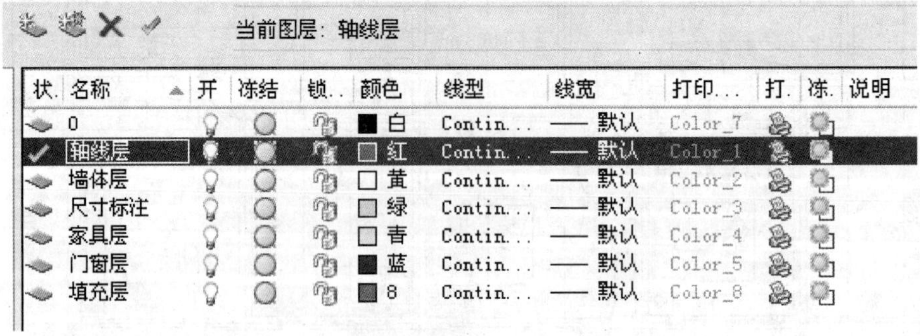

图 12-3

设置文字样式和标注样式(具体操作见实训四)，把文字标注的字高设为 300 mm。

Step02 绘制轴线：使用偏移命令完成横轴线和竖轴线绘制。(如图 12-4)

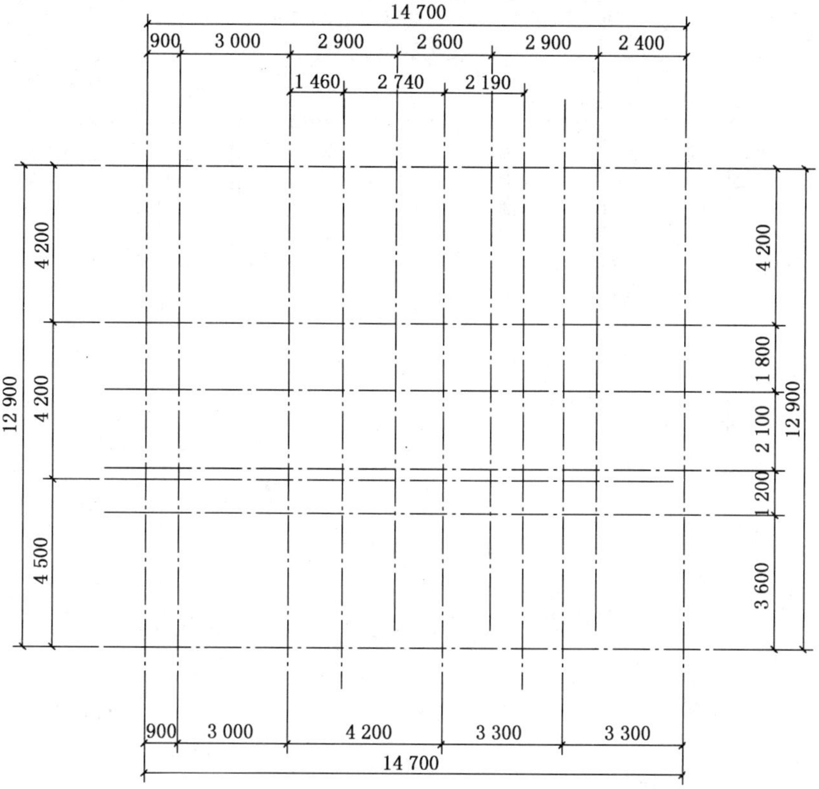

图 12-4

Step03 绘制墙体:使用多线命令。(如图 12-5)

命令: _mline

当前设置: 对正=上,比例=1.00,样式=STANDARD

指定起点或[对正(J)/比例(S)/样式(ST)]:j

输入对正类型[上(T)/无(Z)/下(B)]<上>:z

当前设置: 对正=无,比例=1.00,样式=STANDARD

指定起点或[对正(J)/比例(S)/样式(ST)]: s

输入多线比例 <1.00>:240

当前设置: 对正=无,比例=240.00,样式=STANDARD

指定起点或[对正(J)/比例(S)/样式(ST)]:

指定下一点:

指定下一点或[放弃(U)]:

指定下一点或[闭合(C)/放弃(U)]:

指定下一点或[闭合(C)/放弃(U)]:

指定下一点或[闭合(C)/放弃(U)]:

Step04 借助辅助线确定门窗洞口位置,然后将洞口处的墙线使用修剪命令 修剪掉,并将墙线整理。(如图 12-6)

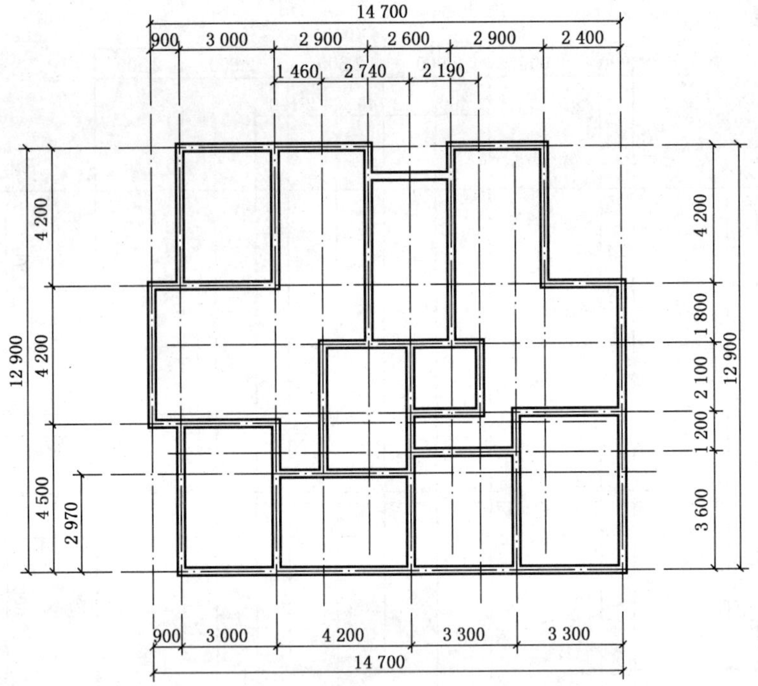
14 700
900
3 000
2 900
2 600
2 900
2 400
1 460
2 740
2 190
4 200
4 200
4 500
2 970
12 900
4 200
1 800
2 100
1 200
3 600
12 900
900
3 000
4 200
3 300
3 300
14 700

图 12-5

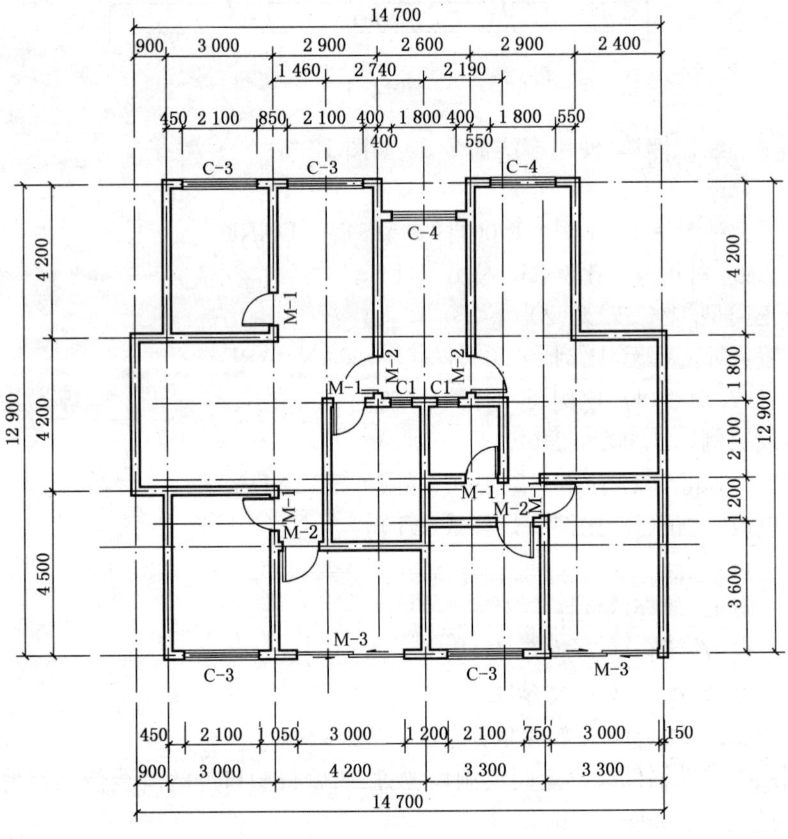
14 700
900
3 000
2 900
2 600
2 900
2 400
1 460
2 740
2 190
450
2 100
850
2 100
400
1 800
400
1 800
550
400
550
C-3
C-3
C-4
C-4
M-1
M-2
M-2
M-1
C1
C1
M-1
M-2
M-1
M-2
M-3
M-3
C-3
C-3
4 200
4 200
4 500
12 900
4 200
1 800
2 100
1 200
3 600
12 900
450
2 100
1 050
3 000
1 200
2 100
750
3 000
150
900
3 000
4 200
3 300
3 300
14 700

图 12-6

Step05 绘制楼梯间：首先绘制出楼梯间的定位辅助线，然后绘制出台阶和扶手，楼梯台阶踏面宽 280 mm，扶手 60 mm，梯井 120 mm。（如图 12-7）

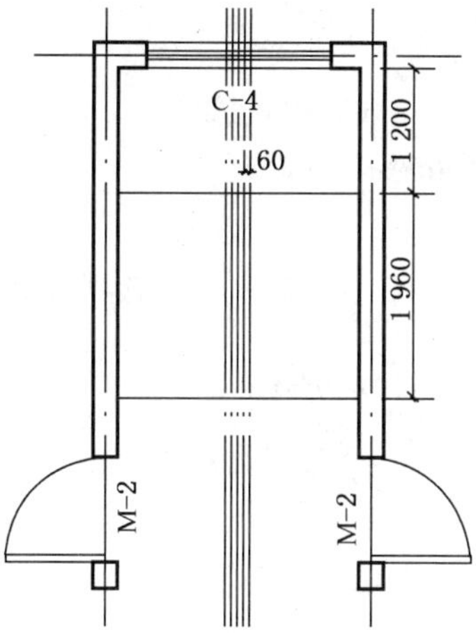

(a) 楼梯间定位线

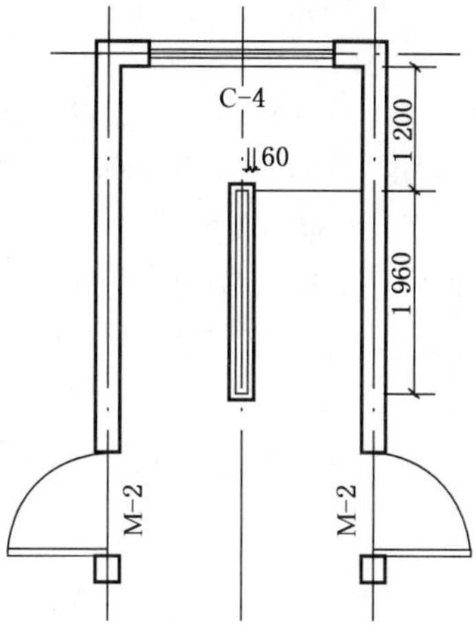

(b) 使用倒角绘制梯井与扶手

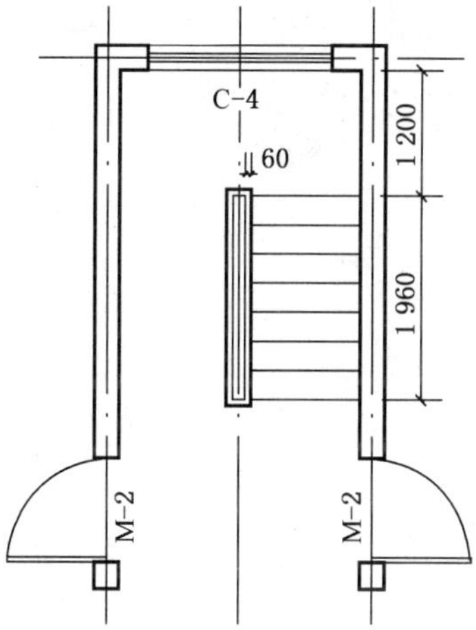

(c) 使用阵列命令绘制楼梯踏步

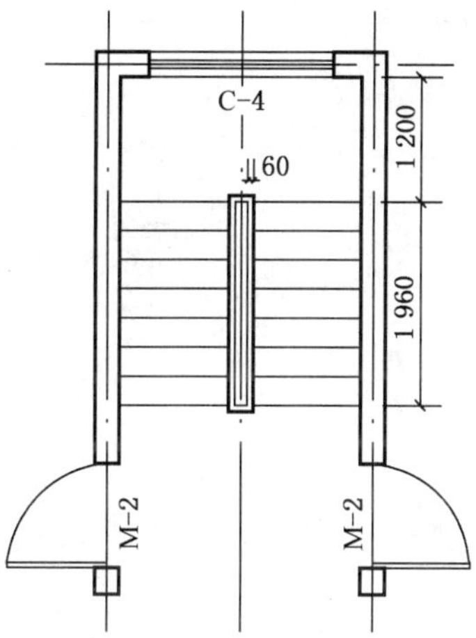

(d) 使用镜像命令绘制另一侧踏步

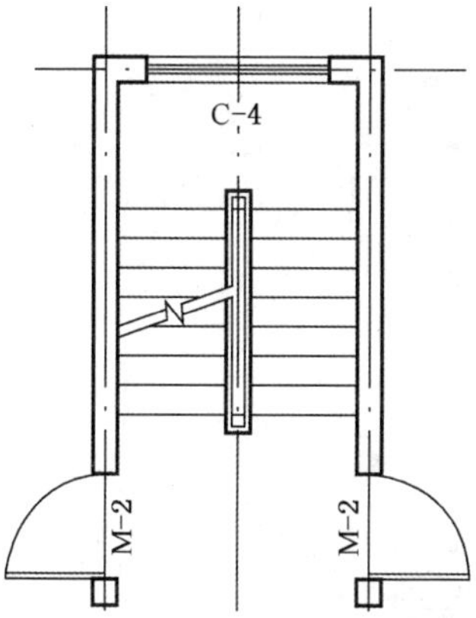

(e) 绘制折断线

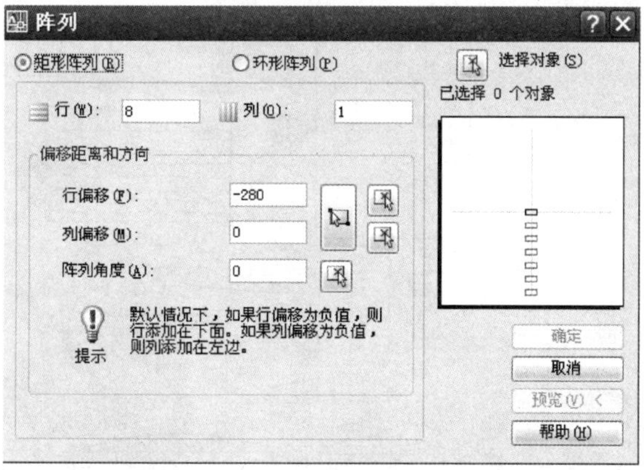

阵列命令绘制楼梯踏步(c)设置

图 12-7

Step06 插入家具：点击图标。（如图 12-8）

命令：'_adcenter

命令：－INSERT

输入块名或［?］：

"C:\Program Files\AutoCAD 2008\Sample\DesignCenter\Home

2008\Sample\DesignCenter\Home－ Space Planner. dwg"

单位：英寸　转换：25

指定插入点或［基点(B)/比例(S)/X/Y/Z/旋转(R)］：（需要点或选项关键字。可输入 s 回车，确定适合的比例因子）

指定插入点或［基点(B)/比例(S)/X/Y/Z/旋转(R)］：

输入 X 比例因子，指定对角点，或［角点(C)/XYZ(XYZ)］<1>：

输入 Y 比例因子或<使用 X 比例因子>：

指定旋转角度<0>：

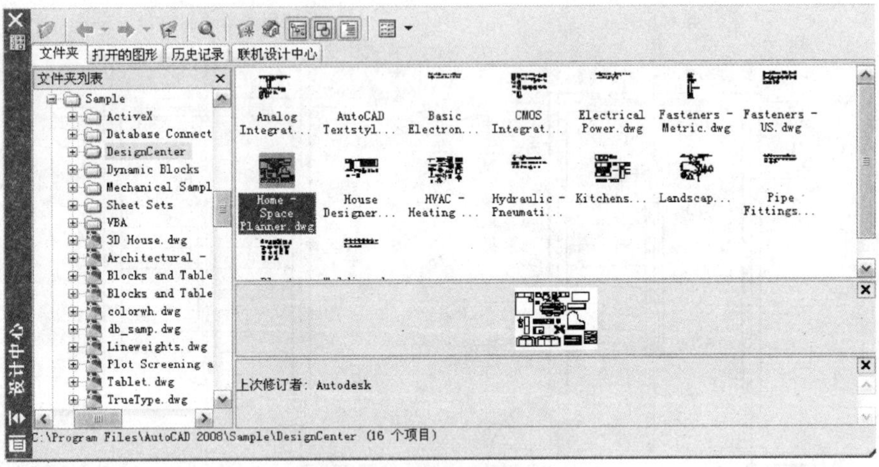

图 12-8

Step07 使用分解命令把图块进行分解。被分解的图块都会变成 0 层。（如图 12-9）

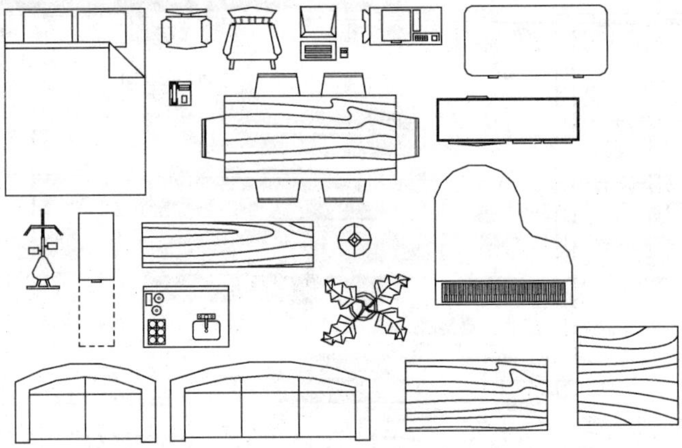

图 12-9

命令：_explode

选择对象：指定对角点：找到 1 个

选择对象：

家具图块也可插入块或外部参照。（如图 12-10）

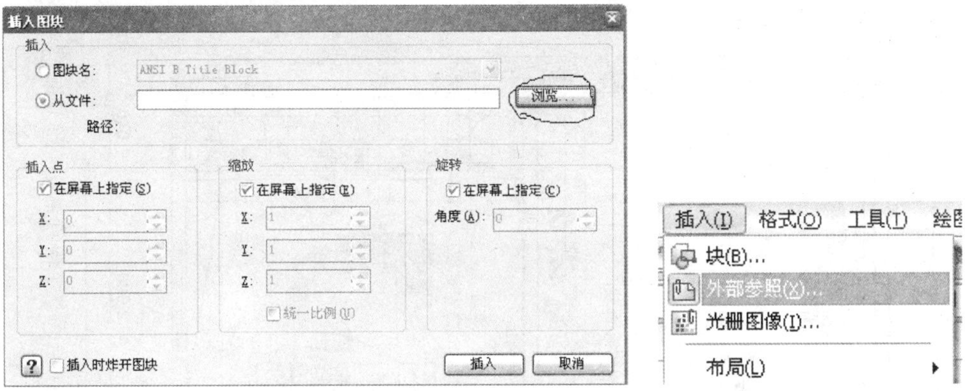

图 12-10

Step08 使用移动、缩放、旋转命令把图块移动到适合的位置。（如图 12-11）

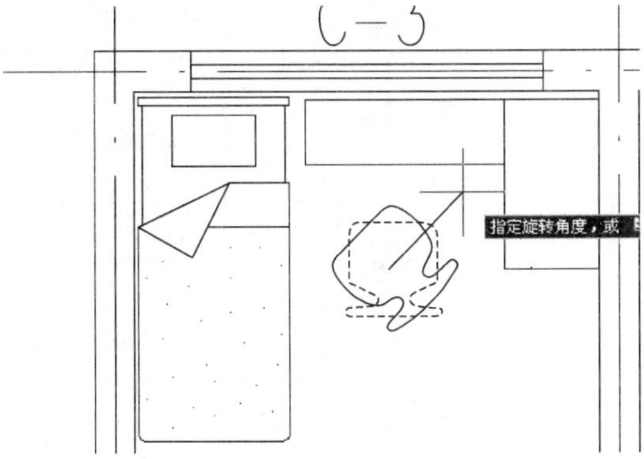

图 12-11

Step09 最后进行文字标注，尺寸标注，整体调整图形。

四、课后练习

绘制 P164 室内装饰布局图。（地面材料填充可不画）

五、实训报告要求及成绩评定

1. 认真填写实训报告表中的各项内容。
2. 按照实际操作的顺序把实训步骤掌握好。
3. 实训成绩是根据绘制的图形的完成程度与效果及熟练程度评定的。

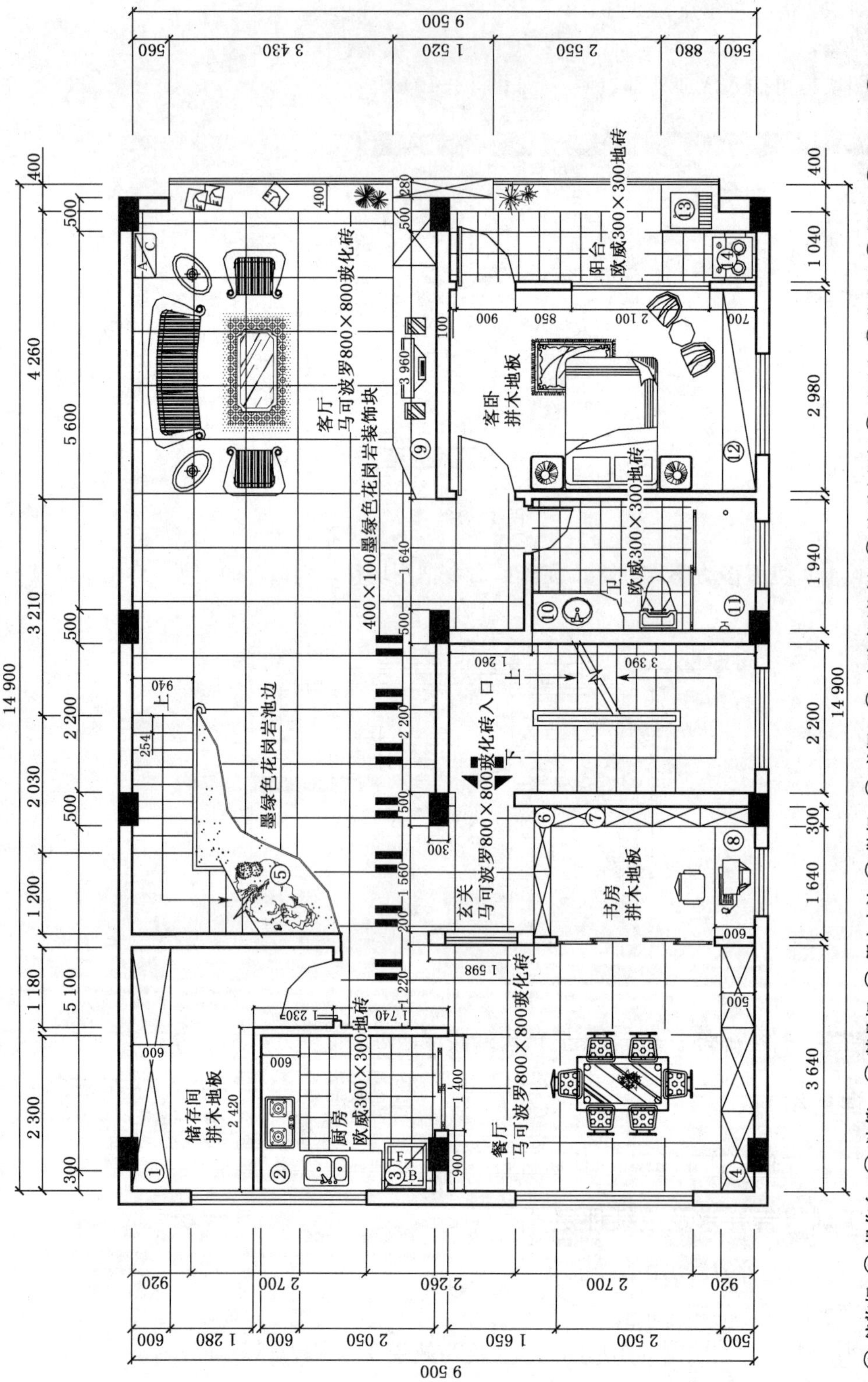

① 储物柜 ② 操作台 ③ 冰箱 ④ 精品柜 ⑤ 假山水池 ⑥ 鞋柜 ⑦ 书橱 ⑧ 电脑桌（书桌） ⑨ 造型电视柜 ⑩ 洗手台 ⑪ 淋浴间 ⑫ 矮柜 ⑬ 洗衣池 ⑭ 洗衣机

永定县陈先生复式套房底层平面图1:100

附表一　课内实训成绩记录

成绩：

项次	项　目	要　求	配　分	得　分
1	轴线绘制	完成程度与效果	20	
		熟练程度	5	
2	家具插入	完成程度与效果	20	
		熟练程度	5	
3	墙体绘制	完成程度与效果	10	
		熟练程度	5	
4	图块移动、缩放、旋转	完成程度与效果	15	
		熟练程度	5	
5	整体效果	完成程度与效果	10	
		熟练程度	5	

附表二　学生学习情况信息反馈

在掌握、基本掌握、未掌握处对应打“√”。

项次	项　目	掌　握	基本掌握	未掌握
1	轴线绘制			
2	家具插入			
3	墙体绘制			
4	图块移动、缩放、旋转			
5	整体效果			

实训十三 打印与输出

一、实训目的要求

1. 掌握模型空间的打印输出。
2. 掌握图纸空间的打印输出。

二、实训项目

打印建筑平面图。

三、实训步骤

1. 模型空间的打印输出

Step01 页面设置：选择“文件”|“打印”命令，弹出“打印—模型”对话框。(如图 13-1)

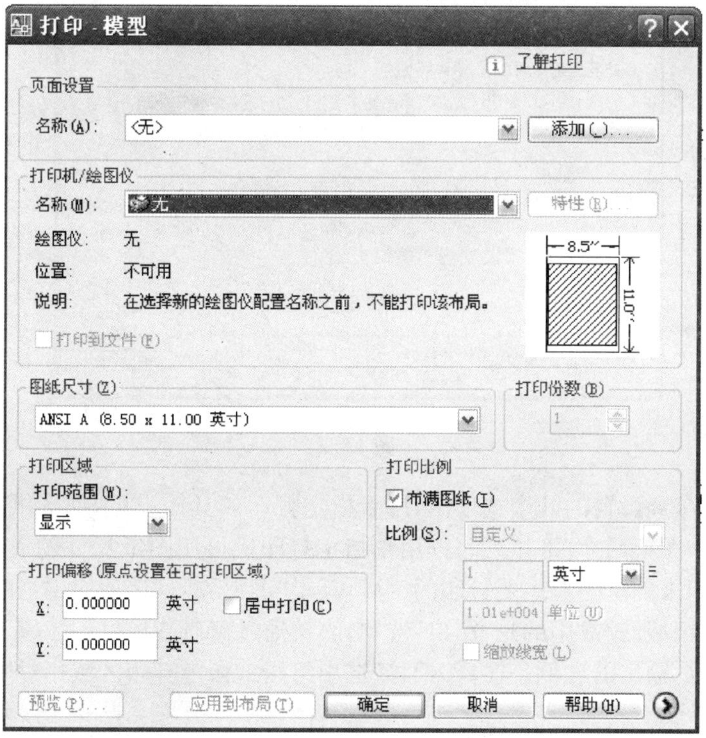

图 13-1

Step02 在该对话框中，有“页面设置”、“打印机”/“绘图仪”选项组和布局设置的几个选项组。“页面设置”选项组中的“名称”下拉列表框用来显示任意已命名的和已保存的页面设置，可以选择一个已命名的页面设置作为当前页面设置的基础，或单击“添加”按钮；添加新的命名页面设置，如图 13-2 所示。

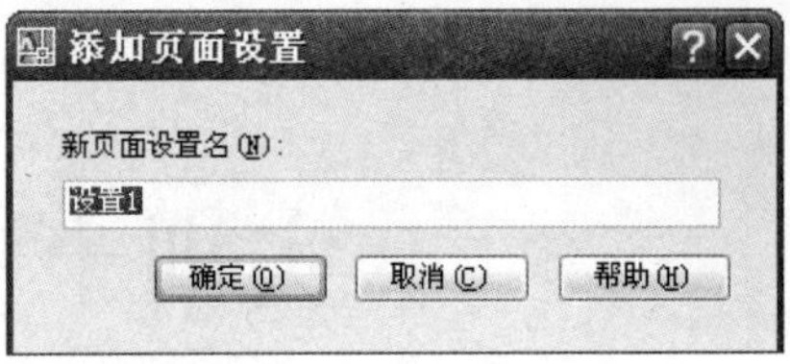

图 13-2

Step03 “打印机/绘图仪”选项组，用于配置打印机和打印样式等打印参数，以便打印布局。“名称”下拉列表框用来选择当前的打印设备，“特性”按钮用来查看和修改当前打印机的配置、端口连接、介质和自定义图纸尺寸以及修改打印区域等设置。在“打印样式表”选项组中可以设置、编辑打印样式表或者创建新的打印样式表。（如图 13-3）

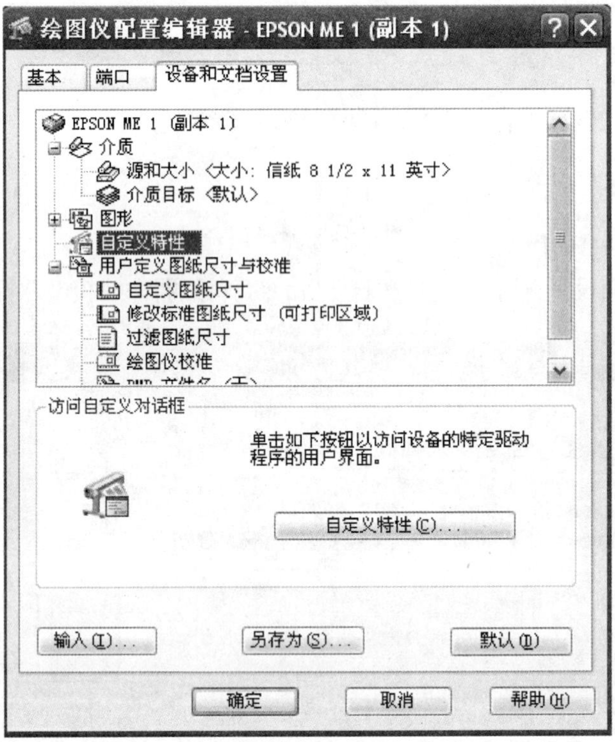

图 13-3

Step04 布局设置的几个选项组，用于指定打印的具体设置，如图纸尺寸、打印比例和打印区域等。“图纸尺寸”下拉列表框用来指定打印机可用图纸尺寸的大小和单位。“打印区域”选项组用来确定图形中要打印的区域，其中“图形界限”选项使用当前图形界限定义整个图形的打印区域，较常用的是“窗口”选项，直接通过窗口选择打印区域。“打印比例”选项组用来指定图形输出的比例。“打印偏移”选项组用来指定打印区域相对于图纸的左下角的偏移量。

Step05 打印预览和打印：当设置好打印设备和打印页面设置后，便可以执行打印预览和打印操作。如设置“打印设备”名称为 EPSON ME1(副本 1)，“图纸尺寸”选择 ISO A4 (210 mm×297 mm)，“打印比例”选择“1∶100”，并指定“布满图纸”“窗口”选择图框的外边框作为打印区域，其他采用默认值，单击“预览”按钮，预览效果如图 13-4 所示。

若要退出预览状态，可直接按“Esc”键退出；若预览后得到预想的效果，可在预览区右击，在弹出的快捷菜单中选择“打印”命令即可输出图形，如图 13-4 所示。

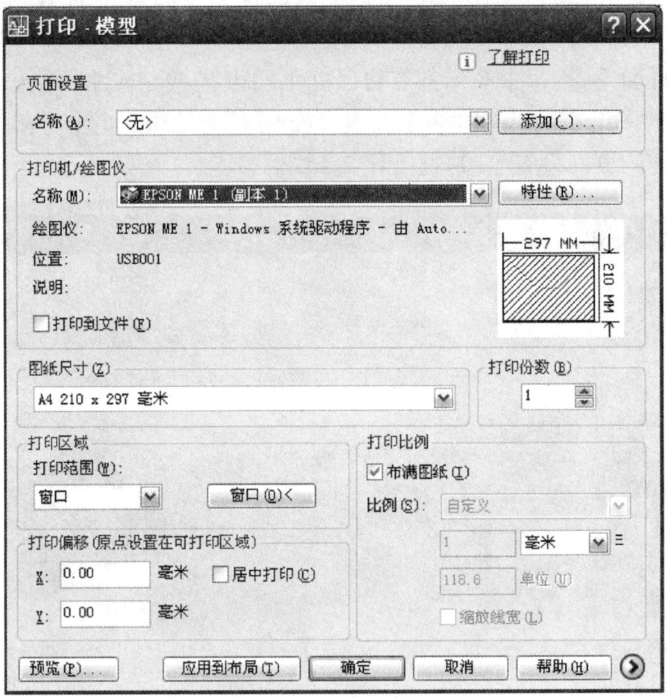

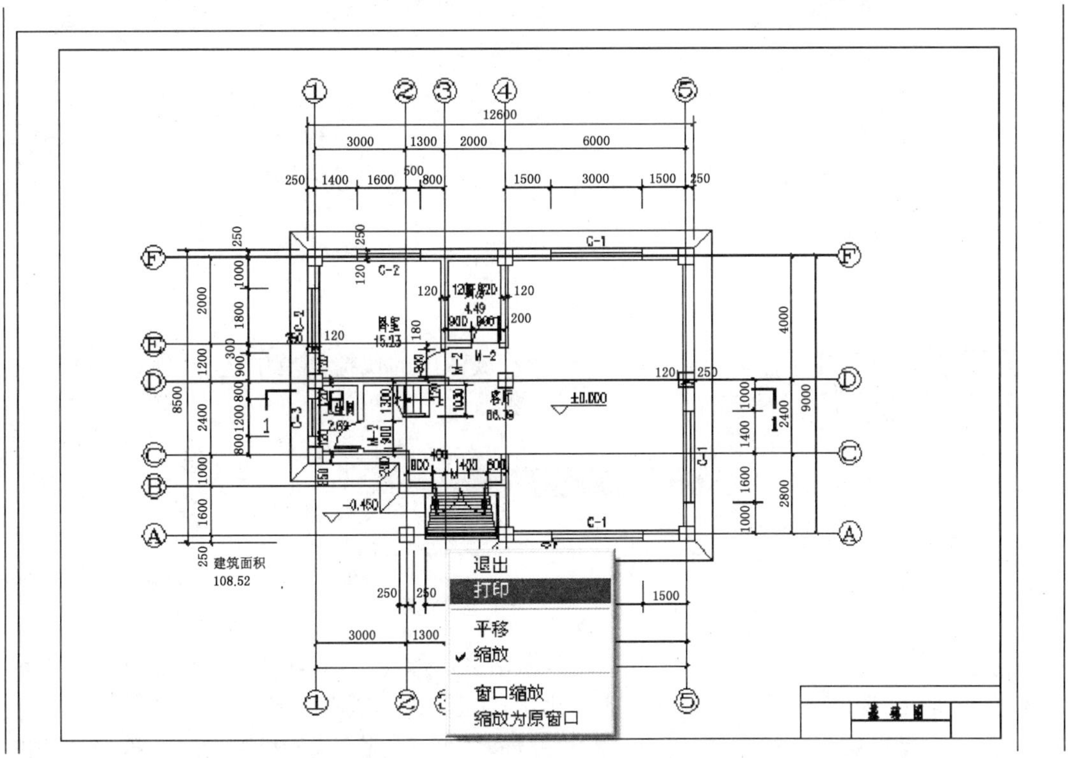

图 13-4

2. 图纸空间的打印输出

Step01　图纸空间是专门用来布图和输出图形的，它体现在“布局”选项卡中，布局数量最多可达 255 个。利用布局输出不但可以同时打印多个布局中的图形，还可以打印输出在模型空间中各个不同视角下产生的视图。

Step02　页面设置：每个布局都有自己的页面设置，单击绘图区下方的“布局 1”选项卡，进入“布局 1”的图纸空间，弹出“页面设置—布局 1”对话框，如图 13-5 所示，该对话框中的内容与模型空间的页面设置一致，此处不再介绍。

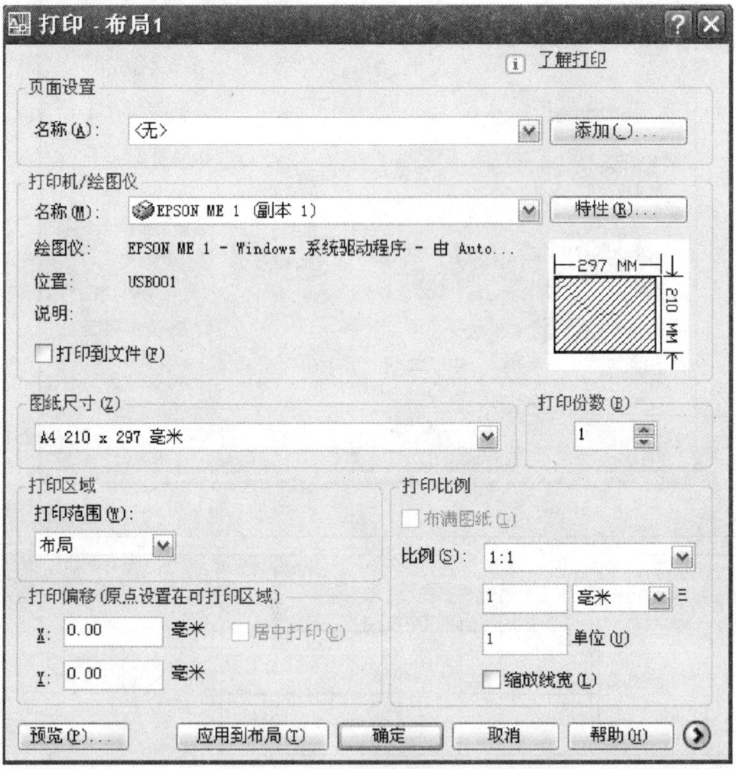

图 13-5

Step03　调整比例：在任意工具栏上右击，从弹出的快捷菜单中选择“视口”命令，选择“视口”工具栏，如图 13-6 所示。

图 13-6

Step04　单击状态栏中的“图纸”按钮，激活多边形视口，当前活动视口边框线变为粗线状态，此时在“视口”工具栏中调整合适的比例，如图 13-7 所示。

通过“实时平移”命令将图形放到合适的位置，单击状态栏中的“模型”按钮，返回到图纸空间，则一幅确定了比例的图纸即可完成设置。(如图 13-8)

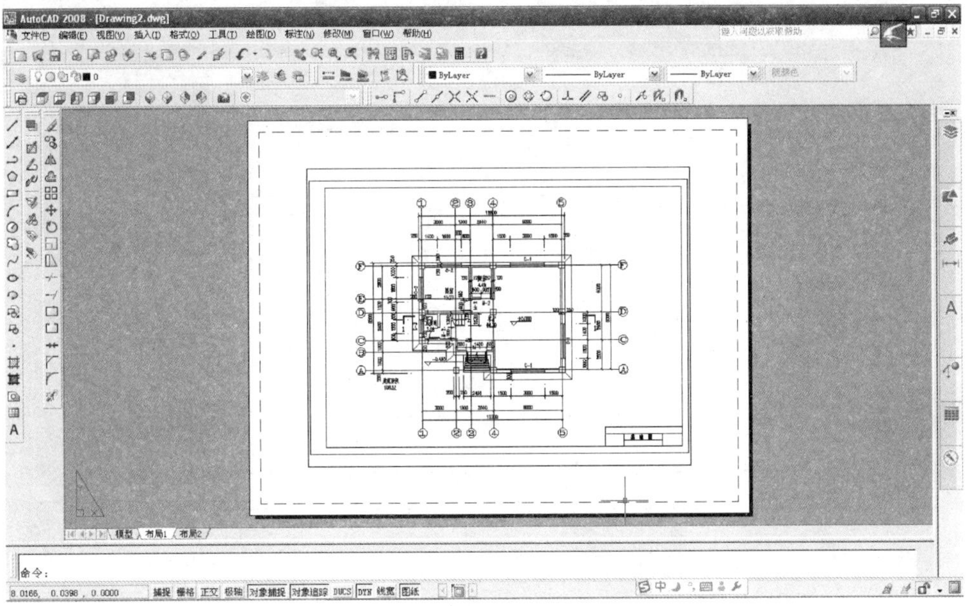

图 13-7

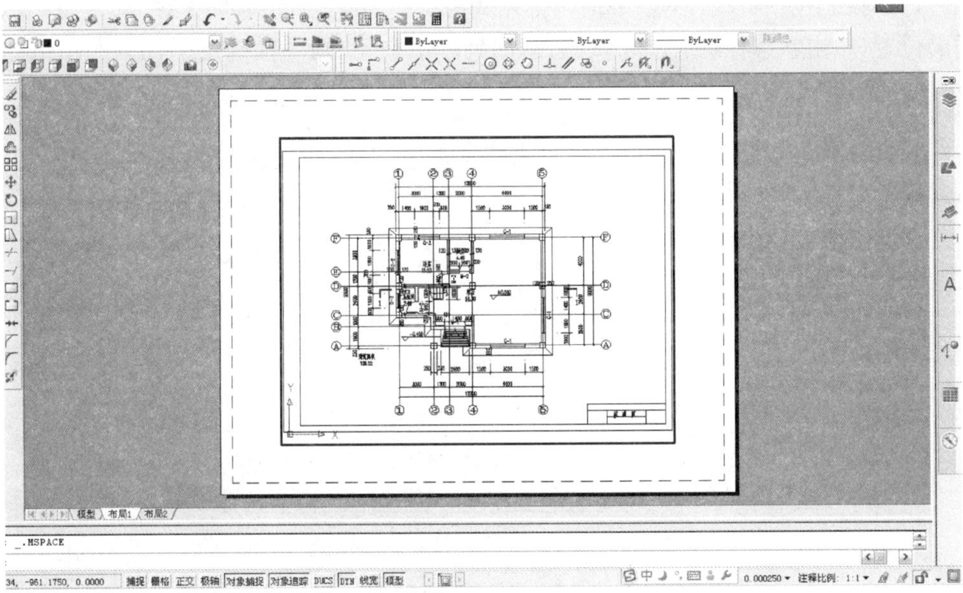

图 13-8

选择“文件”|“打印”命令，弹出“打印—布局 1”对话框，可进行预览和打印。

Step05 多个视口的打印输出：单击绘图区下方的“布局 2”选项卡，进入“布局 2”的图纸空间。

Step06 创建主视口：选择“视图”|“视口”|“多边形视口”命令，然后在当前的布局中捕捉边框的各个角点，新建一个多边形活动视口。（如图 13-9）

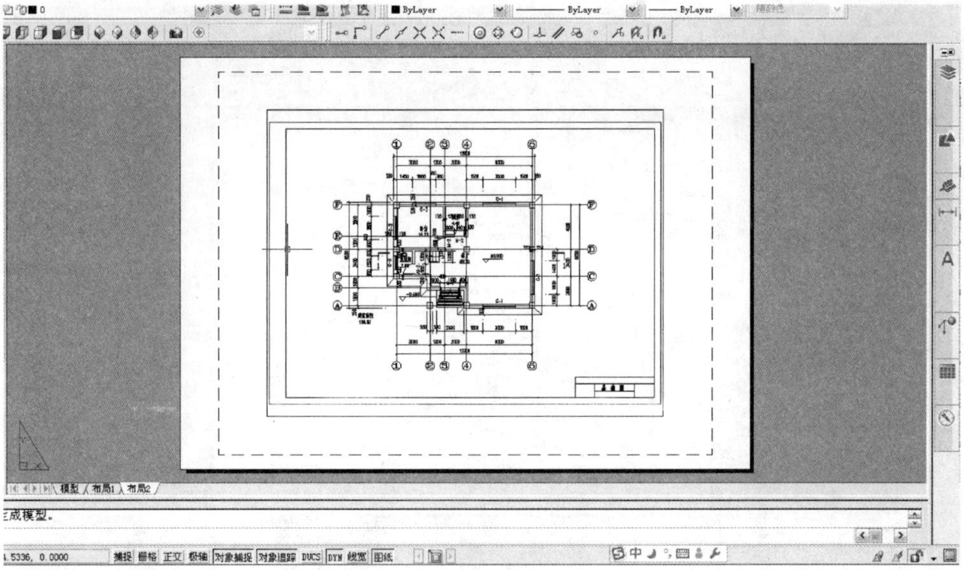

图 13-9

Step07 单击状态栏中的“图纸”按钮，激活多边形视口，当前活动视口边框线变为粗线状态，此时在“视 1：3”工具栏中的调整比例为 1：300。通过“实时平移”命令将图形放到合适的位置，单击状态栏的“模型”按钮，返回到图纸空间，则一幅确定了比例的图纸即可完成设置。(如图 13-10)

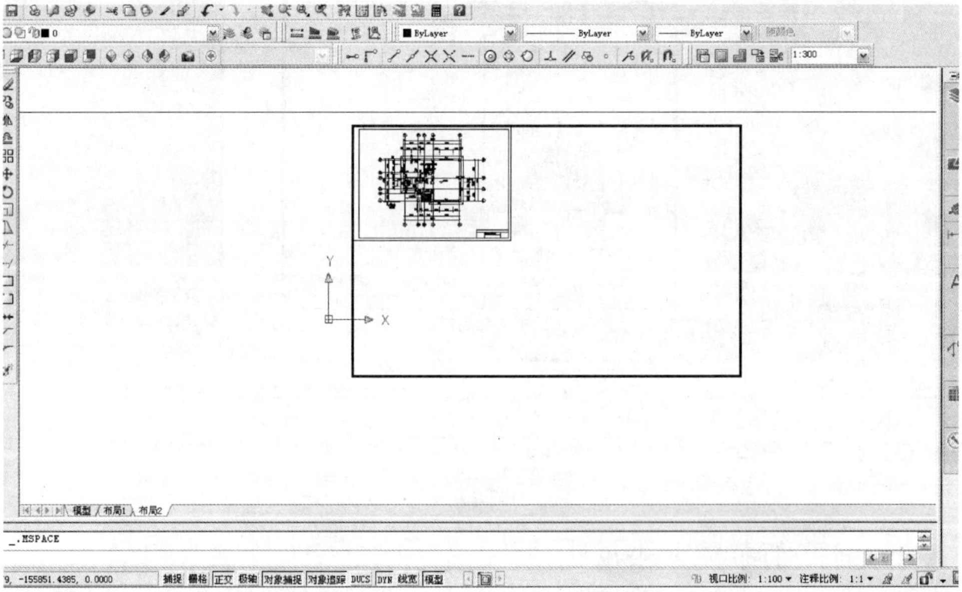

图 13-10

Step08 创建镶嵌视口：单击状态栏中的“模型”按钮，进入图纸空间，使用“矩形”命令在当前视口右侧绘制一个 400 mm×400 mm 的矩形，如图 13-11 所示。

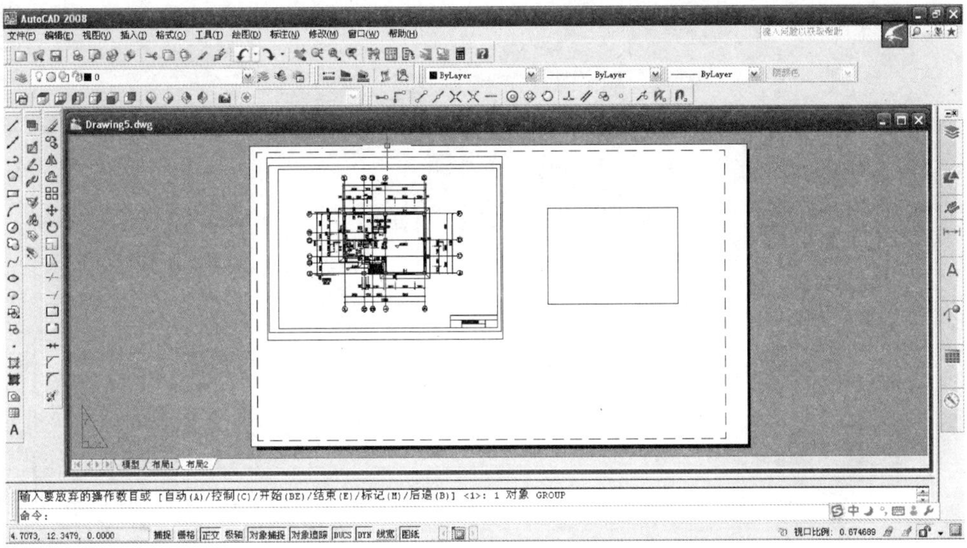

图 13-11

Step9 选择“视图”|“视口”“对象”命令或在命令行里输入 vports 命令。

命令行提示如下。

命令:vports

指定视口的角点或[开(ON)/关(OFF)/布满(F)/着色打印(S)/锁定(L)/对象(O)/多边形(P)/恢复(R)/图层(LA)/2/3/4]<布满>:o 选择要剪切视口的对象://选择矩形

结果如图 13-12 所示。

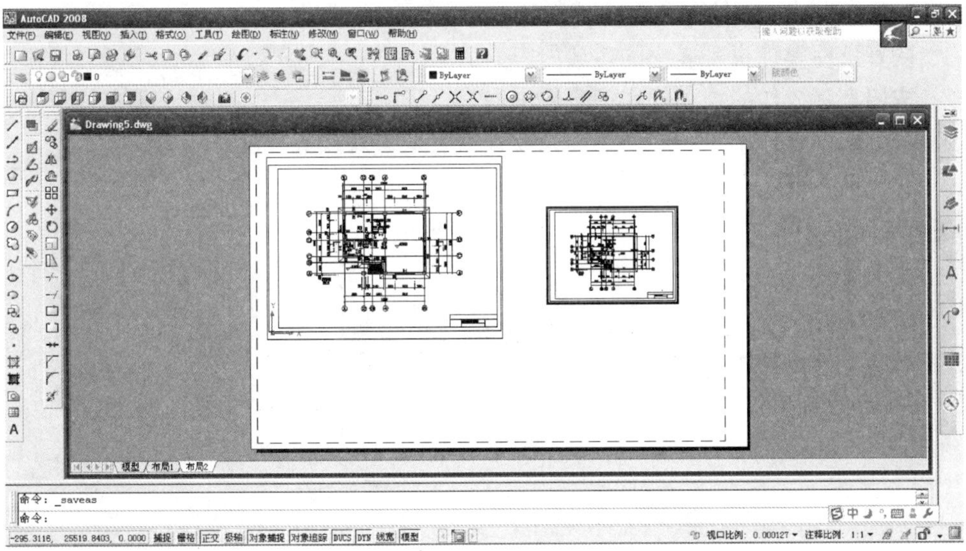

图 13-12

Step10 单击状态栏中的“图纸”按钮,将此视口激活,调整视口比例(使用鼠标滚动条或输入比例),并调整图形的显示位置,结果如图 13-13 所示。

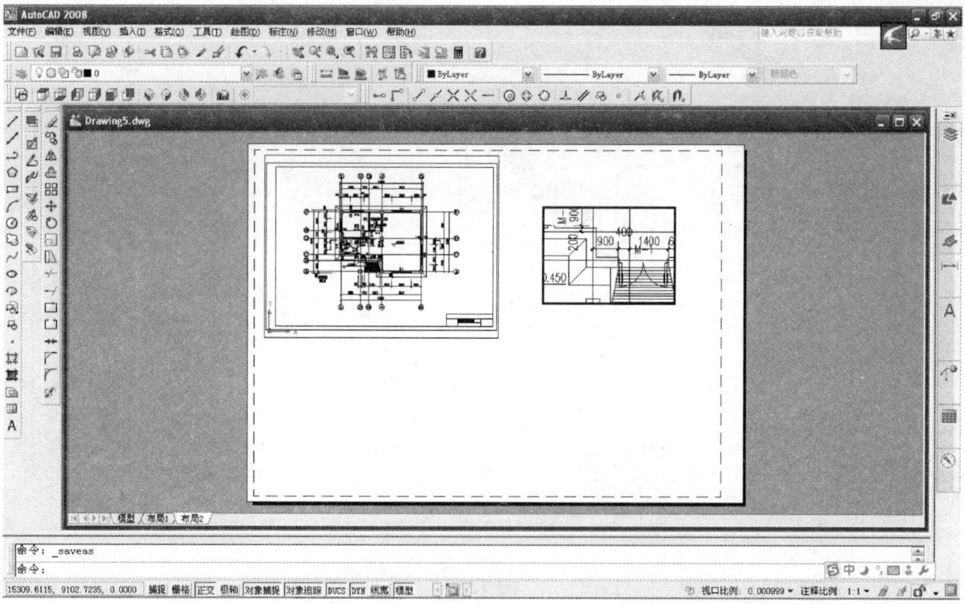

图 13-13

选择“文件”|“打印”命令，弹出“打印—布局 2”对话框，即可进行预览和打印。

四、课后练习

课后找一张自己前面画的建筑图进行打印设置。

五、实训报告要求及成绩评定

1. 认真填写实训报告表中的各项内容。
2. 按照实际操作的顺序把实训步骤掌握好。
3. 实训成绩是根据绘制的图形的完成程度与效果及熟练程度评定的。

附表一 课内实训成绩记录

成绩：

项次	项目	要求	配分	得分
1	模型空间打印输出页面设置及比例调整	完成程度与效果	20	
		熟练程度	5	
2	图纸空间的打印输出页面设置及比例调整	完成程度与效果	20	
		熟练程度	5	
3	打印预览和打印	完成程度与效果	10	
		熟练程度	5	
4	多个视口的打印输出	完成程度与效果	15	
		熟练程度	5	
5	创建镶嵌视口	完成程度与效果	10	
		熟练程度	5	

附表二 学生学习情况信息反馈

在掌握、基本掌握、未掌握处对应打“√”。

项次	项目	掌握	基本掌握	未掌握
1	模型空间打印输出页面设置及比例调整			
2	图纸空间的打印输出页面设置及比例调整			
3	打印预览和打印			
4	多个视口的打印输出			
5	创建镶嵌视口			

实训十四　天正建筑平面图的绘制

一、实训目的要求

1. 在电脑上已安装 CAD2008 的基础上，安装天正建筑 7.5 插件。
2. 掌握运用常见的绘图、编辑命令绘制典型的建筑平面图。
3. 掌握建筑施工图中尺寸、文本标注样式的最佳设置。
4. 掌握建筑施工图中常见标注命令的执行、编辑。
5. 掌握文本标注命令的执行、编辑。

二、实训项目

绘制典型建筑平面图。（如图 14-1）

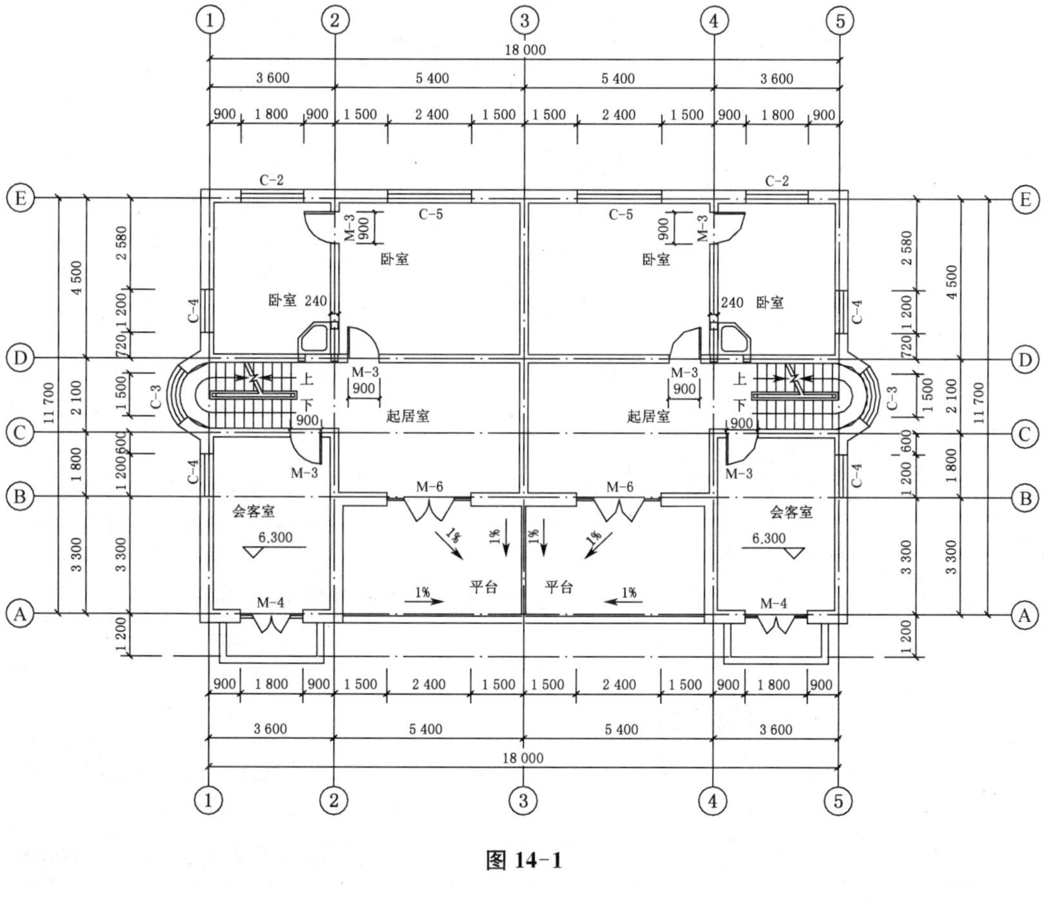

图 14-1

三、实训步骤

Step01 建立直线轴网："轴网"→"直线轴网" 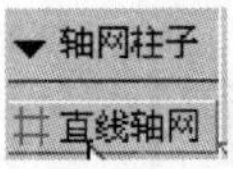

。

使用轴线命令建立轴网

功能：生成正交轴网、斜交轴网或单向轴网。

在菜单上点取本命令后，可用光标点取或由键盘键入来选择数据生成方式，同时可在对话框右侧的预览区中对轴线进行预览。屏幕上出现绘制直线轴网对话框，如图 14-2。

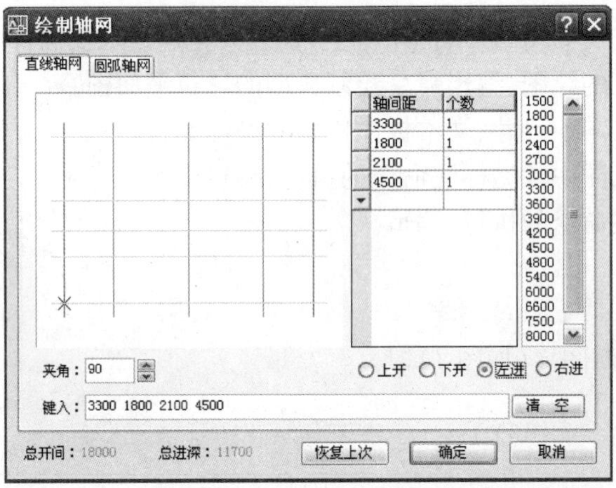

图 14-2

现就对话框中的某些选项说明如下：

上开间	上方标注轴线的开间尺寸
下开间	下方标注轴线的开间尺寸
左进深	左方标注轴线的进深尺寸
右进深	右方标注轴线的进深尺寸
清空	删除数据的步骤如下： 1. 用光标选取键入进深或开间尺寸数据； 2. 点取清空按钮
夹角	指水平轴线与垂直轴线之间的角度
恢复上次数据	读取前一次有效操作的轴网数据，便于重建损坏的轴网
预览区	显示直线轴网，随输入数据的改变而改变，"所见即所得"

Step02 两点轴标 

。

菜单位置："轴网"→"两点轴标"→出现轴网标注对话框（如图 14-3）

例如在图 14-4 中应点取最左面的一根竖向轴线，再点最右面的轴线，然后先点取 A 轴再点 E 轴，起始轴号为 A。

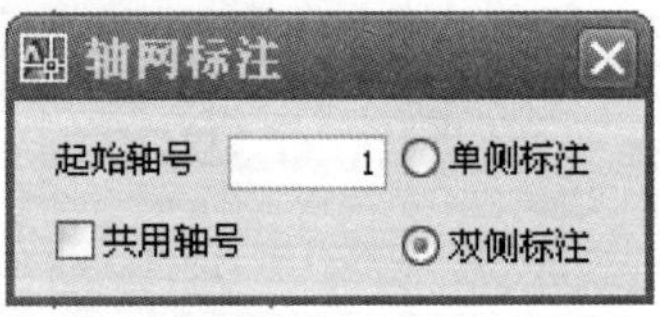

图 14-3

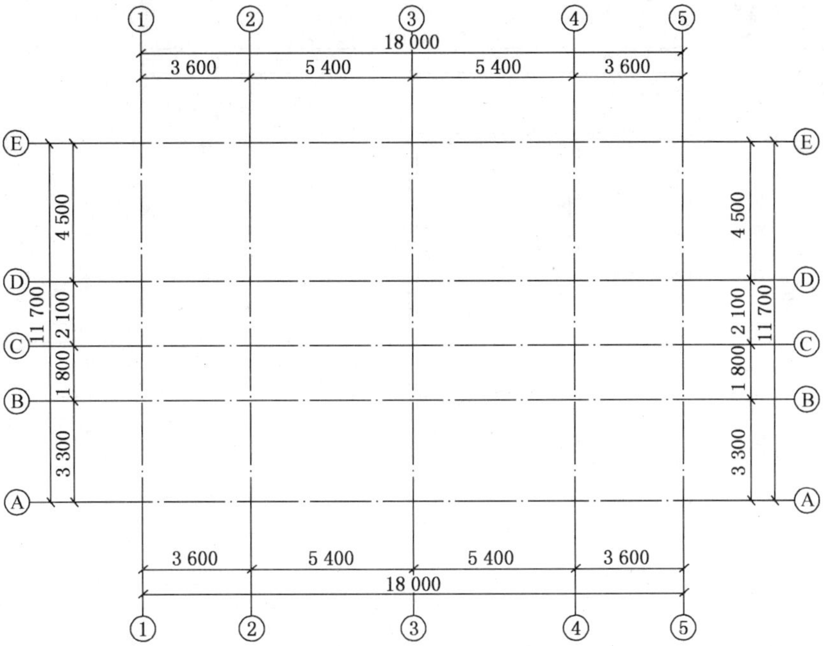

图 14-4

Step03 绘制墙体:菜单位置:“墙体”→“绘制墙体” 绘制墙体。

功能:本命令可启动一个非模式对话框,其中可以设定墙体参数,不必关闭对话框即可直接绘制直墙、弧墙和用矩形方法绘制自定义墙体对象,墙线相交处自动处理,墙宽、墙高可随时改变,墙线端点有误可以回退,用户使用过的墙厚参数在数据文件中给予保存。

首先绘制外墙,左宽 250 mm,右宽 120 mm。再绘制内墙,左宽 120 mm,右宽 120 mm,点击进行绘制。(如图 14-5、图 14-6)

图 14-5

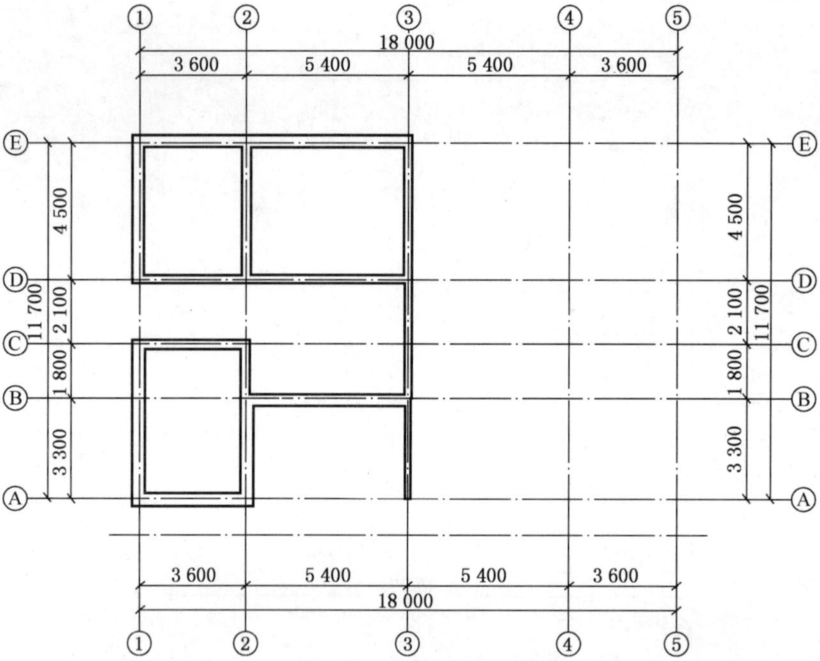

图 14-6

绘制弧形墙体：点击进行绘制（高度可调整）。（如图 14-7）

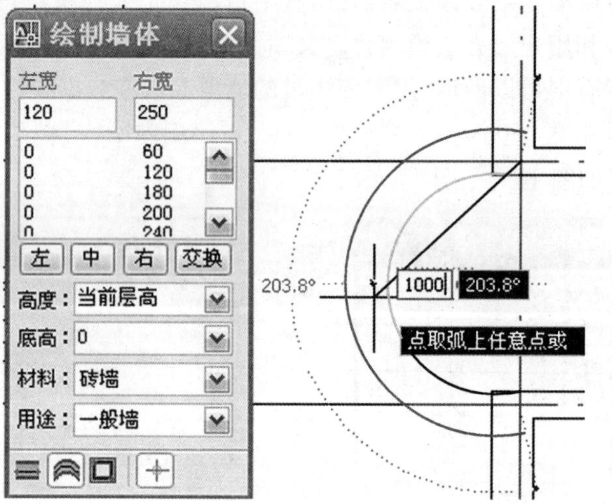

图 14-7

Step04 插入门窗。

(1) 尺寸参数输入框

尺寸参数输入框中包括门宽、门高、门槛高、编号、距离 5 个下拉列表框，点取右侧按键，下拉显示参数列表，点取表中任一参数，该参数成为设定值。如输入参数在列表中不存在，可从键盘输入，距离参数仅在“轴线定距”、“垛宽定距”、“上层门窗”时有效。（如图 14-8）

> **注意**：门槛高指门的下缘到所在的墙底标高的距离，通常是指离本层地面的距离。对于无地下室的首层外墙上的门，由于外墙的底标高低于室内地平线，因而门槛高应输入离室外地坪的高度。

(2) 门窗编号的输入（如图 14-8）

门窗编号各地差别较大，TArch6 没有使用自动编号方式，如需在图中标出门、窗编号，可在编号框中输入，输入后该编号会保存到编号列表中供以后选用。如果从列表框中挑选已有的门窗编号，则将自动设置该编号对应的一组尺寸参数及门窗样式。如果已经插入的门窗，具有相同编号，但尺寸和样式不尽相同（此时不合理的情况已经出现，系统不允许插入编号冲突的门窗），系统将随机抽取其中的一个已插入的门窗的数据。

图 14-8

(3) 平面样式设定框：用于设定平面图中门符号的样式，在该框内任点一点，屏幕弹出二维门选择框。点取任一门样式，该样式成为当前门样式，如不修改，插入门时，在平面图中均采用该样式。（如图 14-9(a)）

(4) 三维样式设定框：用于设定门三维样式，在该框内任点一点，屏幕弹出三维样式选择框。同样，点取任意一样式，该样式为当前门的三维样式。（如图 14-9(b)）

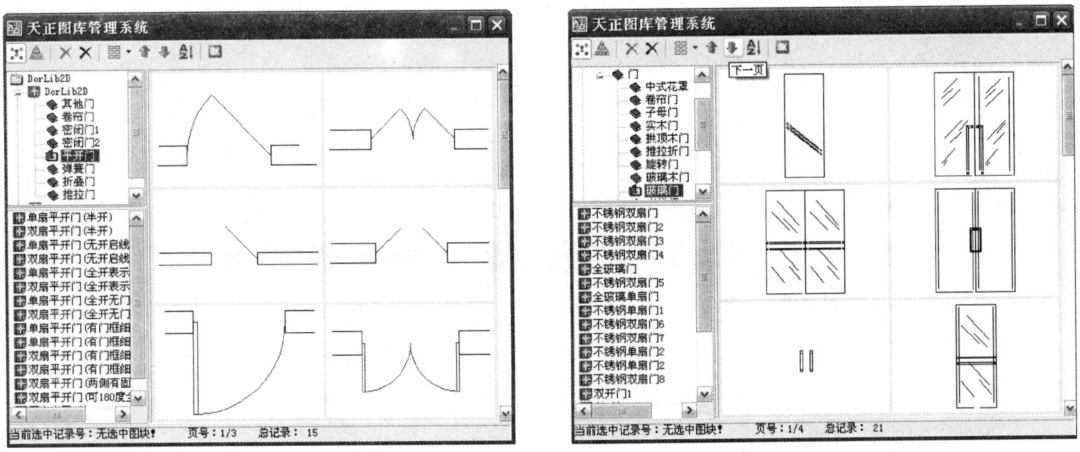

(a) 天正图库管理系统平面样式对话框　　(b) 天正图库管理系统三维样式对话框

图 14-9

完成插入门窗（如图 14-10）

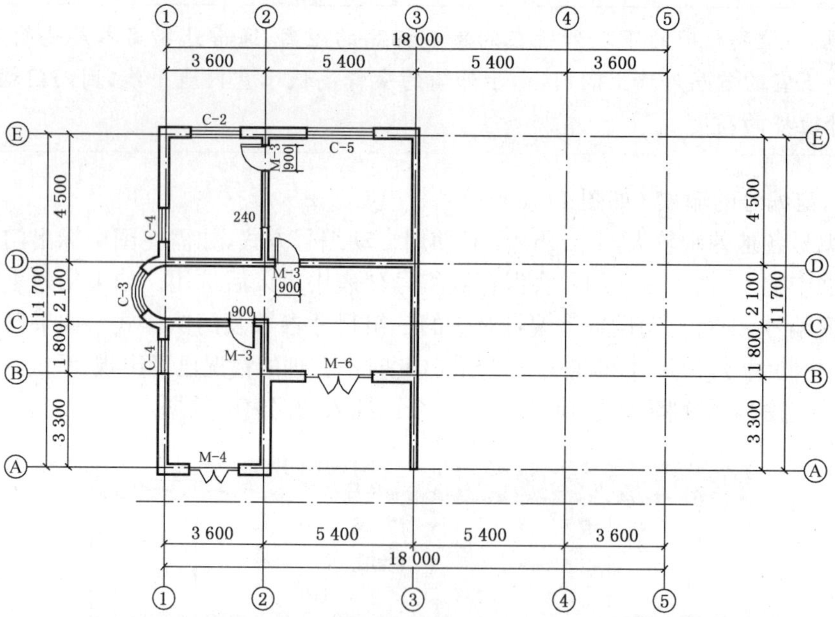

图 14-10

(5) 操作方式按钮

自由插入,鼠标点选取的墙段位置插入　沿着直墙顺序插入

依据点取的轴线两侧位置进行等分插入　在点取的墙段上进行等分插入

垛宽定距插入　轴线定距插入

按角度插入弧墙上的门窗　充满整个墙段插入门窗

插入上层门窗　替换图中已插入的门窗

插门　插窗

插门联窗　插子母门

插弧窗　插凸窗

插矩形洞　标准构件库

Step05　插入楼梯:▾ 楼梯其他 → 双跑楼梯(根据平面的要求层类型可选择首层、中间层或顶层)。(如图 14-11)

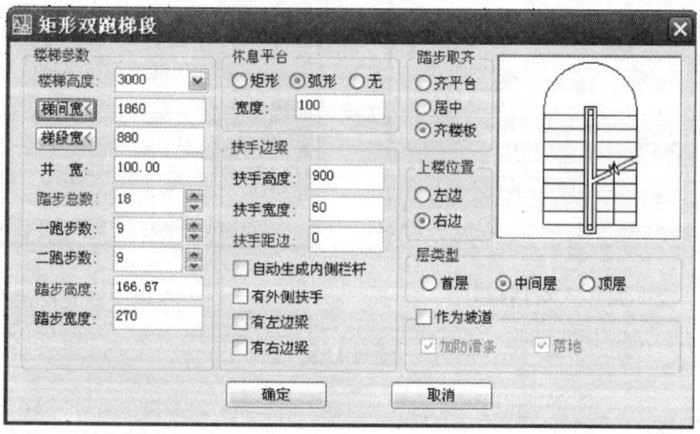

图 4-11

Step06 标注内部小尺寸。(如图 14-12)

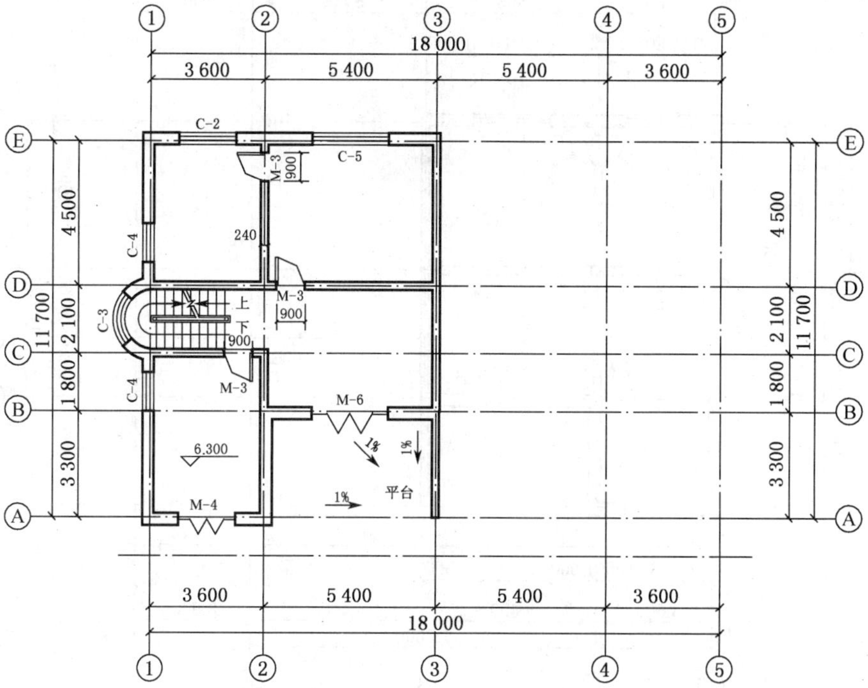

图 14-12

Step07 插入符号标注。

(1) 插入标高符号点击 标高标注(如图 14-13)

(2) 插入箭头引注 箭头引注(如图 14-14)

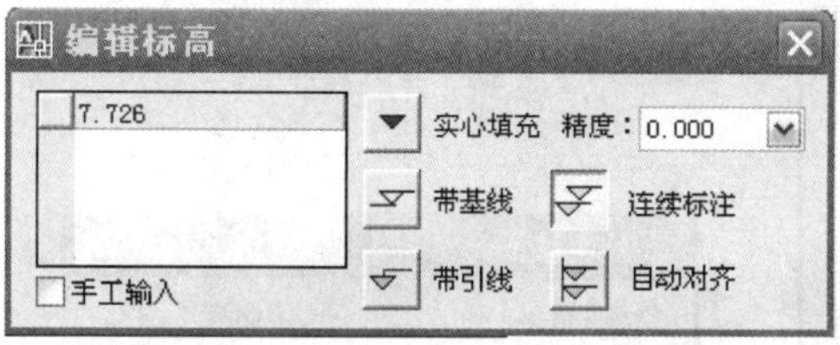

图 14-13

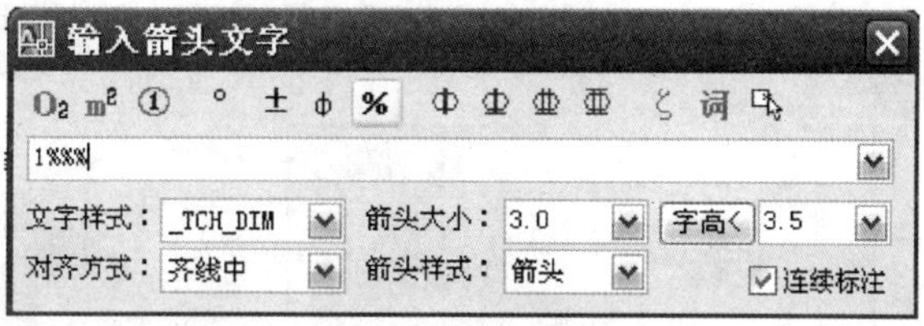

图 14-14

Step08 门窗尺寸标注: 尺寸标注→ 门窗标注(注意点取墙上门窗的界限)。

文字标注: 文字表格→单行文字(如图 14-15、图 14-16)

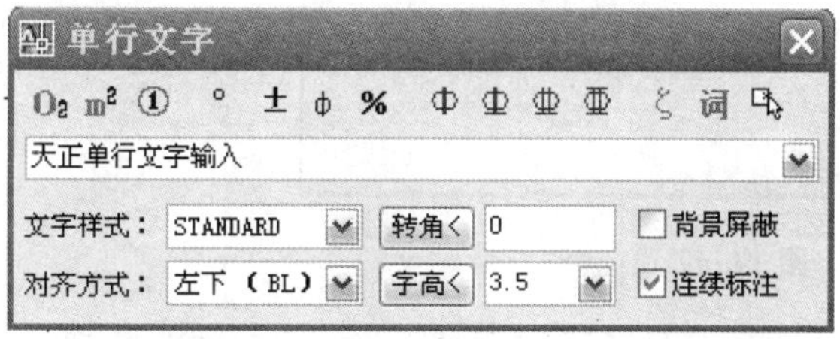

图 14-15

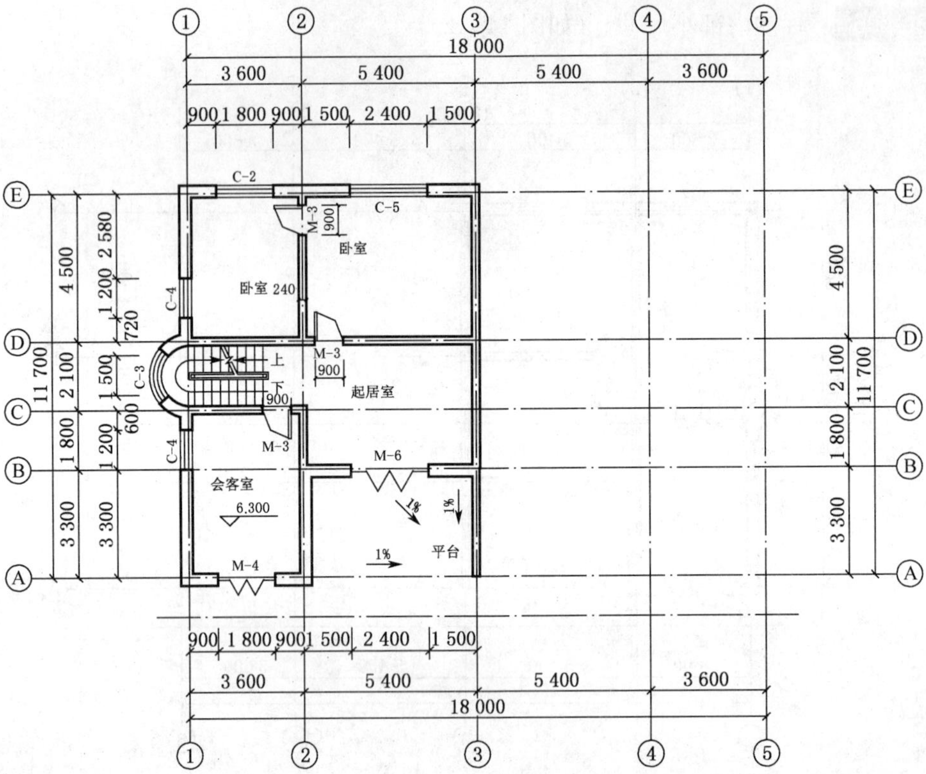

图 14-16

Step09 插入洁具图块：图库图案→通用图库→点击“ok”→图块编辑→在图上放置正确的位置(可输入家具尺寸，也可按比例调整，不是整体调整可把图块编辑对话框里的统一比例的√去掉)。(如图 14-17、图 14-18)

图 14-17

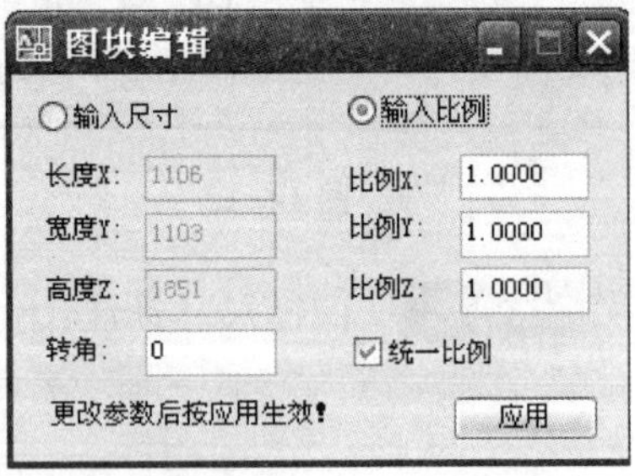

图 14-18

Step10 如是底层平面图可绘制室外台阶：楼梯其他→台阶。(如图 14-19～

图 14-21）

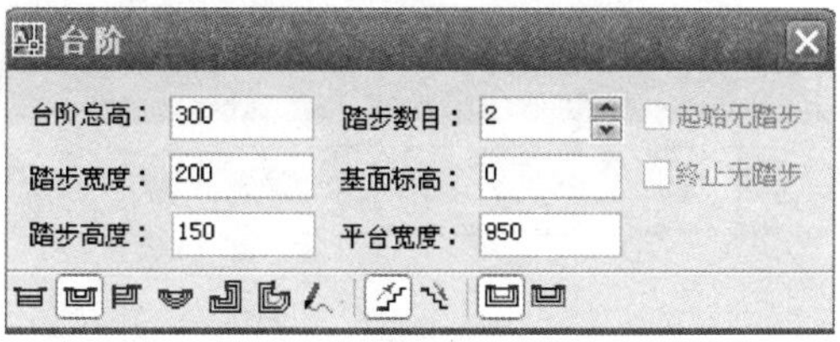

图 14-19

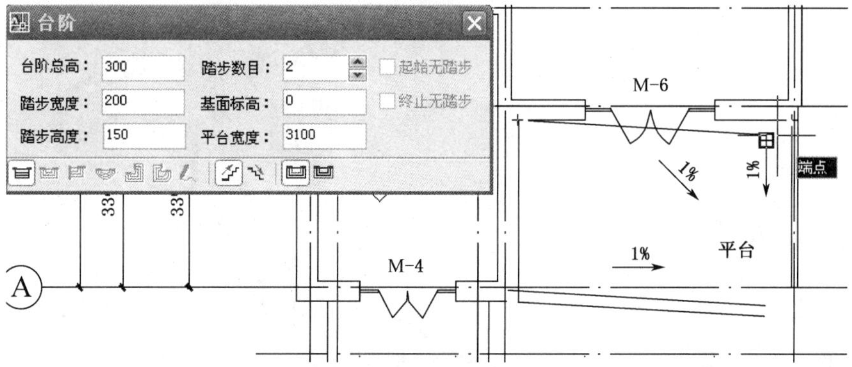

图 14-20

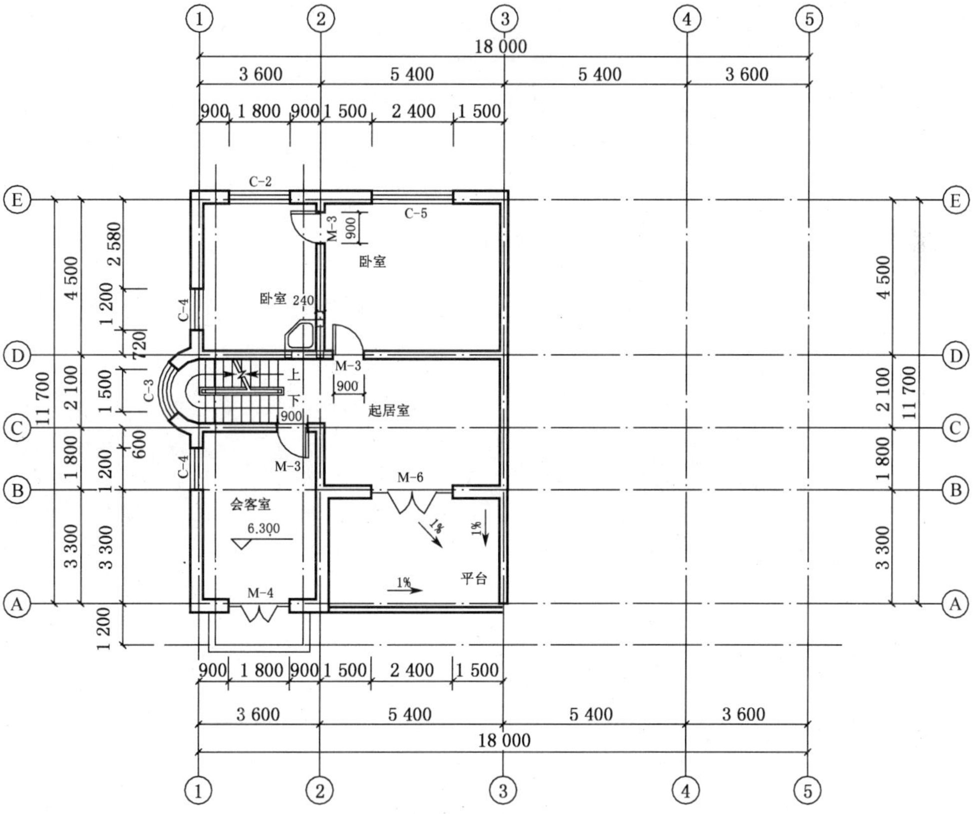

图 14-21

Step11 打开视图工具栏可看到建筑轴测图。

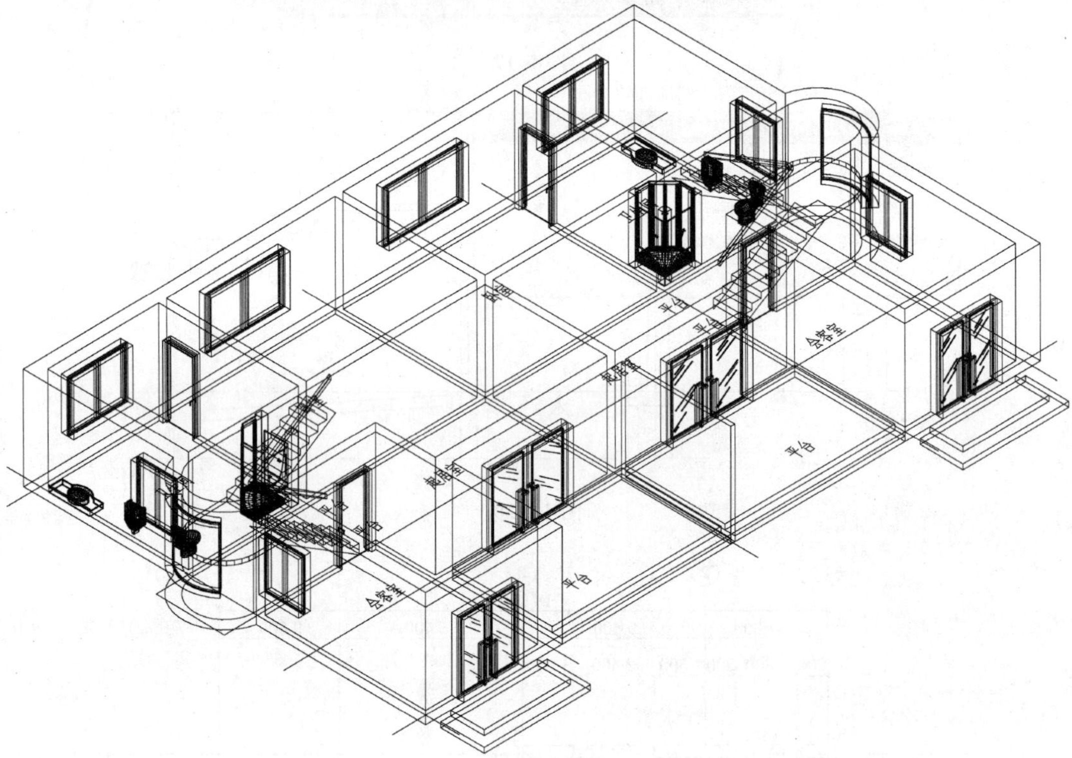

图 14-22

Step12 执行镜像命令:因为建筑平面是对称的,所以用镜像命令完成。(如图 14-1)

四、课后练习

使用天正建筑绘制建筑平面图。

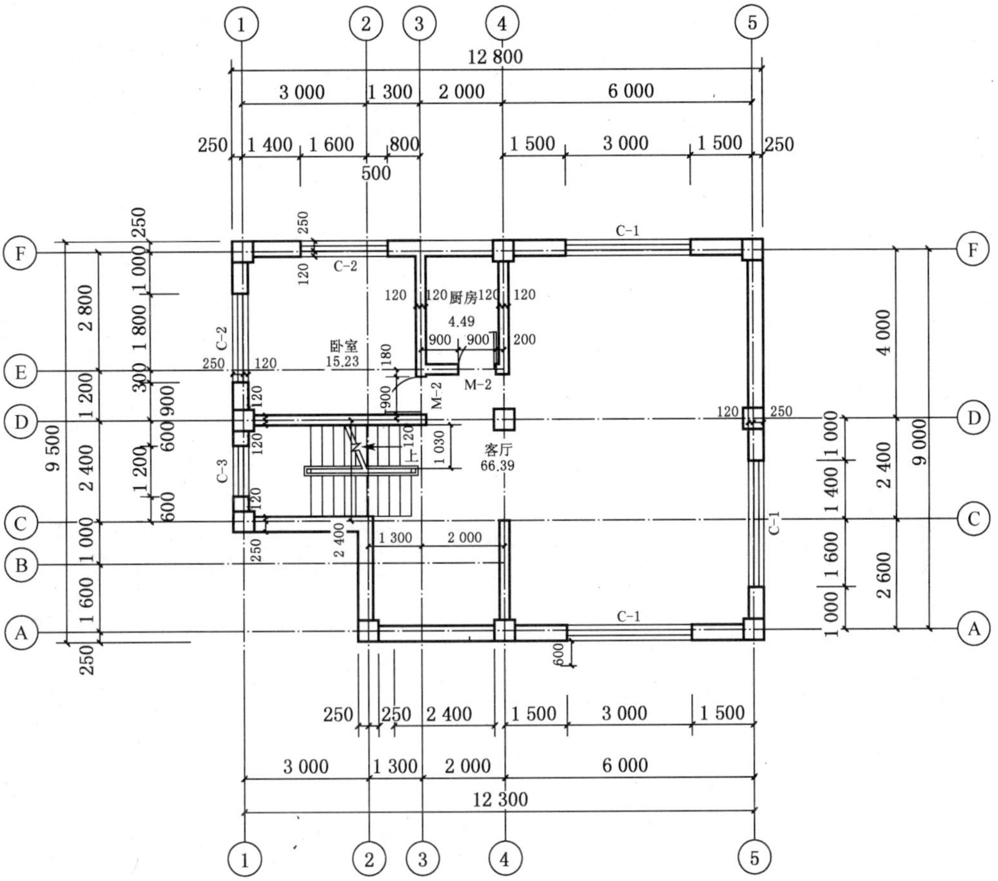

五、实训报告要求及成绩评定

1. 认真填写实训报告表中的各项内容。
2. 按照实际操作的顺序把实训步骤掌握好。
3. 实训成绩是根据绘制的图形的完成程度与效果及熟练程度评定的。

附表一 课内实训成绩记录

成绩：

项次	项　　目	要　求	配　分	得　分
1	整体效果	完成程度与效果	20	
		熟练程度	5	
2	轴线绘制	完成程度与效果	10	
		熟练程度	5	
3	墙体绘制	完成程度与效果	10	
		熟练程度	5	
4	门窗插入	完成程度与效果	15	
		熟练程度	5	
5	尺寸标注、文字标注及符号标注	完成程度与效果	10	
		熟练程度	5	
6	台阶绘制	完成程度与效果	10	
		熟练程度		

附表二 学生学习情况信息反馈

在掌握、基本掌握、未掌握处对应打“√”。

项次	项　　目	掌　握	基本掌握	未掌握
1	轴线绘制			
2	墙体绘制			
3	门窗插入			
4	尺寸标注、文字标注及符号标注			
5	台阶绘制			

《建筑CAD》实训周任务书

适用专业：建筑类　　　　实训学时：30学时

一、实训周的基本要求

1. 学习AutoCAD的基本命令及其操作。
2. 学习用AutoCAD绘制设计图的方法，逐步提高学生的应用水平。
3. 本课程是建筑装饰专业的专业基础课，通过本课程的学习，应让学生掌握CAD软件的基本命令及操作方法，掌握绘制工程图形常用的操作技巧和利用CAD在工程设计中进行辅助性设计的方法，并且能够完成建筑施工图和建筑图的绘制。

二、实训周实践主要内容及学时分配

序号	项目名称	内　容	要　求	学时数
1	操作指导：练习一	绘图框	1. 学习AutoCAD系统的运行操作 2. 了解AutoCAD系统的菜单结构	1
2	操作指导：练习二	建筑图元练习	要严格按照画组合体视图的方法及步骤进行，尺寸标注要达到正确、完整、清晰	1
3	操作指导：练习三	建筑图元练习	熟悉常用工具栏“快捷键”命令的用法	1
4	操作指导：练习四	建筑施工图练习	熟悉常用工具栏“快捷键”命令的用法	1
5	操作指导：练习五	建筑施工图练习	练习使用命令栏的“绘图”及“修改”命令	2
6	操作指导：练习六	建筑施工图练习	进一步熟悉命令栏的“绘图”及“修改”命令	2
7	操作指导：练习七	“块”的应用	练习如何定义块及如何把块插入到一个现有图形中	2
8	操作指导：练习八	尺寸标注	通过练习，能够进行各种类型尺寸及文字的标注	2
9	综合练习一	建筑平面图	各种命令的综合运用	6
10	综合练习二	建筑立面图	各种命令的综合运用	6
11	综合练习三	综合练习	各种命令的综合运用	6
合　计				30

三、图纸绘制内容（见附图）

1. 建筑平面布置图
2. 建筑立面图

3. 建筑剖立面图
4. 建筑节点详图

四、实践技能或课程考核要求

1. 偏重于考察学生的计算机实际操作水平。
2. 要准确理解概念,并有创造性的表现。
3. 按时、按要求完成CAD作业。
4. 实训周考勤。

考核分为:优、良、中、及格、不及格五个等级

优:能遵守纪律,完成全部上机内容并能发现问题、解决问题,能按时上交实习报告和CAD作业。实习报告书写工整,内容丰富,观点正确,图面美观整洁,符合规范要求。

良:能遵守纪律,完成全部实习内容,能按时上交实习报告和CAD图,实习报告书写工整,内容齐全。

中:能遵守纪律,基本上能按实习大纲和任务书的要求实训,上交实训报告和CAD图,书写工整。

及格:能遵守纪律,基本上能按时上机练习,基本上能按实习大纲和任务书的要求实习,上交实训报告。

不及格:不能遵守纪律,不能按时上机练习,不上交实训报告。

五、其他注意事项

1. 实训报告独立完成,CAD实训作业独立完成。
2. 将运用建筑CAD绘制的建筑图保存好并交给老师。

附 录

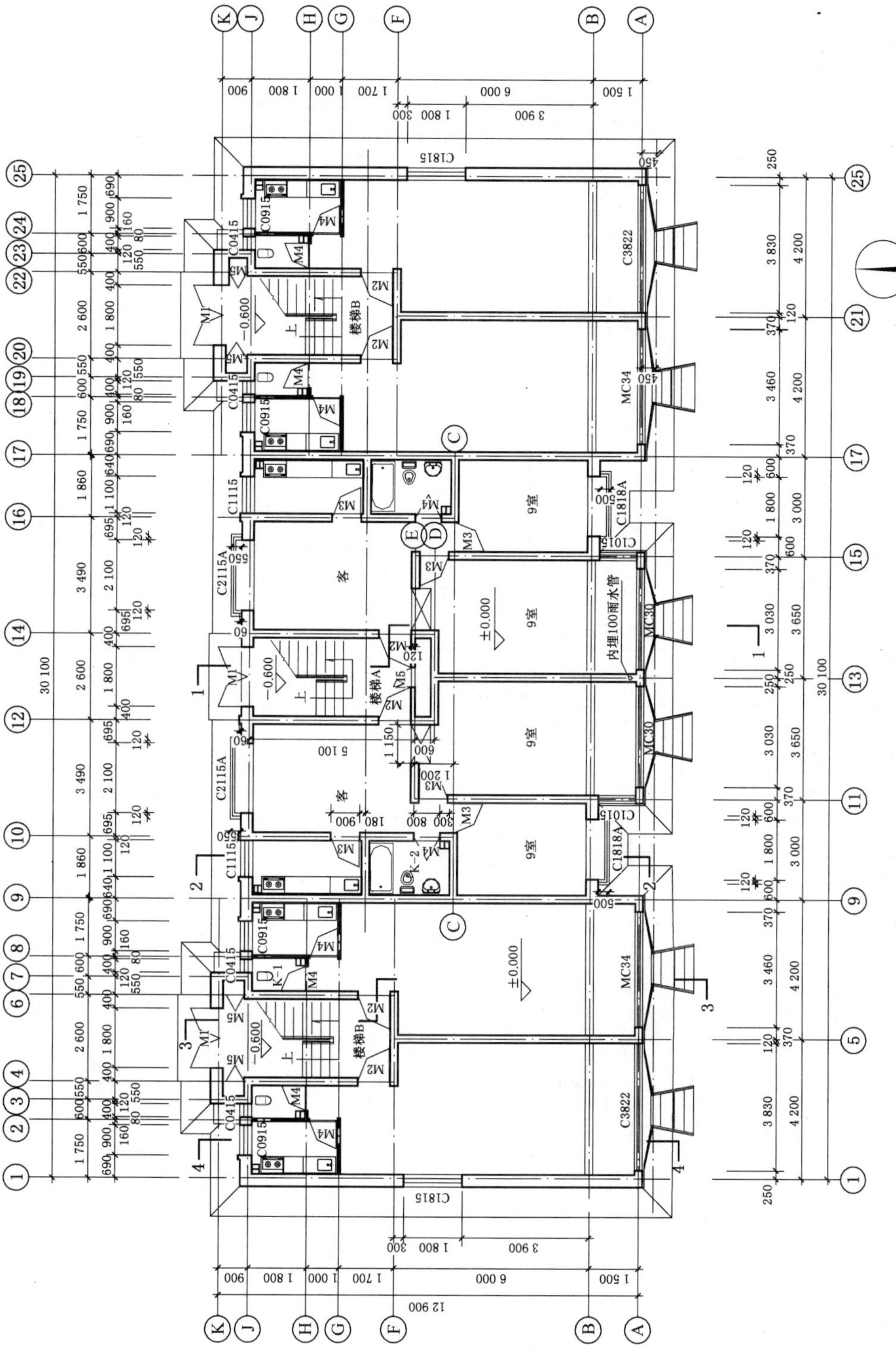

C1815
C3822
MC34
MC30
C0915
C0415
C1115
C2115A
C1818A
C1015
M1
M2
M3
M4
M5
K-1
K-2
楼梯A
楼梯B
客
卧室
上
±0.000
-0.600
内埋100雨水管
30 100
12 900

一层平面 1:100

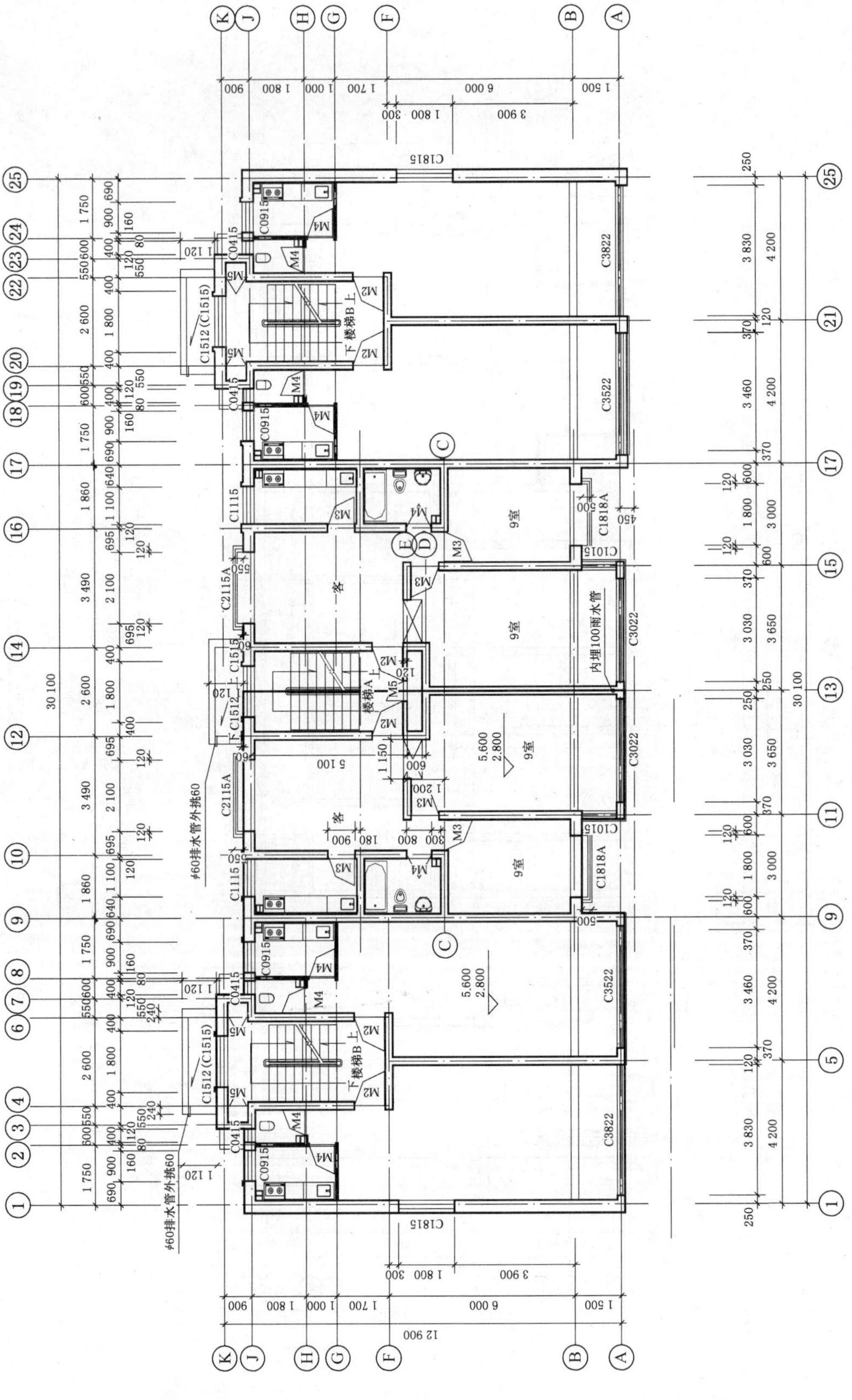
楼梯A
楼梯B
客
9室
C1815
C3822
C3522
C3022
C1818A
C1015
C2115A
C1115
C0915
C0415
C1512(C1515)
M2
M3
M4
M5
内埋100雨水管
ϕ60排水管外挑60
12 900
30 100

二、三层平面 1:100

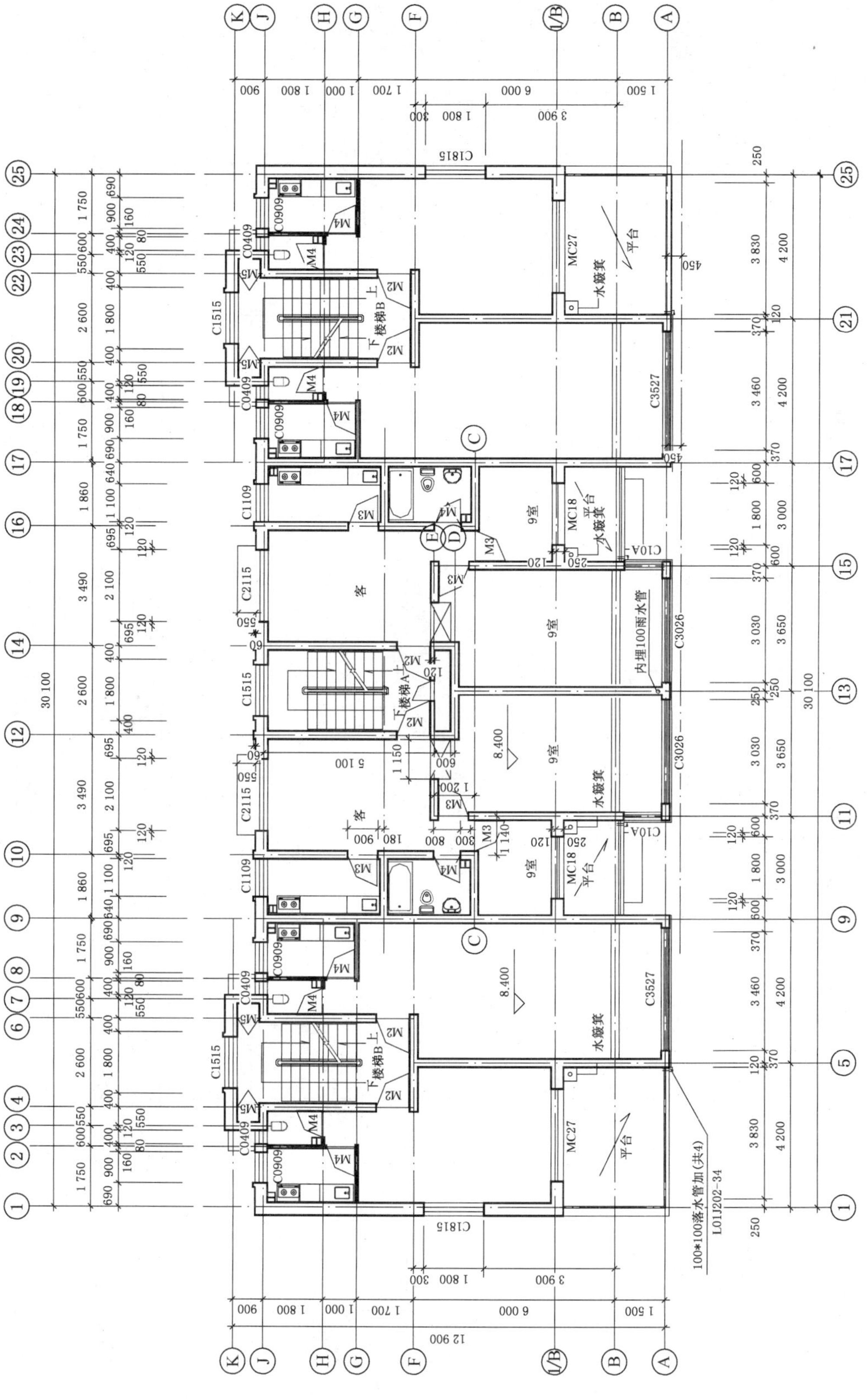
楼梯A
楼梯B
上
下
客
9室
平台
水簸箕
内埋100雨水管
100*100落水管加(共4)
L01J202-34
C1815
C1515
C1109
C2115
C0409
C0909
C3527
C3026
C10A
MC27
MC18
M2
M3
M4
M5
8.400
30 100
12 900
6 000
3 900

阁楼层平面图 1:100

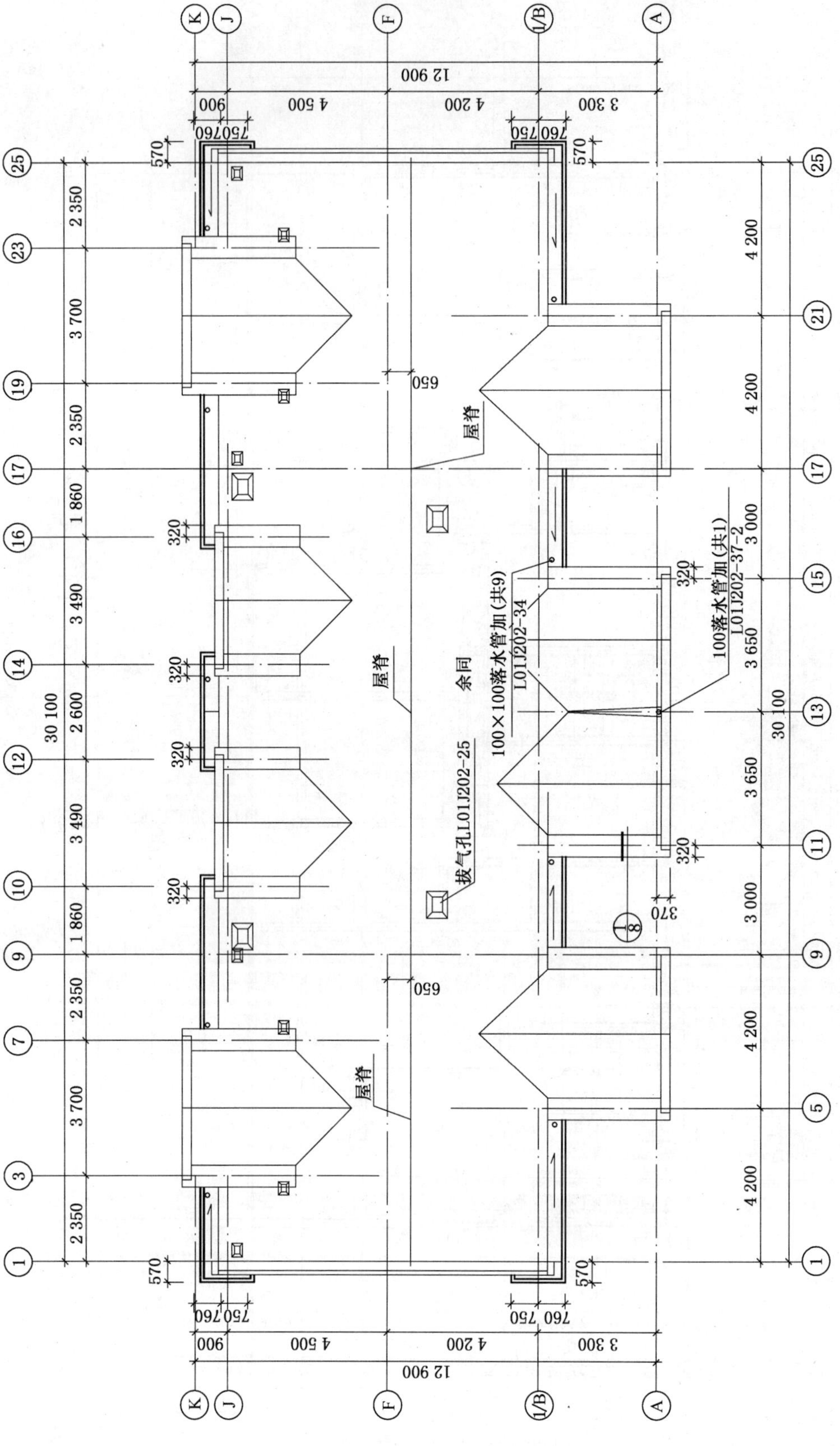

屋面排水示意图 1:100

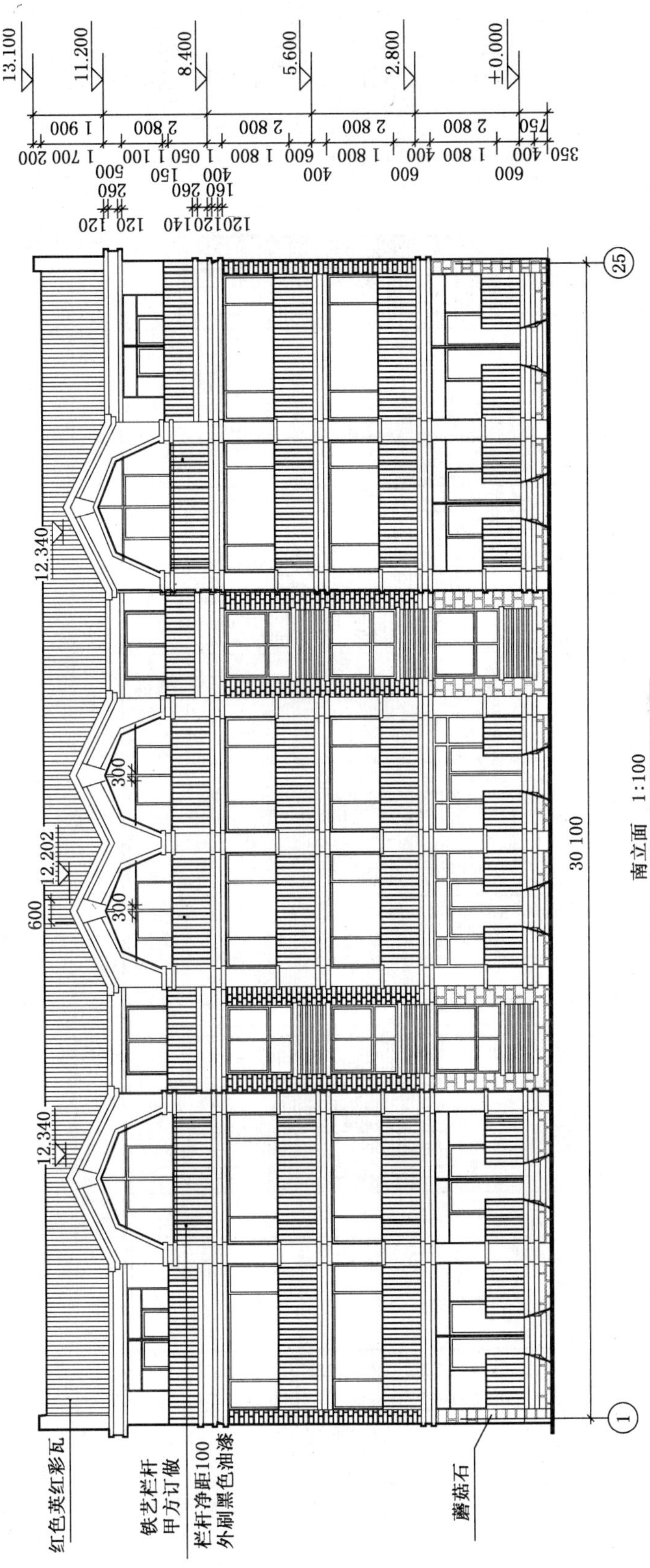
13.100
11.200
8.400
5.600
2.800
±0.000
12.340
12.202
600
300
30 100
红色英红彩瓦
铁艺栏杆
甲方订做
栏杆净距100
外刷黑色油漆
蘑菇石

南立面 1:100

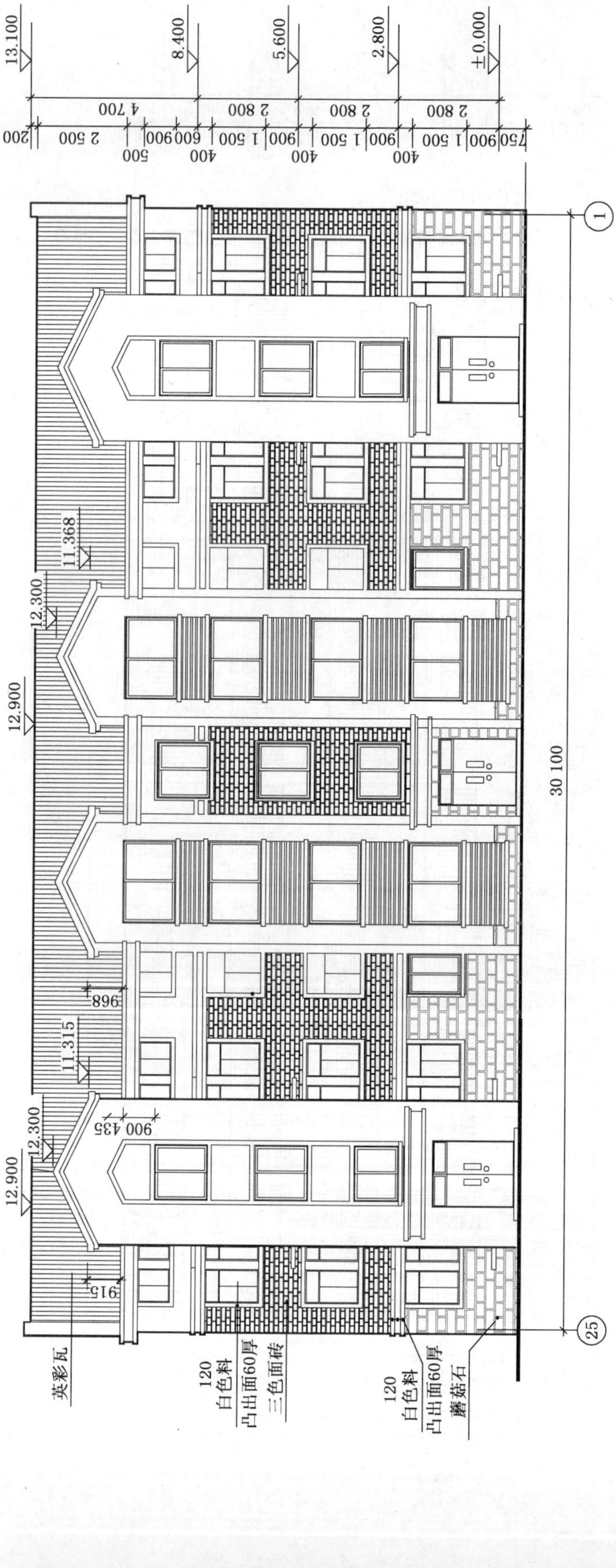
13.100
8.400
5.600
2.800
±0.000
4 700
2 800
2 800
2 800
12.900
12.300
11.368
11.315
12.300
12.900
30 100
英彩瓦
120
白色料
凸出面60厚
三色面砖
120
白色料
凸出面60厚
蘑菇石

北立面 1:100

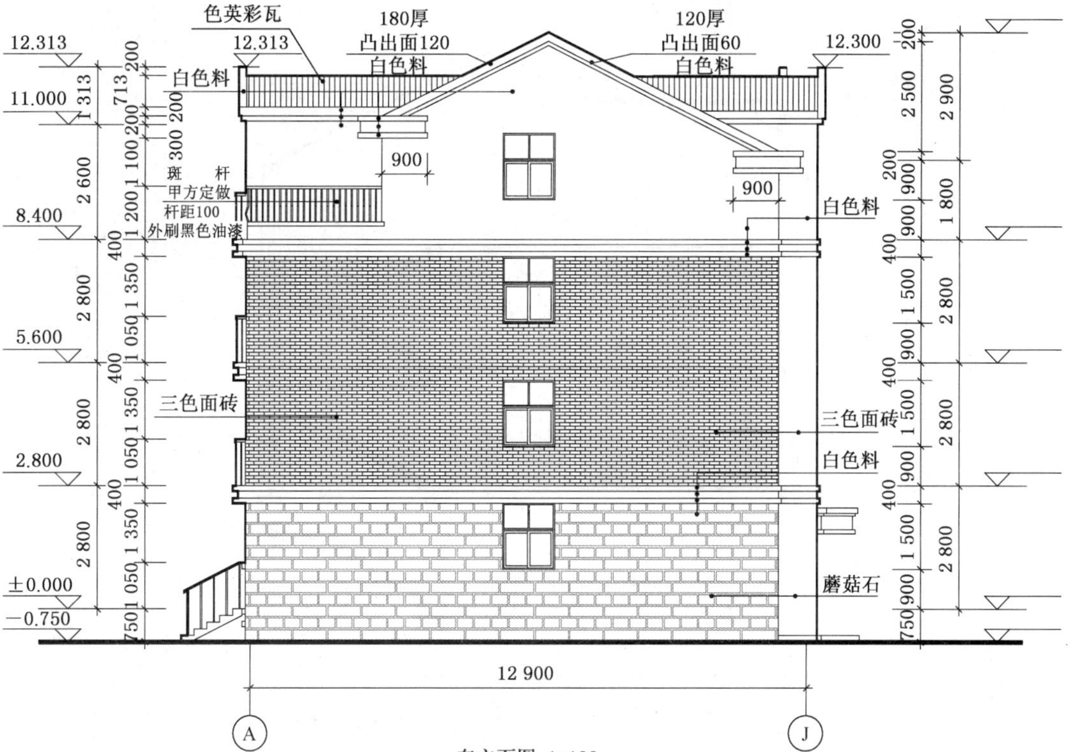

东立面图 1:100

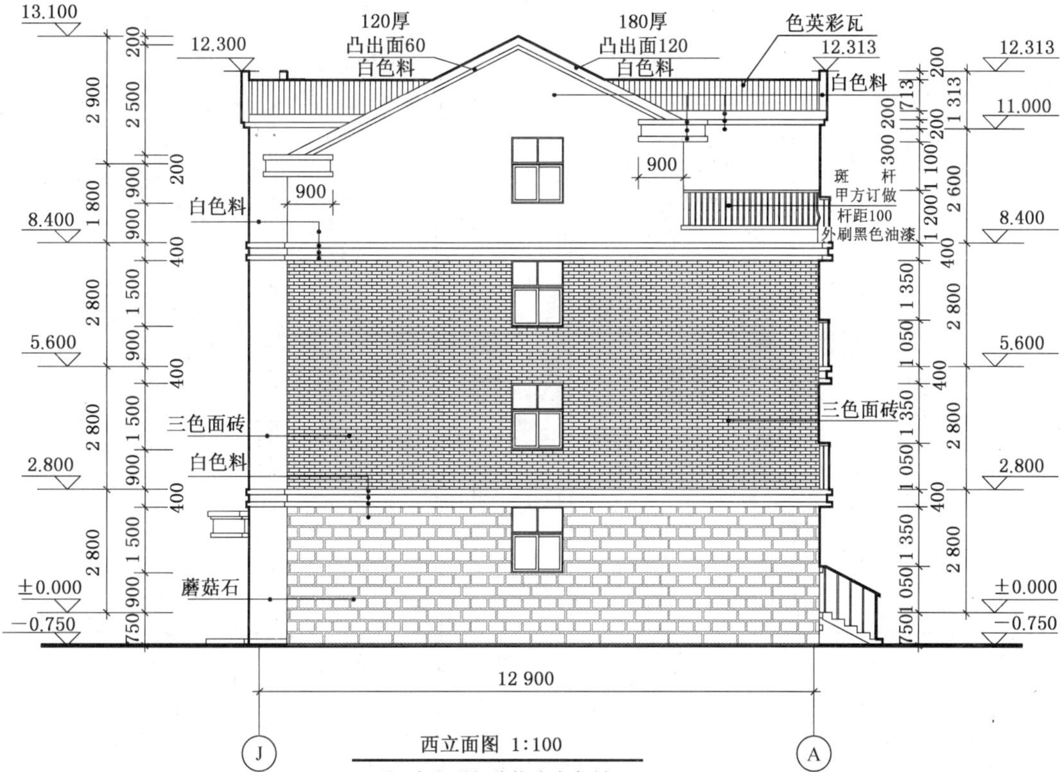

西立面图 1:100

注:未注明部分均为白色料

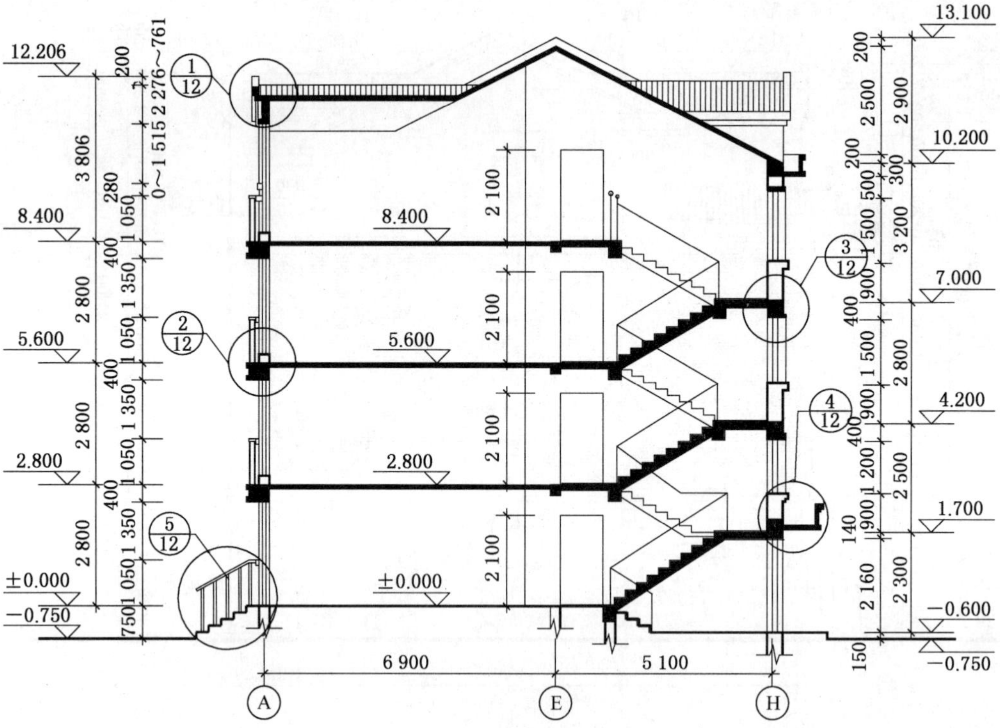

1—1剖面图 1:100

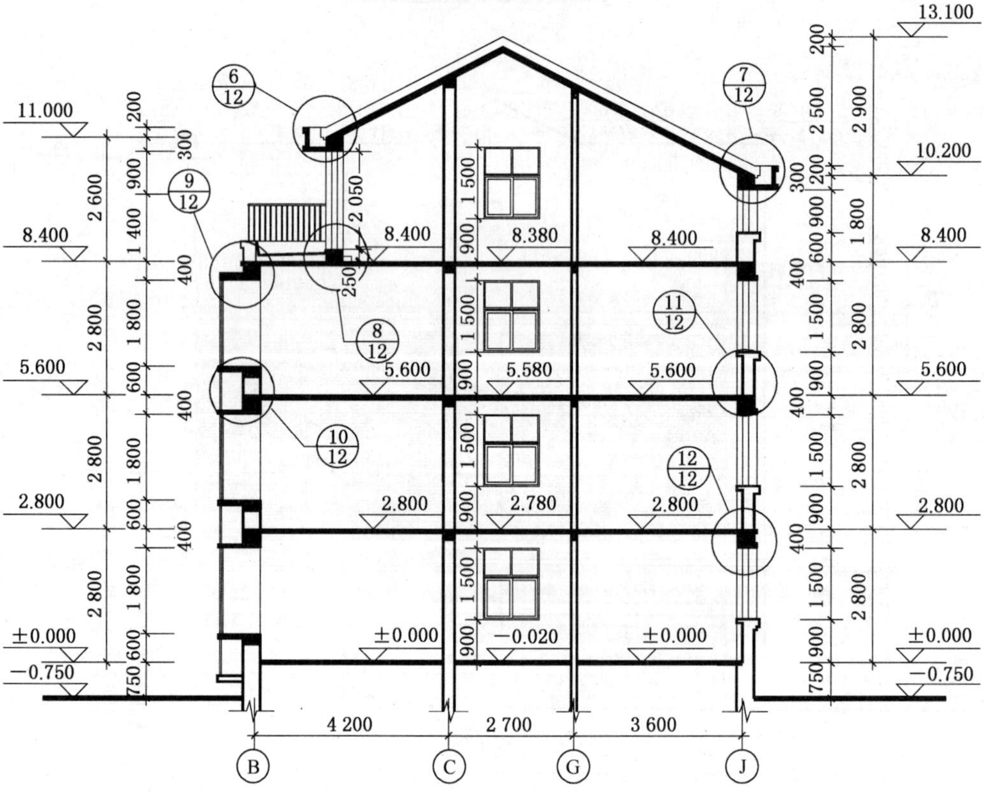

2—2剖面图 1:100

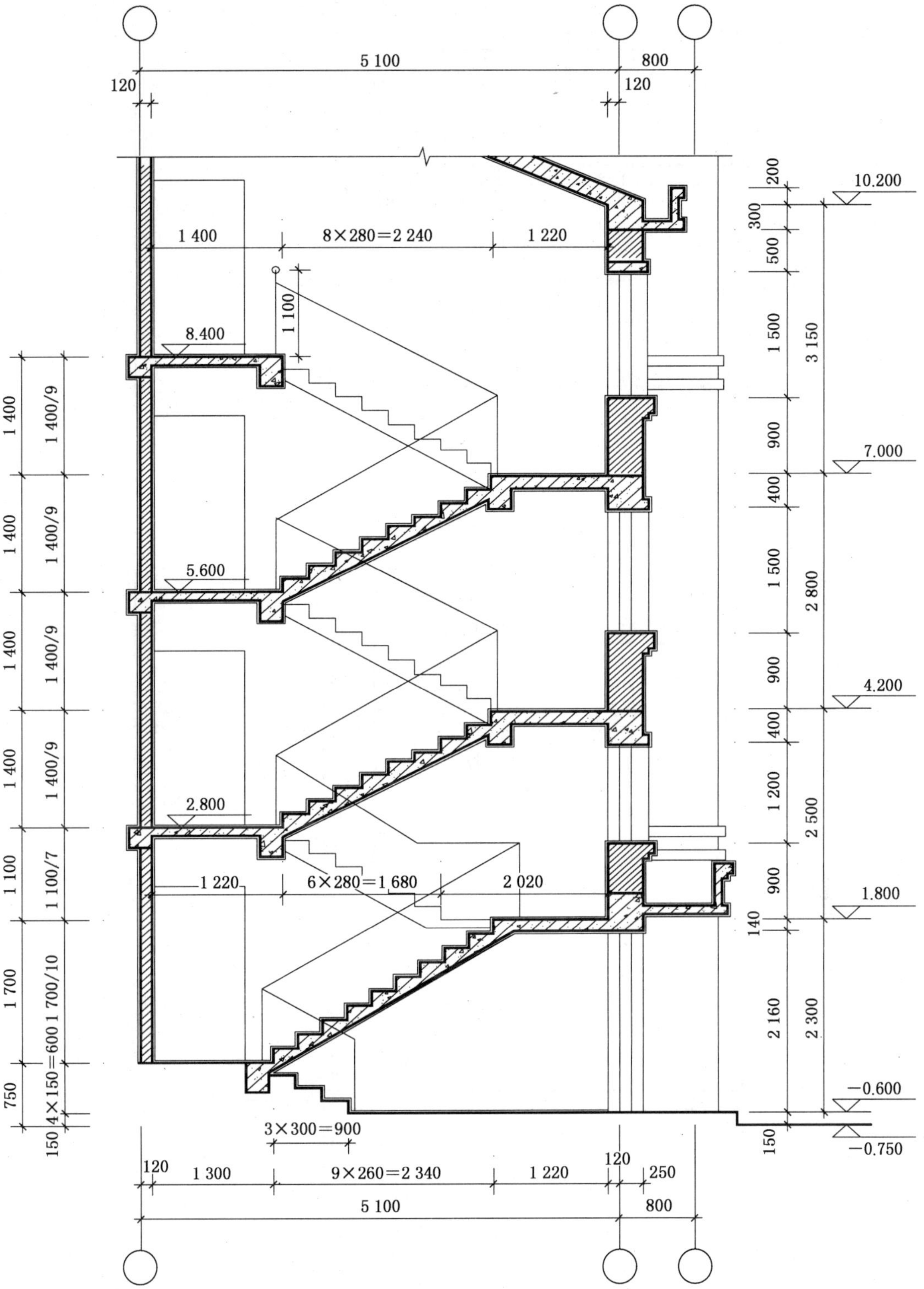
5 100
800
120
120
1 400
8×280=2 240
1 220
1 100
8.400
5.600
2.800
1 220
6×280=1 680
2 020
10.200
7.000
4.200
1.800
−0.600
−0.750
3×300=900
1 300
9×260=2 340
250
750
150
4×150=600
1 700/10
1 700
1 100/7
1 100
1 400/9
1 400
200
300
500
1 500
900
400
1 200
140
2 160
3 150
2 800
2 500
2 300

A—A剖面图 1:50

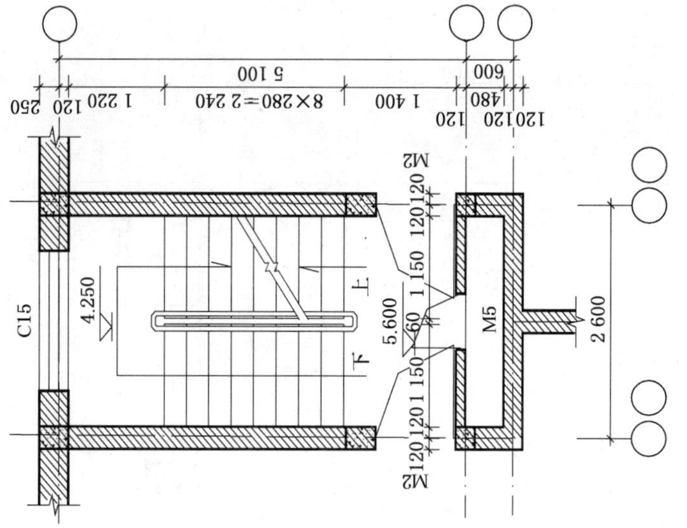

楼梯A三层平面详图 1:50

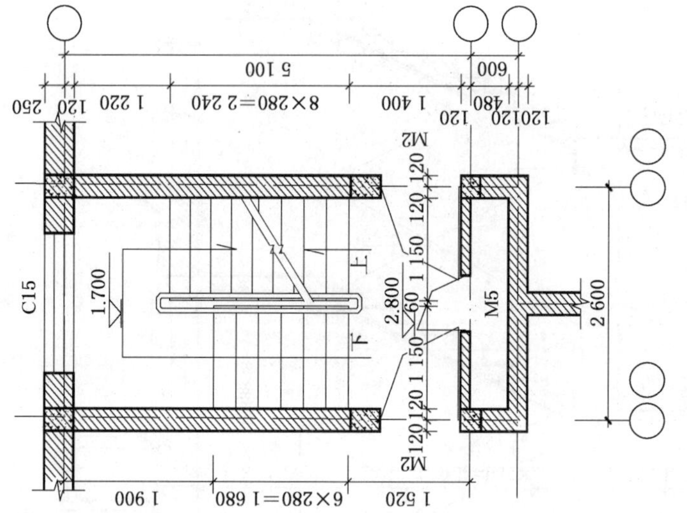

楼梯A二层平面详图 1:50

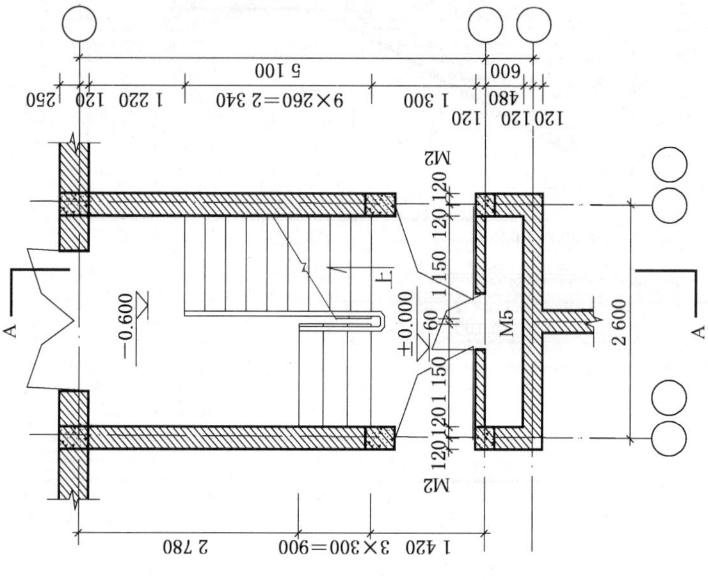

楼梯A一层平面详图 1:50

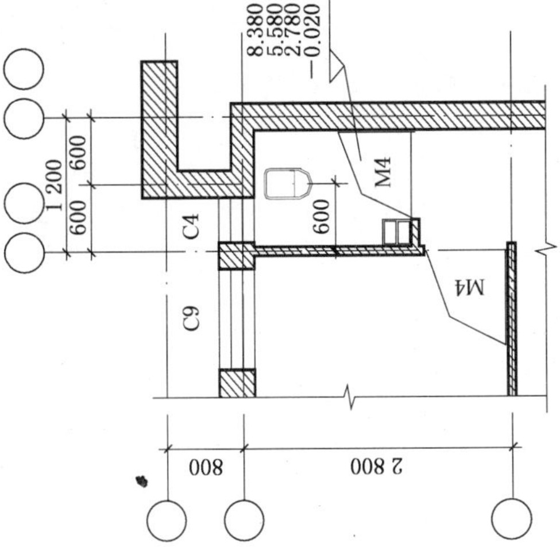

卫-1 大样图

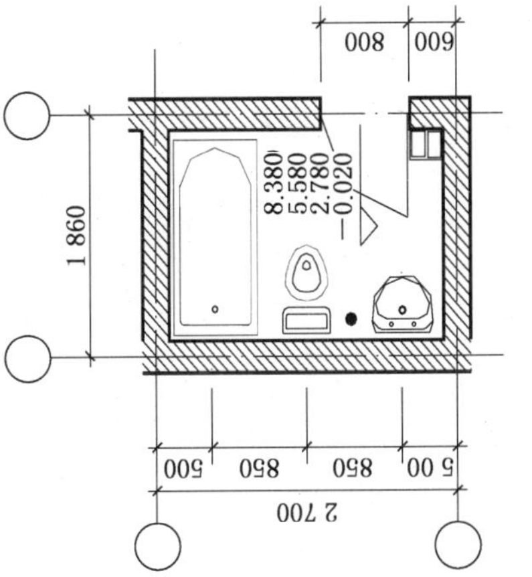

卫-2 大样图

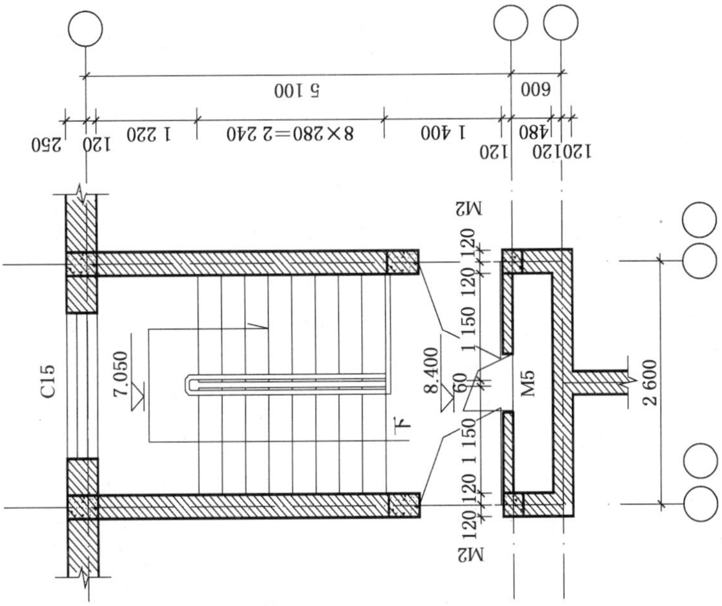

楼梯A阁楼层平面详图 1:50